21 世纪高等院校电气工程及其自动化专业系列教材

电气照明技术及应用

主　编　刘学军

副主编　刘俊杰

参　编　杨　明　江威风

　　　　王　月　谢东东

机 械 工 业 出 版 社

本书阐述了照明工程的基础理论、基本计算和设计方法。本书注重培养读者的设计能力和创新理念，着眼于提高读者的照明设计能力和工程管理能力，介绍了国家近年来颁布发行的有关建筑电气设计规程和标准。

全书分为 10 章，包括概述、视觉和颜色、电光源、照明灯具、照明计算、照明光照设计、照明电气设计、电气照明施工图设计和电气照明工程识图基础、电气照明设计示例、电气照明课程设计。为便于读者复习和自学，每章后附有一定数量的思考题与习题，附录中选入部分灯具技术数据和图表，可供课程设计使用。

本书可以作为光源与照明、建筑电气与智能化、自动化、电气工程及其自动化专业的应用型本科教材，也可以作为各类成人教育相关专业的教材，还可供电气工程技术人员参考。

本书配套授课电子课件，需要的教师可登录 www.cmpedu.com 免费注册，审核通过后下载，或联系编辑索取（QQ：308596956，电话：010-88379753）。

图书在版编目（CIP）数据

电气照明技术及应用/刘学军主编. —北京：机械工业出版社，2018.2
（2024.3 重印）

21 世纪高等院校电气工程及其自动化专业系列教材

ISBN 978-7-111-59655-4

Ⅰ.①电…　Ⅱ.①刘…　Ⅲ.①电气照明-高等学校-教材　Ⅳ.①TM923

中国版本图书馆 CIP 数据核字（2018）第 073237 号

机械工业出版社（北京市百万庄大街 22 号　邮政编码 100037）
责任编辑：汤　枫　责任校对：郑　婕
责任印制：邰　敏
中煤（北京）印务有限公司印刷
2024 年 3 月第 1 版第 3 次印刷
184mm×260mm · 18.75 印张 · 459 千字
标准书号：ISBN 978-7-111-59655-4
定价：59.00 元

前　言

目前，我国建筑及建筑装饰业飞速发展，人们对建筑装饰、照明电光源、电气照明装置和照明光环境的需求水平也越来越高。为适应国民经济高速发展，满足学科建设和人才培养的要求，作者在总结多年教学经验和工程实践经验的基础上，依据国家近年来颁布的有关建筑电气设计标准和规程编著了本书。

本书以电气照明设计为主线，阐述了照明工程的基础理论、基本计算和设计方法。首先介绍了电气照明技术的基础知识，接着讲述了照明电光源及其原理性能、照明灯具的主要类型及其光学特性、照明光照计算方法、照明光照设计知识和照明电气设计知识。本书注重培养读者的设计能力和创新理念，着眼于提高读者的照明设计能力和工程管理能力，介绍了国家近年来颁布发行的有关建筑电气设计规程和标准，遵守国家新标准《建筑照明设计标准》（GB 50034—2013），另外还介绍了照明领域新进展和新技术。

为便于读者复习和自学，每章后附有一定数量的思考题与习题，还给出了照明课程设计题目，附录中选入了部分灯具技术数据和图表，可供课程设计和毕业设计使用。

本书的出版得到了孙玉梅教授的大力支持，在编写过程中参考引用了许多相关教材和书后的参考文献。在此，向所有作者致以诚挚的谢意。

本书第 1 章由杨明编写，第 2~4 章由刘俊杰编写，第 5 章由谢东东编写，第 6~7 章由刘学军编写，第 8~9 章由王月编写，第 10 章和附录由江威风编写。本书由刘学军担任主编，刘俊杰担任副主编，全书由刘学军教授构思设计并统稿。

限于编者水平，书中不妥之处在所难免，欢迎读者电邮至 xuejun50_liu@126.com 进行讨论，并给予批评指正。

编　者

目　　录

第1章　概　　述

1.1　光的基本概念

1.1.1　光的本质

光是辐射能的一部分，即能产生视觉的辐射能。光的本质是电磁波，如图1.1所示，在电磁波中，可见光仅占很小部分，可见光的波长范围在380~780nm之间，这个范围在视觉上可能有些差异。

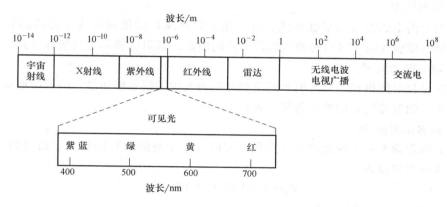

图 1.1　电磁波谱

牛顿在1666年用一束光通过棱镜，发现了光束中包含的全部颜色。可见光谱颜色是连续光谱混合而成的。光的颜色和相应的波段见表1.1。波长从380nm向780nm增加时，光的颜色从紫色开始，按蓝、绿、黄、橙、红的顺序逐渐变化。

表 1.1　光的各个波长区域

波长区段/nm	区段名称		性质
100~200	真空紫外线		
200~300	远紫外	紫外光	
300~380	近紫外		
380~450	紫		
450~490	蓝		
490~560	绿		
560~600	黄	可见光	光辐射
600~640	橙		
640~780	红		
780~1500	近红外		
1500~10000	中红外	红外线	
10000~100000	远红外		

紫外线波谱的波长在 100～380nm 之间，紫外线是人眼看不见的。太阳是近紫外线发射源，白炽灯一般发射波长在 5000nm 以内的红外线，发射近红外线特制灯可用于理疗和工业设施。

紫外线、红外线这两个波段的辐射能与可见光一样，可用于平面镜、透镜或棱镜等光学元件进行反射、成像或色散。故通常把紫外线、可见光、红外线统称为光辐射。

所有形式的辐射能在真空中的传播速度相同，均为 299793km/s。当辐射能通过介质时，它的波长和速度将随介质而变化。但频率由产生电磁波的辐射源决定，又随所遇到的介质而改变。

1.1.2　光的辐射特性

光的辐射特性参数如下。

1. 辐射量

（1）辐射能 Q_e。

光源辐射出来的光（包括红外线、可见光和紫外线）的能量取决于光源的辐射能。当这些能量被物质吸收时，可以转换成其他形式的能量。辐射能的单位是焦耳（J）。

（2）辐射能通量 Φ_e

光源在单位时间内辐射出去的光的总能量称为光源的辐射能通量。辐射能通量也可以称为辐射功率。辐射能通量的单位为瓦（W）。

（3）辐射出射度 M_e

如果光源表面上一个发光面积 A 在各个方向（半个空间内）的辐射能通量为 Φ_e，则该发光面的辐射出射度为

$$M_e = \Phi_e/A \text{ 或 } M_e = \mathrm{d}\Phi_e/\mathrm{d}A \tag{1.1}$$

辐射出射度 M_e 的单位为 $\mathrm{W/m^2}$。

2. 光谱辐射量

为研究各种波长的光分别辐射的能量，需要对单一波长的光辐射做相应的规定。

（1）光谱辐射通量 Φ_λ

光源发出的光在单位波长间隔内的辐射通量称为光谱辐射通量 Φ_λ，即

$$\Phi_\lambda = \Delta\Phi_e/\Delta\lambda \text{ 或 } \Phi_\lambda = \mathrm{d}\Phi_e/\mathrm{d}\lambda \tag{1.2}$$

波长的单位为 m（或 nm），则 Φ_λ 的单位为 W/m。

（2）光谱辐射出射度 M_λ

光源发出的光在单位波长间隔内的辐射度称为光谱辐射出射度 M_λ，即

$$M_\lambda = \mathrm{d}M_e/\mathrm{d}\lambda \tag{1.3}$$

光谱辐射出射度的单位为 $\mathrm{W/(m^2 \cdot m)}$。

（3）光谱光视效率 $V(\lambda)$

人眼在可见光谱范围内的视觉灵敏度是不均匀的，它随波长而变化。人眼对波长 555nm 的黄绿光感受效率最高，而对其他波长光的感受效率较低，故将 555nm 的峰值波长用 λ_m 表示。并将其光谱光视效能 $K(\lambda_m)$ 定义为峰值光视效能 K_m（$K_m = 683\mathrm{lm/W}$）。其他波长时的光谱光视效能 $K(\lambda)$ 与 K_m 之比称为光谱光视效率，用 $V(\lambda)$ 表示，它随波长而变化，即

$$V(\lambda) = K(\lambda)/K_{\mathrm{m}} \tag{1.4}$$

式（1.4）表明，当波长在峰值波长 λ_{m} 时，$V(\lambda_{\mathrm{m}}) = 1$；在其他波长时，$V(\lambda_{\mathrm{m}}) < 1$。图 1.2 为光谱光视效率曲线，实线表示明视觉条件下的光谱光视效率，虚线表示暗视觉条件下的光谱光视效率。

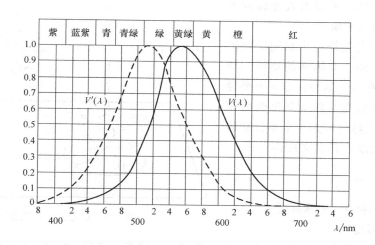

图 1.2　光谱光视效率曲线

视觉与宽度有关，宽度在 10cd/m² 以上时，人眼为明视觉，若再增加宽度，则人眼的反应不受影响；宽度在 $10^{-6} \sim 10^{-2}$ cd/m² 之间时，人眼为暗视觉。人眼光谱光视效率曲线的峰值要向波长短的方向移动，其最大灵敏值一般出现在波长 507nm 处。

1.2　常用的光度量

照明的效果主要以人眼来决定，照明光源的光学特性必须用基于人眼视觉的光度量来描述，本节介绍几个常用的光度量。

1.2.1　光通量

光通量是指单位时间内辐射能量的大小。它是根据人眼对光的感觉来评价的。光源以辐射形式发射，传播出去并能使标准观察者产生光感的能量，称为光通量，用符号 Φ 表示，单位为流明（lm）。流明是国际单位制单位，1lm 等于一个具有均匀分布 1cd（坎德拉）发光强度的点光源在一个球面度（单位为 sr）立体角内发射的光通量。

光通量表达式为

$$\Phi = K_{\mathrm{m}} \int_0^{\infty} \Phi_{\lambda} V(\lambda)\, \mathrm{d}\lambda = K_{\mathrm{m}} \int_{380}^{780} \Phi_{\lambda} V(\lambda)\, \mathrm{d}\lambda \tag{1.5}$$

在照明工程中，光通量是说明光源发光能力的基本量。例如，一只 220V、40W 的白炽灯发射的光通量为 350lm，而一只 220V、36W（T8 管）的荧光灯发射的光通量为 2500lm，为白炽灯的 7 倍。

1.2.2 发光强度 (光强)

(1) 立体角 ω

由于辐射体在空间发出的光通量不均匀，大小不相等，故为了表示辐射体在不同方向上光通量的分布特性，需要引入光通量密度的概念，如图1.3所示。

立体角的定义是指一个封闭的圆锥面内所包含的空间。立体面的单位为球面度 (sr)。以锥顶为球心，以 r 为半径作一圆球，若锥面在圆球上截出的面积为 $A = r^2$，则该立体角即为一个单位立体角，又称为球面度。其定义式为

$$\omega = \frac{A}{r^2} \qquad (1.6)$$

而一个球体包含 4π 球面度。

(2) 发光强度

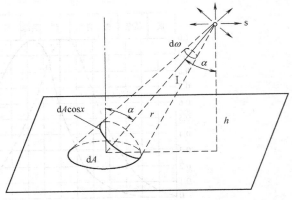

图 1.3 点光源的发光强度

发光强度的单位是坎德拉 (cd)，也就是过去的烛光。在数量上 1cd = 1lm/sr。坎德拉是国际单位制和我国法定单位制的基本单位之一，其他光度量都是由坎德拉推导出的。

如图1.3所示，s为光源发光体，它向各个方向辐射光通，若在某一方向上取微小立体角 $d\omega$，在此立体角内发出的光通量为 $d\Phi$，则两者的比值定义为这个方向上的光强，用符号 I 表示，其表达式为

$$I = \frac{d\Phi}{d\omega} \qquad (1.7)$$

若光源辐射的光通量是均匀的，则在立体角 ω 内的平均光强 I 为

$$I = \Phi/\omega \qquad (1.8)$$

发光强度用于说明光源或灯具发出的光通量在空间各方向或在选定方向上的分布密度。如一只220V、40W的白炽灯发出的光通量为350lm，它的平均光强为350lm/4πsr = 28cd。若在该灯泡上面装一盏白色搪瓷平盘，则灯正下方的发光强度能提高到70~80cd。如果配上一个聚焦合适的镜面反射罩，则灯下方的发光强度可高达数百坎德拉。在后两种情况下，灯泡发出的光强度没有变化，仅是光通量在空间分布更为集中，相应的发光强度也就提高了。

1.2.3 照度

照度是用来表示被照面上光的强弱，它是以被照场所光通量的面积密度来表示的。表面上一点照度 E 定义为入射光量 $d\Phi$ 与该单元面积 dA 之比，其表达式为

$$E = d\Phi/dA \qquad (1.9)$$

对于任意大小的表面积 A，若入射光通量为 Φ，则表面积上的平均照度 E 为

$$E = \Phi/A \qquad (1.10)$$

照度的单位为勒克斯 (lx)，数量上 $1lx = 1lm/m^2$。

为了使读者对照度的概念有实际的理解，下面举几个例子：晴朗的满月夜地面照度为

0.2lx；白天光良好的室内照度为 100～500lx；晴天室外太阳散射光（非直射）下的地面照度约为 1000lx；中午太阳光照射下的地面照度可达 10^5lx。

1.2.4 光的出射度（出光度）

具有一定面积的发光体，其表面上不同点的发光强度可能是不一致的。为表示这个辐射光通量的密度，可在表面上任取一个微小的单元面积 dA，如果它的光通量为 dΦ，则该单元面积的平均光出射度 M 为

$$M = \frac{\mathrm{d}\Phi}{\mathrm{d}t} \tag{1.11}$$

对于任意大小的发光表面 A，若发射的光通量为 Φ，则表面积 A 的平均光出射度 M 为

$$M = \Phi/A \tag{1.12}$$

光的出射度为单位面积的光通量，单位为辐射勒克斯（rlx），1rlx = 1lm/m²，与照度具有相同的量纲，其区别在于出射度是发光体发出的光通量表面密度。对于因反射或透射而发光的二次发光表面，其出射度分别是

$$M = \rho E \ \text{或} \ M = CE \tag{1.13}$$

式中　ρ——被照面的反射系数（反射比）；
　　　C——被照面透射系数（透射比）；
　　　E——二次发光面上的照度。

1.2.5 亮度

光的出射度只表示单位面积上所发出的光通量，并没有考虑光辐射的方向，因此不能表征发光面不同方向上的光学特性。如图 1.4 所示，在一个广光源上取一个单位面积 dA，从与镜面法线成 θ 角的方向上去观察，在这个方向上的光强与人眼"见到"的光源面积之比，定义为光源在这个方向上的亮度。由图 1.4 中可以得出，能够看到的光源面积 dA 及亮度 L_θ 分别为

$$\left.\begin{array}{l} \mathrm{d}A' = \mathrm{d}A\cos\theta \\[2mm] L_\theta = \dfrac{\mathrm{d}\Phi}{\mathrm{d}\omega \cdot \mathrm{d}A \cdot \cos\theta} = \dfrac{I_\theta}{\mathrm{d}A\cos\theta} \end{array}\right\} \tag{1.14}$$

式中　θ——发光体的面积元 dA 的法线与给定方向之间的夹角，单位为（°）。

亮度的单位为坎德拉每平方米（尼特）（cd/m²）。

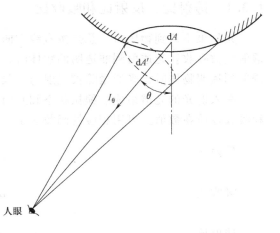

图 1.4　广光源一个单元面积上的亮度

如果 dA 是一个理想的漫射发光体或理想漫反射表面的二次发光体，它的光强将按余弦分布，如图 1.5 所示。将 $I_\theta = I_0\cos\theta$ 代入式（1.14）中，得

$$L_\theta = \frac{I_0 \cos\theta}{\mathrm{d}A \cos\theta} = \frac{I_0}{\mathrm{d}A} = L_0 \qquad (1.15)$$

则宽度 L_θ 与方向无关，常数 L_0 表示从任意方向看亮度都是一样的。对于完全扩散的表面，光出射度 M 与亮度 L 的关系为

$$M = \pi L \qquad (1.16)$$

亮度的单位为坎德拉每平方米（cd/m^2）或尼特（nt）。在数量上，$1nt = 1cd/m^2$。

部分光源的亮度见表 1.2。

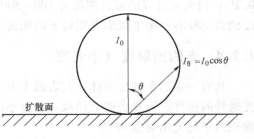

图 1.5　理想漫反射面的光强分布

表 1.2　部分光源的亮度

光源	亮度/cd·m^{-2}	光源	亮度/cd·m^{-2}
太阳	1.6×10^9 以上	蜡烛	$(0.5 \sim 1.0) \times 10^4$
碳极弧光灯	$(1.8 \sim 12) \times 10^8$	蓝天	0.8×10^4
钨丝灯	$(2.0 \sim 20) \times 10^6$	电视屏幕	$(1.7 \sim 3.5) \times 10^2$
荧光灯	$(0.5 \sim 15) \times 10^4$		

以上所介绍的是常用的几个光度量单位。其中光通量表征发光体的发光能力；光强表明了光源辐射光通量在空间的分布状况；照度表示被照面接收光通量的面密度，用来衡量被照面的照射程度；光出射度表示发光体发出光通量的面密度；宽度则表明了直接发光体和间接发光体在单位视线方向上单位面积的发光强度，即物体的明亮程度。

1.3　材料的光学性质

1.3.1　透射比、反射比和吸收比

光如果不遇到物体时，总是按直线方向传播；当遇到某种物体时，光线或被反射，或被透射或被吸收。光透射到非透明的物体时，光通量的一部分被吸收，另一部分则被反射，光透射到透明物体时，光通量除被反射与吸收一部分外，其余部分则被透射。

在入射光的光谱组成、偏振状态和几何分布给定的条件下，漫射材料对光的反射、透射和吸收性质在数值上可用相应的函数表示，即

反射比 $\qquad\qquad\qquad\qquad\qquad \rho = \dfrac{\Phi_\rho}{\Phi_i}$

吸收比 $\qquad\qquad\qquad\qquad\qquad \alpha = \dfrac{\Phi_\alpha}{\Phi_i} \qquad\qquad\qquad (1.17)$

透射比 $\qquad\qquad\qquad\qquad\qquad \tau = \dfrac{\Phi_\tau}{\Phi_i}$

式中　Φ_ρ——被介质反射的光通量；

$\qquad\Phi_\alpha$——被介质吸收的光通量；

$\qquad\Phi_\tau$——被介质透射的光通量；

Φ_i——入射到介质表面的光通量。

再根据能量守恒定律，则有

$$\Phi_i = \Phi_\rho + \Phi_\alpha + \Phi_\tau$$
$$\rho + \alpha + \tau = 1$$

表 1.3 列出了各种材料的反射比和吸收比。灯具用反射材料的目的是把光源的光反射到需要照明的方向。这样反射面就形成了二次发光面，为提高效率，一般要选择使用反射比较高的材料。

表 1.3　各种材料的反射比和吸收比

	材料	反射比	吸收比
规则反射	银	0.92	0.08
	铬	0.65	0.35
	铝（普通）	60~73	27~40
	铝（电解抛光）	0.75~0.84（光泽） 0.62~0.70（无光）	
	镍	0.55	0.45
	玻璃镜	0.82~0.88	0.12~0.18
漫反射	硫酸钡	0.95	0.05
	氧化镁	0.975	0.25
	碳酸镁	0.94	0.06
	氧化亚铝	0.87	0.13
	石膏	0.87	0.13
	无光铝	0.62	0.38
	率喷漆	0.35~0.40	0.65~0.60
建筑材料	木材（白天）	0.40~0.60	0.60~0.40
	抹灰、白灰粉刷墙壁	0.75	0.25
	红墙砖	0.30	0.70
	灰墙砖	0.24	0.76
	混凝土	0.25	0.75
	白色瓷砖	0.65~80	0.35~0.20
	透明无色玻璃（1~3mm）	0.08~0.1	0.01~0.03

1.3.2　光的反射

当光线遇到非透明的物体表面时，大部分光被反射，小部分光被吸收。光线在镜面和扩散面上的反射状态有以下几种。

（1）规则反射

在研磨很光的镜面上，光的入射角等于反射角，反射光线总是在入射光线和法线所决定的平面内，并与入射光分处在法线两侧，称为反射定律，如图 1.6 所示。在反射角外，人眼看不到反射光，这种反射称为规则反射，亦称为镜面反射。它常用来控制光束方向，灯具的反射罩就是利用这一原理制作的，但一般由比较复杂的曲面构成。

（2）散反射

当光线从某物入射到经散射处理的铝板、经涂刷处理的金属板或毛面白漆涂层时，反射光向各个不同方向散开，但其光的方向是一致的，如图1.7所示，其光束的轴线方向仍遵循反射定律。这种光的反射称为散反射。

（3）漫反射

光线从某方向入射到粗糙表面或涂有无光泽镀层的表面层时，光线被分散在许多方向，在宏观上不存在规则反射，这种光的反射称为漫反射。当反射遵守朗伯余弦定律，即向任意方向的光强 I_θ 与该反射面法线方向的光强 I_0 所成的角度 θ 的余弦成比例，即 $I_\theta = I_0 \cos\theta$，而与光的入射方向无关，从反射面的各个方向看去，其亮度均相同，这种光的反射称为各向同性漫反射，如图1.8所示。

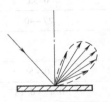

图1.6　规则反射　　　　　图1.7　散反射　　　　　图1.8　各向同性漫反射

（4）混合反射

光线从某方向入射到瓷釉或带有高度光泽的漆层上时，规则反射和漫反射兼有，如图1.9所示。其中图1.9a为漫反射与规则反射的混合；图1.9b表示的是散反射与漫反射的混合；图1.9c表示的是散反射与规则反射的混合，在规则反射方向上的发光强度比其他方向要大得多，且有最大亮度，而在其他方向上也有一定数量的反射光，但亮度分布不均匀。

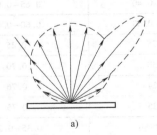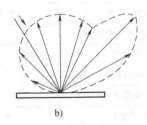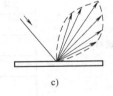

a)　　　　　　　　　b)　　　　　　　　　c)

图1.9　混合反射

1.3.3　光的折射和透射

（1）光的折射

光在各种不同介质中传播速度不同，当将两种介质比较时，光在其介质中传播速度较高的称为光疏物质，而传播速度较低的称为光密物质。

光从第一种介质进入第二种介质时，若倾斜入射，则在入射面上有反射光，而进入第二种介质时有折射光，如图1.10所示。在两种介质内，光束不同，入射角 i 与反射角 r 不等，因而呈现光的折射。不论入射角怎样变化，入射角与折射角正弦之比是一个常数，这个比值

称为折射率，即

$$n_{21} = \sin i / \sin r \qquad (1.18)$$

光从真空中射入某种介质的折射率称为这种介质的绝对折射率。由于光从真空射到空气中时，光速变化很小，因此可以认为空气的折射率 n 近似等于 1。

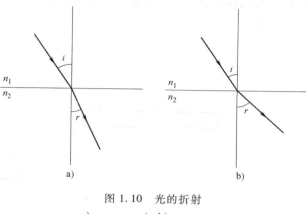

图 1.10　光的折射

a）$n_2 > n_1$，$r < i$　b）$n_2 < n_1$，$r > i$

在其他物质内，光的传播速度变化较大，其他物质的折射率均大于 1。为此，可近似将由空气射入某种介质的折射率称为某一介质的折射率。

若两种不同介质的折射率分别为 n_1 及 n_2，光从第一种介质进入第二种介质时，有下列关系式：

$$n_{21} = \frac{\sin i}{\sin r} = \frac{n_2}{n_1}$$

$$n_1 \sin i = n_2 \sin r$$

$$\tag{1.18}$$

式（1.17）称为折射定律。折射定律适用于大多数材料，如玻璃、透明的塑料和液体。

（2）光的透射

光从一种介质射入另一种介质，并从这种介质穿透出来的现象称为光的透射。在透射光中，包含的单色光成分的频率不改变，但包含的立体角可能改变。

如图 1.11 所示为光透射的折射情况，图中 θ_1 为入射角，θ_2 为折射角。光是在平行透射材料内部折射的，入射光和透射光的方向不变；而在非平行透射材料中折射后，出射方向有所改变。这种折射原理常用来制造棱镜或透镜。

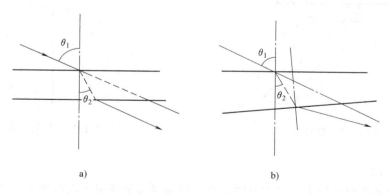

图 1.11　光的透射与折射

a）平行透射材料　b）非平行透射材料

1）规则透射。

当光线照射到透明材料上时，透射光是按照几何光学定律进行透射的，这称为规则透射。如图 1.12 所示，其中，图 1.12a 为平行透光材料，透射光的方向与原入射光的方向相同，但有小偏移；图 1.12b 为非平行透光材料（图中为三棱镜）。透射光的方向由于光折射而改变方向。

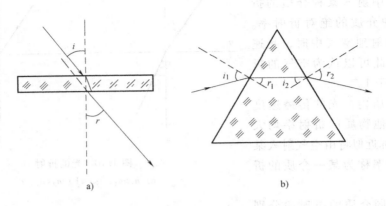

图 1.12　规则透射

2）散透射。

光线穿过散透射材料（如磨砂玻璃）时，在透射方向上的上方发光强度较大，在其他方向上较弱，这种情况称为散透射，亦称为定向扩散透射，如图 1.13 所示。

3）漫透射。

光线照射到散射性好的透光材料（如乳白玻璃等）上时，透射光将向所有的方向散开并均匀分布在整个半球空间内，这称为漫反射。当透射光服从朗伯定律，即发光强度按余弦分布时，亮度在各个方向上均相同，这称为均匀漫透射或完全漫透射，如图 1.14 所示。

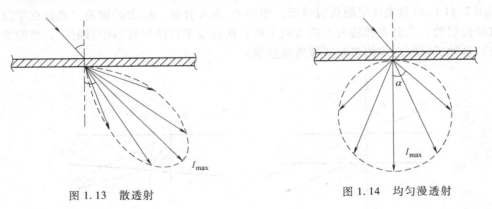

图 1.13　散透射　　　　　　　　　　　图 1.14　均匀漫透射

4）混合透射。

光线照射到透射材料上，其透射特性介于漫透射与散透射之间的情况，称为混合透射。

1.3.4　材料的光谱特征

（1）光谱的反射比

材料表面具有选择性反射光通量的性能，即对于不同波长的光，其反射性能也不同，这就是在太阳光照射下物体能表现出各种颜色的原因。可应用光谱反射比 ρ_λ 的概念说明材料表面对于一定波长光的反射特性。

光谱反射比定义为物体反射的单色光通量 $\Phi_{\lambda p}$ 与入射光通量 $\Phi_{\lambda i}$ 之比，即 $\rho_\lambda = \Phi_{\lambda p}/\Phi_{\lambda i}$。

图 1.15 所示为几种颜色的光谱反射系数，即 $\rho_\lambda = f(\lambda)$ 曲线。由图中可见，这些有色彩的表面在与其色彩相同的光谱区域内时有最大的光谱反射比，而通常所说的反射比 ρ 是指对色温为 5500K 的白光而言的。

（2）光谱的透射比

透射性能也与入射光的波长有光，即材料的透射光也具有光谱选择性，用光谱透射比 τ 表示。光谱透射比定义为透射的单色光通量 $\Phi_{\lambda c}$ 与入射的单色光通量 $\Phi_{\lambda i}$ 之比，即

$$\tau_\lambda = \frac{\Phi_{\lambda c}}{\Phi_{\lambda i}} \qquad (1.19)$$

通常所说的透射比 τ 是指对色温 5500K 的白光而言的。

材料的其他光线特性，如光的偏振、干涉和衍射等特性。在照明工程中，可利用偏振光的特性，减少光滑表面上反射光线产生的眩光；在检测光源的光谱仪器中所使用的衍射光栅，就是利用了干涉和衍射两种效应。

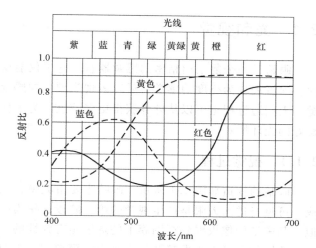

图 1.15　几种颜色的光谱反射系数

思考题与习题

1.1　光的本质是什么？可见光的波长范围是多少？

1.2　叙述下列常用光度量的定义和单位：

（1）光通量

（2）光强（发光强度）

（3）照度

（4）亮度

1.3　简述材料的反射比、透射比和吸收比的含义以及三者之间的关系。

1.4　光的反射有几种状态？并进行简单说明。

1.5　光的透射有几种状态？并加以说明。

1.6　什么是光谱特性？通常所说的反射比 ρ、透射比 τ 的含义是什么？

第 2 章　视觉和颜色

2.1　光和视觉

眼睛是一个复杂而精密的感觉器官。它不仅能反映光的强度，而且也能反映光的波长特性。前者表现为亮度的感觉，后者表现为颜色的感觉。视觉是指光射入眼睛后产生的一种知觉，人们通过视觉可以从外界获得更多信息。为了保证视觉功能的正常发挥，必须创造一个良好的光环境。

2.1.1　视觉过程

眼睛的构造如图 2.1 所示。眼睛主要由巩膜、视网膜、水养液、晶状体、玻璃体液等组成。可见光进入人眼是产生视觉的第一阶段，作为一种光学器官人眼在许多方面与照相机相似。其中把倒像投射到视网膜上的透镜是有弹性的，它的曲率和焦距由"睫状肌"控制。

透镜的孔径大小即瞳孔的大小由虹膜控制。像自动照相机一样，在低照度下瞳孔增大，而在高照度下瞳孔缩小。

人眼能够感觉到可见光是因为在人眼的视网膜上布满了大量感光细胞。感光细胞包括锥状神经细胞和柱状细胞，这两种细胞数量都多达几百万个。锥状神经细胞以中央窝区域分布最密；柱状神经细胞则呈扇面分布在黄斑到视网膜边缘的整个区域内。

锥状神经细胞的功能是在昼间看物体，而且可以看到物体颜色。色盲就是由锥状神经细胞功能失调所致。柱状神经细胞在黄昏光线下活跃，在夜视中起作用，但不能感知到颜色。在照度低时，柱状神经细胞对蓝色光的敏感度要比锥状神经细胞高许多倍。

视网膜是人眼感受光的部分，其边缘部分主要分布着杆状细胞，而在其中央部位则主要分布着锥状细胞。当光落在视网膜上时，视细胞吸收了光能，使视细胞中含有的视紫质分解，并刺激神经末梢，形成生物脉冲（生物电流）。通过视神经把信息传导到大脑后部的视觉皮层，经过大脑皮层处理而形成视知觉。

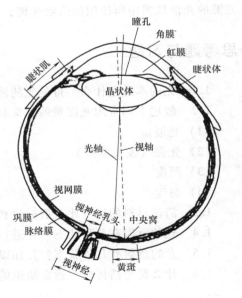

图 2.1　眼睛的构造

要维持视觉，则在视紫质不断分解的同时，需要在维生素 A 的作用下不断还原。这种分解和还原反应只要有一个停止，那么视觉也就终止。

2.1.2 视觉特性

1. 暗视觉、明视觉和中介视觉

由于视网膜上的锥状神经细胞和杆状神经细胞的光感受性不同，因而当光视野（指当头和眼睛不动时，眼睛所能观察的空间）宽度发生变化时，人眼就会有不同的视觉特性。

杆状神经细胞对光的感受性很高，而锥状体对光的感受性很低。因此，在微弱的照度下（视场亮度在 $10^{-6} \sim 10^{-2} \mathrm{cd/m^2}$），只有杆状神经细胞工作，锥状神经细胞不工作，这种视觉状态称为暗视觉。当亮度达到 $10 \mathrm{cd/m^2}$ 时，锥状细胞工作起主要作用，这种视觉状态称为明视觉。而视场亮度在 $10^{-2} \sim 10 \mathrm{cd/m^2}$ 时，杆状神经细胞和锥状神经细胞同时起作用，这种视觉状态称为中介视觉。

杆状神经细胞和锥状神经细胞对光感的光谱灵敏度也不相同，如图 1.2 所示，由暗视觉光谱光视效率曲线 $V'(\lambda)$ 可知，杆状神经细胞的最大视觉灵敏度在 507nm 处，所以暗视觉杆状神经细胞工作时，绿光和蓝光显得特别明亮。由明视觉光谱光视效率曲线 $V(\lambda)$ 可知，锥状神经细胞的最大视觉灵敏度在 555nm 处。所以，明视觉锥状神经细胞工作时，波长极长的光谱如红色显得特别明亮。

在亮度水平为 $10^{-2} \sim 10 \mathrm{cd/m^2}$ 范围内，随着亮度变化，杆状神经细胞和锥状神经细胞对视觉的作用也发生变化，它们对光响应为两种细胞对光的反应的叠加，所以，其视觉特性介于暗视觉光谱光视效率曲线 $V'(\lambda)$ 和明视觉光谱光视效率曲线 $V(\lambda)$ 之间，且随着亮度的增加，从左边移向右边。

人眼对各种颜色的灵敏度也不一样，对绿光的灵敏度最高，而对红光的灵敏度则低很多。虽然杆状神经细胞对光的感受性很高，但它不能分辨颜色，只有锥状神经细胞在感受光的刺激下才有颜色感。因此，只有在照度较高的条件下才有良好的颜色感，而在低照度下的暗视觉中颜色感很差，此时，各种颜色的物体都给人造成蓝、灰的颜色感。

2. 视觉阈限

刺激必须达到一定的数量才能引起光感觉。能引起光感觉的最低限度的光通量称为视觉的绝对阈限。绝对阈限的倒数表明感觉器官对最小光刺激的反应能力，称为绝对感受性。实验证明，在充分适应黑暗的条件下，人眼的绝对感受性是非常高的，即人眼视觉阈限是很小的。如在长时间出现的目标，其亮度为 $10^{-6} \mathrm{cd/m^2}$ 时便能被看见。人眼的视觉阈限与空间和时间因素有关，对于不超过 1°、呈现时间不超过 0.1s 的短暂刺激，视觉阈限亮度值遵守里科定律（即亮度×面积＝常数）和邦森-罗斯科定律（即亮度×时间＝常数）。当作用时间超过 0.2s 时，视觉阈限就与时间无关了。

3. 视觉适应

视觉适应是指视觉对视场变化适应的过程。当光的亮度不同时，人的视觉器官感受也不同。感受性随着亮度变化而发生变化，这种与光刺激变化相适应的感受性称为"视觉适应"。视觉适应包括明适应和暗适应。

1）明适应。人从暗处进入到亮处时，人眼最初会感觉刺眼而且无法看清周围的景物，经过几秒甚至几十秒后才能看清物体，恢复正常视力，这个过程也是人眼的感受性降低过程，开始时瞳孔缩小，视网膜感受性降低，杆状体退出工作而锥状体开始工作。图 2.2 中可以看出，明适应时间较短，开始的感受性迅速降低，30s 后变化很缓慢，几百秒后趋于稳定。

2）暗适应。当人从亮处走入暗处时，最初阶段什么也看不见，只有逐步适应了黑暗环境后才能区分出周围物体的轮廓。眼睛的这种由明到暗的视觉适应过程称为暗适应。

一般来说，暗适应所需要过渡时间较长。图 2.2 所示是用白色试柱在短时间内达到能看得出的程度所需要的最低亮度界限变化曲线。可见整个过程的开始阶段感受性增长较快，以后越来越慢，大约 30min 后才能趋于稳定。

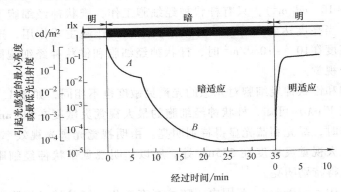

图 2.2　明适应与暗适应

综上所述，当视线内明暗急剧变化时，眼睛不能很快适应而视力下降，在照明过程中，为满足眼睛适应性要求，有些场合要考虑明暗适应的过渡照明。例如，在隧道入口处、地下通道或车道等入口处亮度高一些，随后逐渐降低亮度，以保证一定的视力要求。

4. 后像

视觉不会瞬间产生，也不会瞬间消失，特别是在高亮度的回光后往往可以感受到有一连串的影像，无规则的强度和不断降低的频率下会交替出现，这种现象称为后像。

强烈的后像对视力危害大，例如，在偶然看到极宽的发光体后一定时间内，形成的光被一个黑影（棱镜发光体的负后像）所干扰。

5. 眩光

由于视野中亮度分布或亮度范围不适宜，或存在着极端的亮度对比，以致引起人眼不舒适的感觉或降低观察细部或目标的能力的视觉现象，统称为眩光。通常将眩光分为不舒适眩光和失能眩光。产生不舒适的感觉，但并不一定降低视觉对象的可视度的眩光称为不舒适眩光；降低视觉对象的可见度，但并不一定产生不舒适的感觉的眩光称为失能眩光。

影响眩光的因素有以下几个：

1）在周围的环境较暗时，眼睛适应亮度较低，即使是亮度较低的光，也会有明显的眩光。

2）光源表面或灯具反射面亮度越高，眩光越严重。

3）光源面积的大小。

引起眩光产生的原因有以下几个：

1）由于亮度变化刺激，使瞳孔缩小。

2）由于角膜和晶状体等眼内组织产生光散多，在眼内形成光幕。

3）由于视网膜受高亮度刺激，使顺应状态破坏。眼睛能承受的最大亮度约为

$10^6 \, cd/m^2$，如果超过此值，视网膜就会受到损伤。

对于单个眩光源产生的不适应眩光，用刚刚能产生不舒服的亮度 L 来确定，这个亮度的阈限标准称为舒适与不舒适的分界线，常用 BCD 表示。

6. 个人差别

上述视觉特性，人与人的感觉是不同的，这称为个人差别。引起个人差别的原因主要与年龄有关。为保证正常的视觉工作，对光照的要求可以提高一些。

2.1.3 视觉功效

人们完成视觉工作的功效称为视觉功效。视觉功效是用来定量评价视觉器官完成给定视觉作业的能力，其主要的评价指标有以下几个方面。

1. 对比敏感度和可见度

眼睛要辨认背景（指与对象直接相邻并被观察的表面）上的被观察对象（背景上任何细节）必须满足以下两条件之一，或者是对象与背景具有不同颜色，或者是对象与背景在亮度上有一定差别，即要有一定对比，前者为颜色对比，后者为亮度对比。

（1）亮度对比

背景亮度 L_b 和被识别对象的亮度 L_o 之比称为亮度对比，用符号 C 表示。

$$C = \frac{L_o - L_b}{L_b} = \frac{\Delta l}{L_b} \tag{2.1}$$

式中　　L_o——目标亮度，单位为 cd/m^2；

　　　　L_b——背景亮度，单位为 cd/m^2。

（2）亮度的判别

人眼开始能识别对象与背景的最小亮度差称为亮度差别阈限，又称为临界亮度差，用符号 ΔL_t 表示，即

$$\Delta L_t = L_b - L_o$$

亮度差别阈限与背景亮度之比称为临界亮度对比 C_t，即

$$C_t = \frac{\Delta l_t}{L_b} = \frac{L_b - L_o}{L_b} \tag{2.2}$$

临界亮度对比的倒数称为对比敏感度（对比灵敏度）；可用来评价人眼辨别亮度差别的能力，用符号 S_c 表示，即

$$S_c = \frac{1}{C_t} = \frac{L_b}{\Delta L_t} = \frac{L_b}{L_b - L_o} \tag{2.3}$$

S_c 随照明条件而变化，它同观察对象的大小与时间也有关。理想条件下视力好的人临界亮度对比约为 0.01，即对比敏感度可达 100，由此可知，要提高对比灵敏度就必须要加强背景的亮度。

（3）可见度

人眼确定物体存在或形状的难易程度称为可见度（或能见度）。在室外是以人眼恰好可以看到标准目标的距离来定义的，在室内是以目标与背景的实际亮度对比 C 与临界对比 C_t 之比来定义的，用符号 V 表示，即

$$V = \frac{C}{C_t} = \frac{\Delta L}{\Delta L_t} \qquad (2.4)$$

2. 视觉敏锐度（视力）

视觉敏锐度是表示人眼能识别细小物体形状到什么程度的一个生理尺度。当人的眼睛能把两个接近的点区别开来（构成两点影像知觉，人眼达到刚能识别与不能识别的临界状态）时，此两点与人眼之间连线所构成的夹角称为视角，以弧分（1/60°）为单位，视角 α 的倒数 $1/\alpha$ 即称为视觉敏感度（视力）。

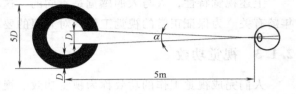

图 2.3　兰道尔环标准视标

国际上通常采用白底黑色的兰道尔环作为检查视力的标准视标，如图 2.3 所示。当 $D = 1.5mm$，环心到眼睛切线的距离为 5m 时，若刚刚能识别这个缺口的方向，则视力为 1.0。若距离不变，当 $D = 3mm$ 时，则视力为 0.5；当 $D = 1mm$ 时，则视力为 1.5。

视力随亮度提高而增加，当物体亮度超过 $100cd/m^2$ 时，其增加程度减弱。当超过 $100cd/m^2$ 时则视力不再增加。

人的视力与视觉阈限功能有关，随着年龄增长而逐渐变差。50 岁以后变化明显。视力也同视觉对象周围的亮度有关，被视点周围较暗或周围亮度与对象相同时，视力较高；当周围亮度高于被视点亮度时，视力下降，同时亮度越高，视力下降越严重。

3. 视觉感受速度（察觉速度）

光线作用于视网膜形成相应的视觉印象要经过一定时间。观察的对象从出现到它被看见所需要的时间的倒数，称为视觉感受速度，用符号 v 表示，即

$$v = \frac{1}{t} \qquad (2.5)$$

视觉感受速度与背景及背景对象的对比有关，与被识别的视角有关，当背景亮度、对比及视角大时，视觉感受速度增加。

4. 视亮度

人眼对物体明亮程度的客观感觉称为视亮度。它受适应亮度水平和视觉敏锐度的影响，没有量纲。对于一个固定光谱成分的光，在不同适应亮度条件下，其感受亮度和实际亮度不同，或者在同一亮度条件下，不同光谱成分的光，其亮度感觉也不同，即客观的（计量）亮度与感受到的亮度之间存在差异。

2.2　颜色特性

对照明质量的评价不只考虑光的强度，还要考虑光源和环境的颜色。

2.2.1　光谱能量（功率）分布

颜色来源于光，波长不同的单色光会使人有不同的色觉，即有不同的颜色。可见光包含

的不同波长的单色辐射在视觉上会反映出不同的颜色。表2.1是各种颜色的中心波长及光谱的范围。

表2.1 光谱中各种颜色的波长及其范围

颜　　色	波长/nm	波长区域/nm
紫	420	380～450
蓝	470	450～480
绿	510	480～550
黄	580	550～600
橙	620	600～640
红	700	640～780

一个光源发出的光由许多不同波长的辐射组成，其中各个波长的辐射能量（功率）也不同。光源的光谱辐射能量（功率）按波长的分布称为光谱能量（功率）分布，以光谱能量的任意值来表示光谱能量分布称为相对光谱能量分布。常用照明电光源的相对光谱功率分布如图2.4所示。

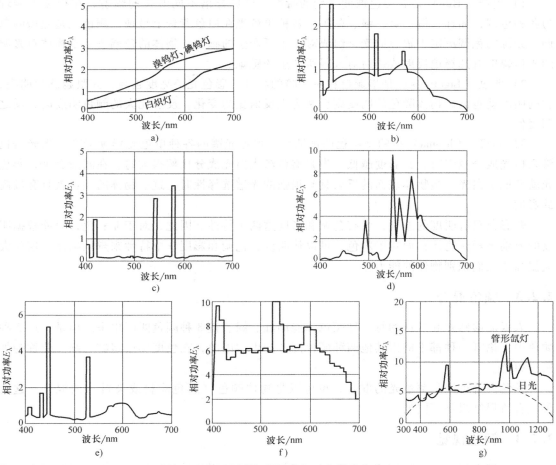

图2.4 常用照明电光源的相对光谱功率分布

a）白炽灯、卤钨灯 b）荧光灯 c）荧光高压汞灯 d）高压钠灯 e）钠铊铟灯 f）管形镉灯 g）管形氙灯

物体的颜色是物体对光源的光谱辐射有选择地反射或透射对人眼所产生的感觉。

2.2.2　颜色的基本特征

颜色可以分为彩色和非彩色两大类。

（1）非彩色

非彩色是指白色、黑色和中间深浅不同的灰色。它们可以排列成一个系列，称为"黑白系列"，即从黑色开始，依次逐渐地到深灰色、中灰色、浅灰色，直至白色。

黑白系列的非彩色代表物体的反射比的变化，在视觉上表现为明度的变化（相应于视亮度 $M = \rho E$ 的变化）。越接近白色，明度越高；越接近黑色，明度越低。

白色、黑色和灰色物体对光谱各波长的反射没有选择性，故称它们是"中性色"。

（2）彩色

彩色是指黑色系列以外的各种颜色。任何一种彩色的表观颜色，都可以按照3个独立的主观属性（即彩色的3个特性）分类描述，这就是色调（也称色相）、明度和彩度（有时也称为饱和度）。

1）色调（Hue）是各彩色彼此区别的特性。可见光谱不同波长的辐射，在视觉上表现为各种色调，如红、橙、黄、绿、蓝等。各种单色光在白色背景上呈现的颜色就是光谱的色调。光源的色调决定于辐射的光谱组成对人眼所产生的感觉。物体的色调决定于物体对光源的光谱辐射有选择地反射或透射对人眼所产生的感觉。

2）明度（Lightness）是指颜色相对明暗的特性。彩色光的亮度越高，人眼越感觉明亮，它的明度就越高。物体颜色的明度则反映为光反射比的变化，反射比大的颜色明度高，反之明度低。

3）彩度（Chroma）指的是彩色的纯洁性。可见光谱的各种单色光彩度最高。当光谱色渗入白光成分越多时，其彩度越低；当光谱色渗入白光成分比例很大时，在眼睛看来，彩色光就变成了白光。当物体表面的反射具有很强的光谱选择性时，这一物体的颜色就具有较高的彩度。

非彩色只有明度的差别，没有色调和彩度这两个特性。因此，对于非彩色，只能根据明度的差别来辨认物体；而对于彩色，可以从明度、色调和彩度3个特性来辨认物体，这就大大提高了人们识别物体的能力。

2.2.3　颜色混合

人眼能够感知和辨认的每一种颜色都能用红、绿、蓝3种颜色匹配出来。但是，这3种颜色中无论哪一种都不能由其他两种颜色混合产生。因此，在色度学中将红、绿、蓝称为加法三原色。

颜色混合可以是颜色光的混合，也可以是物体颜色（彩色涂料或染料）的混合，这两种混合所得结果是不同的。

2.2.4　颜色视觉

人的视觉器官不但能反映光的强度，而且还能反映光的波长特性。前者表现为亮度的感觉，后者表现为颜色的感觉。颜色是物体的属性，通过颜色视觉，人们能从外界获得更多的信息。因此，颜色视觉在生产、生活中具有重要的意义。

在明视觉条件下，人眼对于 380~780nm 范围内的电磁波引起不同的颜色感觉。感觉的颜色从紫色到红色，相应的波长由短到长。人眼是一种高效率的彩色匹配仪，具有正常视觉的人，其视网膜中央凹，能够分辨各种颜色，属全色区。

（1）颜色对比

相邻的不同颜色，在观看时存在着相互影响，这种现象称为颜色对比。例如，在一块黄色背景上放张白纸，用眼睛注视白纸中心几分钟，白纸会出现蓝色。黄和蓝为互补色，即每一种颜色都在其周围诱导出一种确定的颜色，这种颜色称为被诱导色（原来诱导颜色的互补色或相似颜色）。

（2）颜色适应

人眼在颜色刺激的作用下所造成的颜色视觉变化，称为颜色适应。例如，先在日光下观察物体的颜色，然后突然改在室内白炽灯下观察物体的颜色，开始时，室内照明看起来带有白炽灯的黄色，物体的颜色也带有一些黄色；几分钟后，当视觉适应了白炽灯光的颜色后，室内照明趋向变白，物体的颜色也趋向恢复到日光下的原来颜色。再如，在暗色背景上照射一小块黄光，当眼睛先看过大面积的强烈红光一段时间之后，再看这黄光，此时黄光呈现绿色；经过一段时间，眼睛会从红光的适应中逐渐恢复，绿色渐淡，几分钟后又成为原来的黄色。可见，对于某种颜色光适应以后，再观察另一颜色时，后者的颜色会发生变化，并带有适应光的补色成分。

2.3 表色系统

如果只是用日常语言（红、大红、朱红、粉红、紫红等）来描述颜色，往往会因为人们感受上的差别而成不确切的结论。为能精确地标定颜色，通常借助于表色系统。

表色系统可分为两类：一类以颜色的 3 个特性为依据，即按色调、明度和彩度加以分类，这类系统称为"单色分类系统"，目前用得最广泛的是孟塞尔表色系统；另一类以三原色原理为依据，即任意一种颜色可以用 3 种原色按一定比例混合而成，这类系统称为"CIE 表色系统"，目前用得最为广泛的是 CIE 表色系统。

2.3.1 孟塞尔表色系统

孟塞尔表色系统是一种采用颜色图册的表色系统，即按颜色的 3 个特性进行分类，并以它们的各种组合来表示。

1. 色调 H（孟塞尔色调）

如图 2.5 所示，按照红（5R）、黄红（5YR）、黄（5Y）、黄绿（5GY）、绿（5G）、蓝绿（5BG）、蓝（5B）、蓝紫（5PB）、紫（5P）、红紫（5RP）分成 10 种色调，每种色调又各自分成从 0~10 的感觉上的等距指标，共有 40 种不同的色调。

2. 明度 V（孟塞尔明度）

如图 2.6 所示，对同一色调的色彩来说，浅的明亮，深的阴暗。其中光波被完全吸收而不反射者为最暗，明度定为 0；光被全部反射而不吸收者为最亮，明度定为 10；在它们之间按感觉上的等距指标分成 10 等分来表示其明度。明度与反射比的关系见表 2.2。

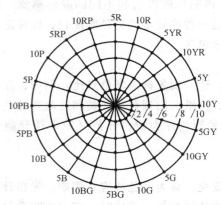

图 2.5 孟塞尔表色系统中一定
明度的色调与明度

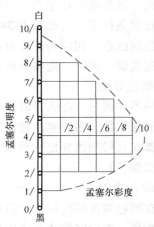

图 2.6 孟塞尔表色系统中一个色调
面上的明度、彩度组成

表 2.2 明度与反射比的关系

明度	反射比	明度	反射比	明度	反射比
10.0	1.000	6.5	0.353	3.0	0.0637
9.5	0.875	6.0	0.293	2.5	0.0450
9.0	0.766	5.5	0.240	2.0	0.0304
8.5	0.665	5.0	0.192	1.5	0.0198
8.0	0.575	4.5	0.151	1.0	0.0117
7.5	0.492	4.0	0.117	0.5	0.0057
7.0	0.420	3.5	0.088	0.0	0.0000

3. 彩度 C（孟塞尔彩度）

对相同明度的色彩来说，又有鲜艳和阴沉之分，鲜艳的程度称为彩度。如红旗的红，其彩度高；红豆的红，其彩度就低。一般光谱色（单色光，譬如 5R、5Y、5G、5B、5P）的彩度最高。

色调和明度均具有一定的颜色，在图册排列中，把非彩色的彩度作为 0，彩度按感觉上的等距指标增加。与明度有所不同，彩度规定为 11 个等级，不同的色调所分的等级也不同。例如，蓝色为 1~6，红色为 1~16。对于一种颜色，数字越大，彩度就越高。图 2.7 所示的是孟塞尔表色系统中色立体图的一部分。

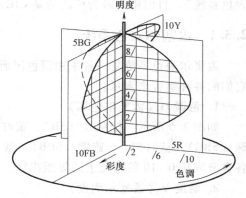

图 2.7 孟塞尔表色系统中色立体图的组成

按上述色调、明度和彩度的分类，孟塞尔表色系统用数字和符号表示颜色的方法是：先写色调，其次写明度，然后在斜线下写出彩度，即表示为"HV/C"。譬如，红旗可表示为

"5R5/10"。对于非彩色用符号 N，再标上其明度，如 N5。

2.3.2 CIE 表色系统

1. 三原色原理

光谱的全部颜色可以用红、绿、蓝 3 种光谱波长的光混合得到，这就是颜色视觉的三原色原理。

三原色是否能混合成各种不同颜色与三原色的选取有很大关系。三原色选取主要遵循以下原则：①三原色中任意一种原色不能由另外两种原色混合而成；②三原色按不同比例混合时能产生不同颜色。为此 CIE 规定的三原色为 700nm 的红色、546.1nm 的绿色和 435.8nm 的蓝色。

三原色原理认为锥体细胞包含红、绿、蓝 3 种反应色素，它们分别对不同波长的光发生反应，视觉神经中枢综合这 3 种刺激的相对强度而产生一种颜色感觉。3 种刺激的相对强度不同时，就会产生不同的颜色感觉。根据三原色原理，可通过不同比例的 3 种原色相加混合来表示某种特定颜色，即

$$[C] \equiv r[R] + g[G] + b[B] \tag{2.6}$$

式中　　　　　$[C]$——某种特定颜色（或被匹配的颜色）；

$[R]$、$[G]$、$[B]$——红、绿、蓝三原色；

　　　r、g、b——红、绿、蓝三原色的比例系数，且满足 $r+g+b=1$；

$\equiv$ 表示匹配关系，即在视觉上颜色相同，而能量或光谱成分却不同。

例如，蓝绿色用颜色方程式表示时，可写成 $[C] \equiv 0.06[R] + 0.31[G] + 0.63[B]$。

另外，匹配白色或灰色时，三原色系数必须相等，即满足 $r=g=b$。

如果 $[R]$、$[G]$、$[B]$ 三原色相加混合得不到相等的匹配时，可将三原色之一加到被匹配颜色的一方，以达到相等的颜色匹配。此时，式（2.6）中有一项必为负值（假设为 $[B]$），这可以理解为该原色将被滤去，即 $[C] \equiv r[R] + g[G] - b[B]$。

由于 RGB 系统可能出现负值，故 CIE 另用 3 个假想的原色 X、Y、Z 来代替 RGB，任何一种颜色（光）的 X、Y、Z 比例都是不同的。颜色的色（度）坐标可以通过计算 X、Y、Z 各在（$X+Y+Z$）总量中的比例来获得，即

$$x = \frac{X}{(X+Y+Z)} \tag{2.7}$$

$$y = \frac{Y}{(X+Y+Z)} \tag{2.8}$$

$$z = \frac{Z}{(X+Y+Z)} \tag{2.9}$$

2. CIE 色度图

1931 年 CIE 制定了色度图，它用三原色比例 x、y、z 来表示一种颜色，如图 2.8 所示。由于 $x+y+z=1$，x、y 确定以后，z 就可以确定了。因此，在色度图中只有 x、y 两个坐标，而无 z 坐标。其中，x、y 坐标分别相当于红原色、绿原色的比例。

1）一个颜色都可以用色度图上的一点来确定，这一点的色坐标为（x，y）。

2）马鞍形的曲线表示光谱色，称为"光谱轨迹"。

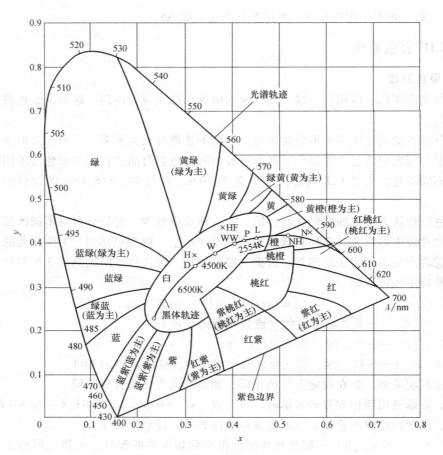

图 2.8 CIE 色度图

D—日光色荧光灯 W—白色荧光灯 WW—暖白色荧光灯 L——般照明用白炽灯 P—照明制版用灯
H—高压汞灯 HF—水银荧光灯 N—钠灯 NH—高压钠灯

3）连接光谱轨迹末端的直线称为"紫色边界"，它是光谱中所没有但自然界存在的颜色。

4）通过 D 点的弧形曲线称为"黑体轨迹"，它表示黑体温度和色度的关系。

每种颜色在 CIE 色度图上都有一个对应的点。但就视觉而言，当颜色的坐标位置变化微小时，人眼仍认为它是原来的颜色，而感觉不出它的变化。也就是说，这个范围内的颜色变化在视觉上是等效的，这种人眼感觉不出来的颜色变化范围称之为"颜色宽容量"。

研究表明，在 CIE1931 *XYZ* 色度图上，不同位置的颜色宽容量是不同的，蓝色部分宽容量最小，绿色部分宽容量最大。即在蓝色部分人眼对颜色的辨别力很强，而在绿色部分辨别力则较低。

2.4 颜色与显色性

2.4.1 光源的颜色

照明光源的颜色质量常用两个性质不同的术语来表征，即光源的色表和光源的显色性。

光源的色表是人眼观看光源所发出光的颜色（灯光的表观颜色）。光源的显色性是光源照射到物体上所显现出来的颜色。

光源的色表与显色性都取决于辐射的光谱组成。但是，不同光谱组成的光源可能具有相同的色表（同色异谱），而其显色性却有很大差异。同样，色表有明显区别的两个光源，在某种情况下，还可能具有大体相同的显色性。总之，不可能从一个灯具的色表做有关其显色性的任何判断。

2.4.2 光源的色温

在照明应用领域，常用色温定量描述光源的色表。当一个光源的颜色与黑体（完全辐射体）在某一温度时发出的光色相同时，黑体的温度就称为该光源的色温，符号为 T_c，单位为开尔文（K）。

在任何温度下，某物体能把投射到它表面的任何波长的能量全部吸收，该物体称为"黑体"。黑体的光谱吸收率 $\alpha_B = 1$。黑体加热到高温时将产生辐射，黑体辐射的光谱功率分布完全取决于它的温度。在 800～900K 的温度下，黑体辐射呈红色，3000K 呈黄白色，5000K 左右呈白色，在 8000～10000K 呈淡蓝色。

热辐射光（如白炽灯、卤钨灯等）的光谱能量分布与黑体的光谱能量分布近似，故其颜色变化基本上符合"黑体轨迹"。色温与白炽体的实际温度有一定的内在联系，但并不相等。例如，白炽灯的色温为 2878K 时，其灯丝的真实温度为 2800K。

热辐射光源以外的其他光源的光色，在色度图上不一定准确地落在"黑体轨迹"上，如图 2.8 所示。此时，只能用光源与"黑体轨迹"最接近的颜色来确定该光源的色温，这样确定的色温称为"相关色温"，符号为 $T_{cp} = 1$。显然，该光源的光谱能量分布与黑体是不同的。

一般而言，红色光的色温低，蓝色光的色温高。一些光源的色温见表 2.3。

表 2.3　各种光源的色温

光源	色温/K	光源	色温/K
太阳(大气外)	6500	钨丝白炽灯(1000W)	2920
太阳(在地表面)	4000～5000	荧光灯(日光色)	6500
蓝色天空	18000～22000	荧光灯(冷白色)	4300
月亮	4125	荧光灯(暖白色)	2900
蜡烛	1925	金属卤化物灯	3600～4300
煤油灯	1920	钠铊铟灯	4200～5000
钨丝白炽灯(1000W)	2400	镝铱灯	6000
钨丝白炽灯(100W)	2740	钪钠灯	3800～4200
弧光灯	3780	高压钠灯	2100

2.4.3 光源的显色性

光源的显色性是指在该光源照射下物体表面显示的颜色与在标准光源照射下显示的颜色符合程度，即光源显现物体颜色的特性。光源的显色性表明了照明光源对物体色表的影响，该影响是由于观察者有意识或无意识地将它与标准光源下的色表相比较而产生的。

光源的显色性是由光源的光谱功率分布所决定的，因此要判定物体颜色，就必须先确定光源。

（1）标准光源

由于人类长期在日光下生活，习惯以日光的光谱能量分布为基准分辨颜色。将北向天空光看作是一种标准光源，考虑到天空光将受到天气、季节和昼夜的影响，很难有统一标准，因此，CIE 规定了一系列接近日光的标准光源，常用的标准光源有 A、B、C、D_{65} 这 4 种。

（2）显色指数

光源的显色性能主要取决于光谱能量分布。而光源显色性的优劣以显色指数定量评定，包括一般显色指数（R_a）与特殊显色指数（R_i）两种。R_a 的确定方法，是以选定的一套共 8 个有代表性的色样，在待测光源与参照光源下逐一进行比较，确定每种色样在两种光源下的色差 ΔE_i。然后，按照约定的定量尺度，计算每一种色样的显色指数 R_i

$$R_i = 100 - 4.6\Delta E_i \tag{2.10}$$

一般显色指数 R_a 则是 8 个色样显色指数的算术平均值

$$R_a = \frac{1}{8}\sum_{i=1}^{8} R_i \tag{2.11}$$

对于一般人工照明光源，只用 R_a 作为评价显色性的指标就够了。在需要考查光源对特定颜色的显色性时，尚可引用另外规定的 7 种色样中的一种或数种，作为特殊显色指数评价指标。这 7 种检验色样分别是深红、深黄、深绿、深蓝、白种人肤色、叶绿色、中国女性肤色。

光源的显色指数越高，其显色性越好。与参照光源完全相同的显色性，其显色指数为 100。一般认为：$R_a = 100 \sim 80$，显色性优良；$R_a = 79 \sim 50$，显色性一般；$R_a < 50$，显色性较差。

表 2.4 列出了我国生产的部分电光源的显色指数、色温以及色坐标。

表 2.4　电光源的颜色指标

光源名称	CIE 色坐标		色温/K	显色指数
白炽灯（500W）	$x = 0.447$	$y = 0.408$	2900	95～100
荧光灯（日光色）	$x = 0.313$	$y = 0.337$	6500	70～80
荧光高压汞灯	$x = 0.334$	$y = 0.412$	5500	30～40
镝灯（1000W）	$x = 0.369$	$y = 0.367$	4300	85～95
普通型高压钠灯	$x = 0.516$	$y = 0.389$	2000	20～25

根据一般显色指数的高低对电源进行分组，见表 2.5。

表 2.5　光源的显色性分组（GB 50034—2013 建筑照明设计标准）

显色分类	显色指数（R_a）
I	$\geqslant 80$
II	$60 \leqslant R_a < 80$
III	$40 \leqslant R_a < 60$
IV	$20 \leqslant R_a < 40$

思考题与习题

2.1 阐述人眼的视觉过程。

2.2 感光细胞分为哪几种？它们的作用是什么？

2.3 什么是视觉阈限？人的视觉绝对亮度阈限是多少？

2.4 什么是暗视觉、明视觉和中介视觉？

2.5 什么是明适应？什么是暗适应？

2.6 什么是眩光、不舒适眩光、失能眩光？

2.7 什么是黑白系列？

2.8 说明颜色的 3 个特性。

2.9 孟塞尔表色系统是如何表示颜色的？

2.10　CIE 表色系统是如何表示颜色的？

2.11　光源的色表、色温、色调以及显色性、显色指数的含义是什么？

第3章 电 光 源

将电能转换成光学辐射能的器件，称为电光源，而用作照明的称为照明电光源。电光源是电气照明的核心部件，各种电光源的特性原理是电气照明技术必备的基础知识。本章主要介绍电光源的种类、性能指标以及常用照明电光源的结构特点、光电参数及特性。

3.1 照明电光源的分类型号和光电特性

3.1.1 照明电光源的分类

目前使用的电光源，按照其工作原理可分为固体发光光源和气体放电光源两大类，电光源分类见表 3.1。

表 3.1 电光源分类

电光源	固体发光光源	热辐射光源	白炽灯
			卤钨灯
		电致发光光源	场致发光灯（EL）
			半导体发光二极管（LED）
	气体放电光源	辉光放电灯	氖灯
			霓虹灯
		弧光放电灯 低气压灯	荧光灯
			低压钠灯
		弧光放电灯 高气压灯	高压汞灯
			高压钠灯
			金属卤化物灯
			氙灯

1. 固体发光光源

固体发光光源主要包括热辐射发光光源和电致发光光源。热辐射发光光源是利用电能使物体加热到白炽程度而发光的光源，如白炽灯、卤钨灯等。电致发光光源是利用适当的固体与电场相互作用而发光的光源，是直接把电能转换成光能的电光源，如场致发光灯（Electro Luminescent，EL）和半导体发光二极管（Light Emitting Diode，LED）。LED 的特点是寿命长、光效高、无辐射和低功耗，是国家提倡的绿色光源，具有广阔的发展前景，它将大面积取代现有的白炽灯和节能灯。随着现代科学技术的进步，LED 得到了长足的发展，已成为新一代照明电光源。

2. 气体放电光源

气体放电光源是利用电流通过气体或蒸气的放电而发光的光源。气体放电光源按放电形式分为弧光放电灯和辉光放电灯，常用的弧光放电灯有荧光灯、钠灯、氙灯、汞灯和金属卤化物灯。辉光放电灯有氖灯、霓虹灯。气体放电光源工作时需要很高的电压，其具有发光效率高、表面亮度低、亮度分布均匀、热辐射小、寿命长等优点，是市场销售量最大的光源。

（1）辉光放电灯

辉光放电灯主要利用负辉区的光或正柱区的光，如霓虹灯、氖灯、冷阴极荧光灯。

（2）弧光放电灯

弧光放电灯主要利用正柱区的光。根据正柱区的气体压力分为低压弧光放电灯和高压弧光放电灯。例如，荧光灯、低压钠灯是低压弧光放电灯；HID 灯、氙灯是高压弧光放电灯。

3.1.2 照明电光源的型号命名

各种电光源的型号命名一般由 3~5 部分组成。第一部分为字母，由表示光源名称主要特征的 3 个以内汉语拼音词头字母组成；第二部分和第三部分一般为数字，主要表示光源的电参数；第四部分和第五部分作为补充部分，可在生产或流通领域中使用时灵活取舍。

电光源型号的各部分按顺序直接排列，当相邻部分同为字母或数字时，中间用短横线"-"分开。常用电光源型号命名方法见表 3.2 和表 3.3。

表 3.2 部分常用白炽灯电光源型号命名表

光源名称	型号的组成						
	第一部分	第二部分	第三部分	第四部分		第五部分	
普通照明灯泡	PZ	额定电压/V	额定功率/W	S	磨砂	B	卡口
普通照明双螺旋形灯泡	PZS			E		E	螺口
普通照明反射型灯泡	PZF			N	内涂白	P	P 形玻壳
局部照明灯泡	JZ			—		—	—
聚光灯泡	JG			Fa	单插脚灯头		—
照明单端卤钨灯	LZD			B	背景照明	YZ	硬质玻璃
照明反射型卤钨灯	LFS			FB	封闭式		
仪器灯泡	YQ			G	球形玻壳	E	螺口灯具

表 3.3 部分常用气体放电电光源型号命名表

光源名称		型号的组成						
		第一部分	第二部分	第三部分	第四部分		第五部分	
低气压荧光灯	直管型荧光灯	YZ	额定电压/V	—	RZ	中性白色	毫米数	管径
	快速启动荧光灯	YK			RB	白色		
	瞬时启动荧光灯	YS			RD	白炽灯色		
	U 形荧光灯	YU			RR	日光色		
	环形荧光灯	YH			RN	暖白色		
					HO	红色		
					LV	绿色		
高压汞灯	高压汞灯	GGY	—	额定功率/W	—		—	管形玻壳
	自镇流荧光高压汞灯	GYZ	额定电压/V		—			
钠灯	透明型高压钠灯	NG	—		—	外触发	—	
	低压钠灯	ND	—		LC	漏磁变压器		
					ZL	镇流器		

3.1.3 电光源的光电特性

电光源的性能指标主要是光的性能指标，而对电的指标也往往注重于它对光性能的影响。

（1）光通量

光源的光通量表征光源的发光能力。光源的额定光通量是指光源在额定电压、额定功率的条件下，并处于无约束发光的工作环境的光通量输出。对于整个使用过程光通量衰减不大的光源，是指新光源刚开始点燃时的光通量输出，如卤钨灯；对于光通量衰减较大的光源，是指光源使用了 100h 后的光通量输出，如荧光灯。

（2）发光效率

光源的光通量输出与它取用的电功率之比称为光源的发光效率，简称光效，单位为 lm/m。

（3）显色性

照明光源显现被照物体的颜色的性能称为显色性。光源的显色性是由光源的光谱功率分布所决定的，因此要判别物体的颜色，首先要确定光源。CIE 规定了 4 种标准光源。

显色性是光源的一个重要指标。通常光源用显色指数衡量其显色性。各种光源的显色指数见表 3.4。

CIE 将灯的显色性能分为 4 类，其中第 1 类又分为 A、B 两组，并提出了每类灯的适用场所，作为评价室内照明质量的指标，见表 3.4。GB 50034—2004《建筑照明设计标准》对各类建筑的不同房间和场所都规定了 R_a 值。

表 3.4 电光源的显色指数和应用示例

显色性组别	显色指数范围	色表	应用示例	
			优先使用	允许使用
1A	$R_a \geqslant 90$	暖、中间、冷	颜色匹配、医疗诊断、画廊	
1B	$90 > R_a \geqslant 80$	暖、中间	家庭、旅馆、餐馆、商店、办公室、学校、医院	
		中间、冷	印刷、油漆和纺织工业视觉费力的工业生产	
2	$80 > R_a \geqslant 60$		工业生产	办公室、学校
3	$60 > R_a \geqslant 40$		粗加工工业	工业生产
4	$40 > R_a \geqslant 20$			粗加工工业，显色性要求低的工业生产

（4）寿命

电光源的寿命用燃点小时数表示，可以分为全寿命、平均寿命和有效寿命。

1）平均寿命。光源从第一次点燃起，直到不能发光为止，累计燃点的小时数称为光源的全寿命。全寿命有很大的离散性，即同一批电光源虽然同时点燃，却不会同时损坏，且可能有较大的差别。因此，常用平均寿命的概念定义电光源的寿命。取一组电光源作试样，同时点燃并开始计时，到 50% 的电光源试样损毁为止，所经过的小时数即为该组电光源的平均寿命。一般光通量衰减较小的电光源如卤钨灯常用平均寿命作为其寿命指标。

2）有效寿命。当光源光通量衰减到一定程度时，虽然光源尚未损坏，但它的光效明显下降，继续使用已不经济。电光源从点燃起，一直到光通量衰减到某个百分比所经过的燃点小时数称为光源的有效寿命。一般取 70%～80% 额定光通量作为更换光源的依据。荧光灯一般用有效寿命作为其寿命指标。

（5）启燃与再启燃时间

电光源启燃时间是指光源接通电源到光源达到额定光通量输出需要的时间。热辐射光源的启燃时间一般不足 1s，可以认为是瞬时点燃。气体放电光源因为光源种类不同，启燃时间从几秒到几分钟不等。

光源的再启燃时间是指正常工作的光源熄灭以后马上再点燃所需要的时间。大部分高压气体放电光源的再启燃时间比启燃时间还长，这是因为再启燃时要求这种光源必须冷却到一定温度后才能再次正常启燃。

（6）电压特性

当电源电压与光源的额定电压不符时，将会对光源的使用造成很大影响。例如电源电压偏高，将会使光源寿命降低；电源电压过低，则会使光通量明显减少，启燃时间延长，甚至无法启燃。因此，对某些光源要规定最低启燃电压，当电源电压产生波动时，会造成光源闪烁，影响视觉环境。对电压波动较敏感的光源要规定其允许电压波动幅度和频率。

（7）温度特性

部分光源对环境温度比较敏感。温度过高或过低都会影响光源的光效。大部分气体放电光源在环境温度较低时还会影响启燃性能。有些光源表面温度很高，使用时要采取防燃和防溅措施，以免引起火灾或因水的溅射导致光源爆裂等。

3.2 热辐射发光

太阳发光是由于它的表面温度高达 6000K。所有的固体、液体以及气体如果达到足够高的温度，都会产生可见光。白炽灯中的固体钨大约 3000K 时即可发出可见光。

白炽体的最重要的特性之一是，随着辐射体温度的升高，辐射的色表从暗红，经过橘黄、发白，然后是炽蓝。这样，色温也就随着辐射体的温度升高而提高。

3.2.1 黑体辐射

如果有一个物体，它能在任何温度下将辐射在它表面的任何波长的能量全部吸收，这个物体称为黑体或者完全辐射体。当黑体加热吸收能量使得温度升高到一定值时，则会产生可见光辐射。

在温度为 2000～4500K 范围内，根据普朗克公式描述的黑体辐射曲线如图 3.1 所示。普朗克效应意味着热力学极限：它表示在温度为 $T(K)$ 值时，

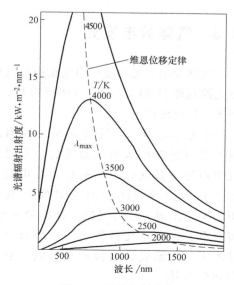

图 3.1　黑体辐射曲线

没有任何物体能比黑体辐射出更大的功率。

由图 3.1 可见，随着温度升高，黑体辐射曲线的峰值波长 λ_{max} 逐渐移向短波，即黑体辐射的温度越高，最大辐射功率的波长就越移向可见光。维恩位移定律如图 3.1 中虚线所示。

由图 3.1 可见，随着温度 T 升高，黑体的辐射出射度 M_{eB} 迅速增加。也就是说，如果提高工作温度，黑体产生的辐射通量可大大提高。

3.2.2 钨丝的辐射

实际上，所有的辐射体都不是黑体，其光谱辐射出射度 M_λ 总是比黑体的 $M_{\lambda B}$ 要小。为此，将两者之比定义为辐射体的光谱发射率，即 $\varepsilon(\lambda, T) = M_\lambda / M_{\lambda B}$。

$\varepsilon(\lambda, T)$ 可用来表征真实辐射体的辐射特性，若辐射体的 $\varepsilon(\lambda, T)$ 随波长而变，则称之为"选择辐射体"。钨属于选择辐射体，随着波长的变短，其 $\varepsilon(\lambda, T)$ 值增大，因而钨的光谱辐射出射度的峰值波长比同温度的黑体更接近可见光区，如图 3.2 所示（在 3000K 时）。因此，用钨丝作光源比用同温度的黑体作光源的光效率要高。

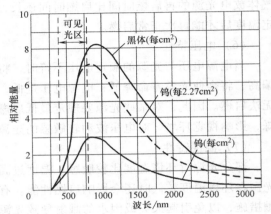

图 3.2 同温度（3000K）下黑体和钨辐射的曲线

通过实验及分析可知：钨丝热辐射的波长范围很广，其中可见光部分仅占很少的比例，紫外线也很少，绝大部分是红外线。钨丝辐射随着工作温度升高而增加，其中可见光部分比红外线增加得更快，因此钨丝的工作温度越高，灯的光效率就越高。

3.3 气体放电发光

气体放电电光源是利用电流通过气体（或蒸气）媒质时而发光的光源。利用气体放电发光的原理制成的灯称为气体放电灯，其结构可用图 3.3 加以说明。

B 为灯的泡壳，通常它是由透明的玻璃或石英按照所需的形状加工而成的，有时则要用陶瓷或宝石等来做泡壳。A 和 C 为放电灯的电极，它们依靠一定的方法和泡壳 B 实现真空密封。其

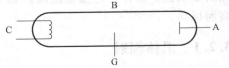

图 3.3 气体放电灯的结构示意图

中，A 为阳极，C 为阴极。这样的区分是对直流灯而言的，而对交流灯，则没有阴、阳极之分，两极可交替作为阴、阳极之用。G 为灯中所充气的气体。很显然，这些气体基本上不与泡壳、电板材料反应。它们可以是惰性气体，也可以是一些金属或金属化合物的气体。

下面先定性讨论气体放电的形成和分类，然后再叙述气体放电灯的稳定工作问题。

3.3.1 气体放电的全伏安特性

如图 3.4a 所示，通过改变电源电压 U_0，测量在不同放电电流时的灯管电压 U，就可得到如图 3.4b 所示的关系曲线，该曲线称为气体放电的"全伏安特性曲线"。

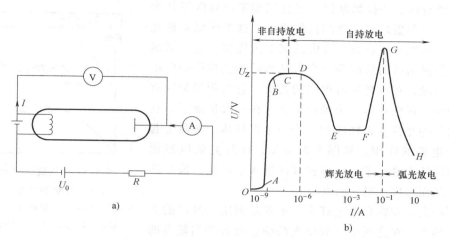

图 3.4　气体放电灯
a）工作电路　b）全伏安特性

气体放电的"全伏安特性曲线"的各段情况描述如下：

在 OA 段，由于外致电离，在灯管中存在带电粒子。在电场的作用下，这些带电粒子向电极运动，形成电流。随着电场的增强，带电粒子的速度增加，使电流增大。在 AB 段，当电场继续增强时，所有外致电离所产生的带电粒子全部到达电极，使电流达到饱和。如果电源电压 U_0 再继续升高，则电场将使初始的带电粒子的速度增加到很大，形成更多的电子，致使电子数雪崩式地增加。因此，往往称 BC 段为"雪崩放电"。在 C 点，通过灯管的电流突然增加至 D 点，管压降随即迅速降低（见 DE 段），同时在灯管中产生了可见的辉光。所以 C 点称为气体放电的"着火点"，对应的电压 U_Z 称为灯管的"着火电压"。

在 DE 段，不论增加 U_0 还是减小回路电阻 R 使电流增加，管压降基本不变，这一段称为"正常辉光放电"。正常辉光放电使管压降能维持不变，是因为在这个范围内阴极并没有全部用于发射，而是用于发射的面积正比于电流，故此时阴极上的电流密度是一个常数。当整个阴极面都用于发射（对应于 F 点）之后，若还继续增大电流，则阴极电流密度就必须增加，造成灯管电压上升，这样就进入"异常辉光发电"阶段 FG。此后，如果再使放电电流增加，特性将又一次发生突变，灯管电压大幅度降低，电流迅速增加，这就形成了"弧光放电"的 GH 段。

OC 段的放电是非自持的，这种放电称为"黑暗放电"，也就是说，若去除外致电离，电流即可停止。C 点以后的放电是自持放电。从 E 点开始，以后就是稳定的自持放电，它包括辉光放电和弧光放电。从图 3.4 可以看出，"黑暗放电"电流大约在 10^{-6} A 以下，"辉光放电"电流为 $10^{-6} \sim 10^{-1}$ A，而"弧光放电"的电流约为 10^{-1} A 以上。

3.3.2 辉光放电灯

如图 3.5 所示为辉光放电灯的光强、电位等沿灯管轴向的分布情况。

根据发光的明暗程度，从阴极到阳极的空间可分为阴极暗区、负辉区、法拉第暗区、正柱区和阳极辉区等几个区域。其中，阴极暗区又称阴极位降区，这个区域是辉光放电的特征区域，所有辉光放电的基本过程都在这一区域完成。在阴极暗区的后面是一个由负辉区和法拉第暗区组成的过渡区域，在负辉区有很强的光辉，它与阴极暗区有明显的分界。正柱区是一个等离子区，在一般情况下，它是一个均匀的光柱。正柱区相当于一个良导体，实质上起到了传导电流的作用。从图 3.5 可知，在辉光放电过程中，阴极区的大量电子，经过过渡区进入正柱区，最后达到阳极，从而形成了稳定的电流。

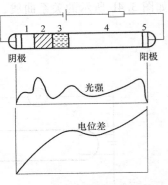

图 3.5 辉光放电时光强沿管轴的分布

1—阴极暗区 2—负辉区 3—法拉第暗区 4—正柱区 5—阳极辉区

必须指出，在辉光放电灯中，主要是利用负辉区的光或正柱区的光，在这两个区域中光的颜色有着相当显著的差异。当灯管内气压降低时，正柱区的长度就要缩短，其他部分的尺寸则伸长，大约在 1.33Pa 时，正柱区的光便完全消失，法拉第暗区可扩展到阳极；另外，电极之间的距离增长或缩短，正柱区的长度也随之发生变化。

因此，利用正柱区发光的霓虹灯，灯内气体的气压不能太低，灯管要做得较长，还要将阴极部分的灯管涂黑，使负辉区的光透不过来；利用负辉区发光的辉光指示灯，灯管就要做得较短。

3.3.3 弧光放电灯

通过升高电源电压或减小回路电阻来增加电流，放电就从"正常辉光"进入"异常辉光"。再增加电流时，由于电流密度加大而使正离子动能和数量不断增加，致使阴极温度升高产生热电子发射；或者使阴极材料大量蒸发而在阴极附近较薄的范围内产生很高的气压，形成极强的正空间电荷，从而产生强电场发射。无论是形成哪一种发射，都是使放电由"辉光"过渡到"弧光"。当然，弧光放电也可以不是由辉光放电过渡而来，而是由电极分离获得，即当电极分开的瞬间产生火花，其中将含有浓度很大的电子和离子，在这些电子和离子作用下迅速形成电弧。

与辉光放电一样，弧光放电的正柱区也是一个作为电流通道的等离子区，气体辐射主要在这里产生。根据正柱区的气体压力可分为低气压弧光放电和高气压弧光放电。低气压弧光放电的正柱区除具有更高的带电粒子浓度外，与辉光放电正柱区的性质基本一样。但是在高气压弧光放电中则有着不同的物理过程和性质。

1. 低气压弧光放电灯

对于低压汞灯（荧光灯）、低压钠灯等低气压弧光放电灯，当灯内气压很低（相当于 1013.25Pa）时，电子的自由程较长，与气体原子碰撞次数少，电子能获得的能量多，相应的电子温度 T_e 比气体温度高得多，T_e 可达 5×10^4K 以上，而气体温度与管壁温度差不多。

因此，在正柱区内的电离和激发，主要是靠电子的碰撞电离和碰撞激发。电子的碰撞激发概率与电子的能量有关，因而并不是所有的能级都一样被激发，而常常只是某些特定的能级被特别强地激发，因此，这些能级发出的线光谱特别强，如低压汞灯的253.7nm和低压钠灯D线（589nm）等。这就是说，低气压时，单个原子的性质占主导地位，辐射的光谱主要是该元素原子的特征谱线。因此，当气体（或蒸气）为不同元素时，会由于特征谱线的不同表现出不同的色调。

2. 高气压弧光放电灯

当气压升高时，电子的自由程变小。在两次碰撞之间电子积累的能量很小，常不足以使气体原子激发和电离，而和气体原子发生弹性碰撞。由于气压高时弹性碰撞的频率非常高，结果使电子动能减小，气体原子动能增加。相应地，电子的温度降低，而气体的温度上升。当气压增加到一定高度时，等离子体的电子温度和气体温度变得差不多相同（电子温度总是比气体温度略高一些），这种状态称为"热平衡状态"，这种等离子体称为"等温等离子体"（或高温等离子体），一般等温等离子体的温度可达5000~7000K。在处于热平衡状态的正柱区中，电子的碰撞激发和电离所起的作用较小，高温气体的热激发和热电离（高能量原子之间的碰撞）则成为起主要作用的因素。当气压升高时，放电灯辐射的光谱也会发生明显的变化。在高气压放电中，由于相邻原子接近，原子之间的相互作用变强，使原子的特征谱线增宽。另外，高气压时电子、离子浓度很高，它们在放电管内复合的概率增加，而复合可以辐射的形式放出能量（电离能与电子、离子动能之和），此种现象称为"复合发光"。由于电子的动能是连续变化的，复合发光的波长也就不是固定的，而是连续可变的。复合发光的概率是随着气压升高而增加的，因此，在很高的气压下，辐射的光谱有很强的连续成分，高强气体放电灯（HID灯）就是利用这个原理来得到连续光谱的。

3.3.4 气体放电灯的工作特性

一般情况下，弧光放电具有负伏安特性（也有例外，如长弧氙灯）。具有负伏安特性的元件单独接至电网工作时是不稳定的。

如图3.6中 a 线所示的伏安特性，假定给气体放电灯接入一个确定的电压 U_1，通过的电流为 I_1。如果由于某种原因，电流从 I_1 瞬时增加到 I_2，这时就产生了一个过剩的电压（U_1-U_2），它将使电流进一步增加。同样，电流从 I_1 瞬时减小到 I_3，这时要维持 I_3，就差电压（U_3-U_1），这又导致电流进一步减小。可见，将具有负伏安特性的放电灯单独接到电网中时，是不能稳定工作的。通常会导致电流无限制地增加，最后直到灯或电路的某一部分由于电流过大而烧毁。

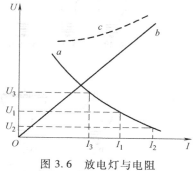

图3.6　放电灯与电阻
串联时的伏安特性

把灯和电阻串联起来使用，就可以克服电弧固有的不稳定性。图3.6中曲线 a 和曲线 b 分别为电弧和电阻的伏安特性曲线，曲线 c 则是两者叠加的结果。不难看出，曲线 c 具有正的伏安特性。在交流的情况下，还可用电感或电容来代替电阻。与电弧串联的电阻、电感、电容等统称为"镇流器"或"限流器"。

3.4　白炽灯和卤钨灯

3.4.1　白炽灯

白炽灯是利用钨丝通过电流时使灯丝处于白炽状态而发光的一种热辐射光源。白炽灯的灯丝在将电能转变成可见光的同时，还要产生大量的红外辐射和少量的紫外辐射。由于钨丝会随着工作时间的延长而逐渐变细损坏，为了防止钨丝氧化，抑制钨丝蒸发，常在大功率白炽灯泡的玻壳中充入惰性气体，以提高白炽灯的寿命。

1. 白炽灯的结构特点

白炽灯的结构如图 3.7 所示，它由灯丝、支架、芯柱、引线、玻璃泡壳（简称"泡壳"）和灯头等部分组成。

白炽灯的玻壳用一般玻璃制造，根据不同用途做成各种不同形状，如球形、圆柱形、梨形等。泡壳的尺寸及采用的玻璃则视灯泡的功率和用途而定。各种功率、用途的白炽灯的典型外形如图 3.8 所示，图中字母表示泡壳的形状，后面的数字表示最大直径是 $\frac{1}{8}$in 的倍数（即 3.175mm 的倍数，其中 $1\text{in}=25.4\text{mm}$）。

白炽灯的钨丝是白炽灯泡的关键组成部分，是灯的发光体。常用的灯丝形状有单螺旋和双螺旋两种（由于双螺旋灯丝发光效率高，使其成为发展方向），特殊用途的灯泡甚至还采用了三螺旋形状的灯丝。根据灯泡规格的不同，钨丝具有不同的直径和长度。

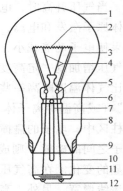

图 3.7　白炽灯的结构
1—玻璃泡壳　2—钨丝
3—引线　4—钼丝支架
5—杜美丝　6—玻璃夹封
7—排气管　8—芯柱
9—焊泥　10—引线
11—灯头　12—焊锡触点

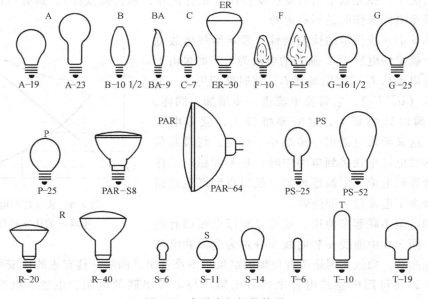

图 3.8　各种白炽灯的外形

白炽灯的灯头是灯泡与外电路灯座连接的部位，如图3.9所示，其外形有多种，并具有一定的标准，常用的灯头为螺口式（以字母 E 开头）和插口式（以字母 B 开头）两种。

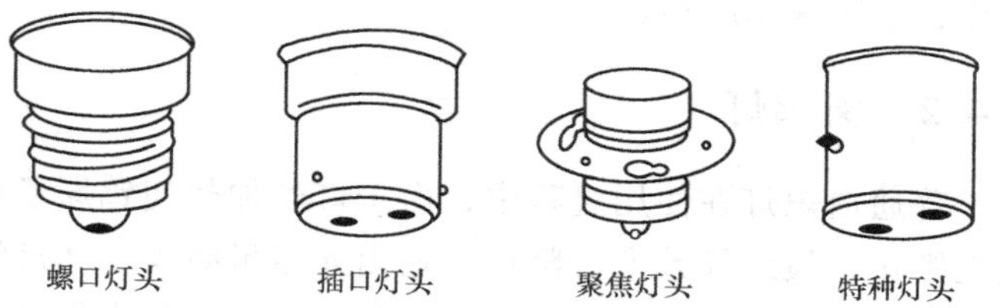

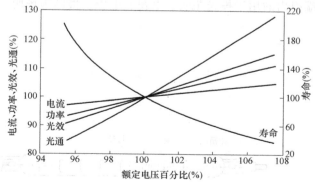

| 螺口灯头 | 插口灯头 | 聚焦灯头 | 特种灯头 |

图3.9　几种灯头外形

2. 白炽灯的光电参数及其特性

（1）额定电压 U_N

光源（灯泡）只能在额定电压下工作，才能获得各种规定的特性。使用时若低于额定电压，光源的寿命虽可延长，但发光强度不足，光效率降低；若在高于额定电压下工作，发光强度变强，但寿命缩短。因此，要求电源电压能达到规定值。普通照明和反射型白炽灯的额定电压一般为220V和110V。

（2）额定功率 P_N

灯泡（管）在额定电压下工作时能输出的功率称为额定功率，单位为 W。普通照明灯泡的额定功率在15~1000W。

（3）额定光通量 Φ_N

在额定电压下工作时，光源辐射出的光通量是额定光通量，通常是指点燃100h以后，灯泡的初始光通量，以 lm 为单位。白炽灯根据功率不同，其输出的光通量一般在几十到1100lm。

（4）发光效率 η

用灯泡发出的光通量和消耗的电功率的比值来表示灯的效率，称作发光效率（简称"光效"），单位为 lm/W。普通白炽灯泡的光效很低，通常为9~12lm/W。

（5）寿命 τ

白炽灯的平均寿命一般为1000h，使用寿命较短。影响白炽灯使用寿命的主要原因是在额定状态下工作时，钨丝会蒸发钨而使灯丝变细，从而导致断丝。

白炽灯的寿命受电源电压的影响，如图3.10所示。从图中可知，随着电源电压升高，灯泡寿命将大大降低。随着灯丝温度的变化，灯泡的寿命和发光效率都将产生变化，同一个灯泡发光效率越高，寿命就越短。

图3.10　白炽灯光电参数与电源电压的关系

（6）光谱能量分布 E_λ

白炽灯是热辐射光源，具有连续的光谱能量（功率）分布。

（7）色温 T_c、显色指数 R_a

白炽灯是低色温光源，一般为2400~2900K；一般显色指数为95~99。

当电源电压变化时，白炽灯除了寿命有很大变化外，光通、光效、功率等也都有较大的变化，如图 3.10 所示。

3.4.2 卤钨灯

普通白炽灯在使用过程中，由于灯丝加热使钨原子从灯丝表面蒸发出来，使灯丝变细和玻壳黑化，最终导致寿命降低，输出光通量减少。在灯泡内充入惰性气体后，虽然可以抑制钨蒸发的速度，但并不能获得满意的效果。于是人们从 19 世纪后期开始对卤钨灯进行研究，直到 1959 年才制成第一只实用的充碘钨丝灯。

填充气体内含有部分卤族元素或卤化物的充气白炽灯称为卤钨灯。卤钨灯也是一种热辐射光源，性能比普通钨丝白炽灯泡有了很大改进。它实际上是由一根线状灯丝与内部充有少量碘的氧化硅（石英）灯管构成的。

1. 卤钨循环的原理

当卤素加进填充气体后，如果灯内达到某种温度和设计条件，钨与卤素将发生可逆的化学反应。简单地讲，就是白炽灯灯丝蒸发出来的钨，其中部分朝着泡壳壁方向扩散。在灯丝与泡壳之间的一定范围内，其温度条件有利于钨和卤素结合，生成的卤化钨分子又会扩散到灯丝上重新分解，使钨又送回到了灯丝。至于分解后的卤素则又可参加下一轮的循环反应，这一过程称为卤钨循环或再生循环。

理论上氟、氯、溴、碘 4 种卤素都能在灯泡内产生再生循环，区别在于循环时，产生各种反应所需的温度不同。目前，广泛采用的是溴、碘两种卤素，制成的灯则分别称为溴钨灯和碘钨灯，并统称为卤钨灯。

由于碘在温度为 1700℃ 以上的灯丝和 250℃ 左右的泡壳壁间循环，对钨丝没有腐蚀作用，因此，需要灯管寿命长些就采用碘钨灯；需要光效高的灯管则可用溴钨灯，但寿命就短些。

2. 结构与技术参数

卤钨灯分为两端引出和单端引出两种，如图 3.11 所示。两端引出的灯管用于普通照明；单端引出的用于投光照明、电视、电影、摄影等场所。

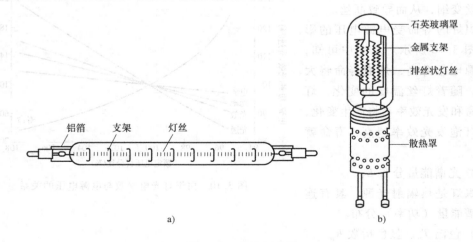

图 3.11　卤钨灯外形
a）两端引出　b）单端引出

由于卤钨循环使蒸发的钨又不断地回到钨丝上，抑制了钨的蒸发，并且因灯管内被充入较高压力的惰性气体而进一步抑制了钨蒸发，使灯的寿命有所提高，最高可达2000h，平均寿命为1500h，为白炽灯的1.5倍；因灯管工作温度提高，辐射的可见光量增加，使得发光效率提高，光效可达10~30lm/W；工作温度高，光色得到改善，显色性也好；卤钨灯与一般白炽灯比较，它的优点是体积小、效率较高、功率集中，因而可使照明灯具尺寸缩小，便于光的控制。因此灯具制作简单，价格便宜，运输方便。卤钨灯的显色性好，其色温特别适用于电视播放照明，并可用于绘画、摄影和建筑物的投光照明等场合。

但是，在使用卤钨灯时，要注意以下几点：

1）为维持正常的卤钨循环，使用时要避免出现冷端，例如，管形卤钨灯工作时，必须水平安装，倾角范围为±4°，以免缩短灯的寿命。

2）管形卤钨灯正常工作时管壁温度为600℃左右，不能与易燃物接近，而且灯管脚的引线应该采用耐高温导线，灯管脚与灯座之间的连接应良好。

3）卤钨灯灯丝细长又脆，要避免振动和撞击，也不宜作为移动式局部照明。

3.5 荧光灯

荧光灯俗称日光灯，是出现在20世纪30年代的一种新型光源。荧光灯是一种低气压汞蒸气弧光放电灯，在它的玻璃管内壁上涂有荧光材料，因此把放电过程中产生的紫外线辐射转化为可见光。

荧光灯发光效率高、使用寿命长、光色好，因此应用十分广泛，已成为主要的一般照明光源。

自从1980年紧凑型荧光灯（CFLs）产品在欧洲问世至今，人们通俗地将其称为节能灯。

3.5.1 荧光灯的结构

荧光灯的结构如图3.12所示。它由内壁涂有荧光粉的钠钙玻璃管组成，其两端封接上涂覆三元氧化物电子粉的双螺旋形的钨电极，电极常常套上电极屏蔽罩。尤其在较高负载的荧光灯中，电极屏蔽罩一方面可以减轻由于电子粉蒸发而引起的荧光灯两端发黑，使蒸发物沉积在屏蔽罩上；另一方面可以减少灯的闪烁现象。灯管内还充有少量的汞，所产生的汞蒸气放电可使荧光灯发光。

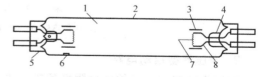

图3.12　荧光灯的结构

1—氩和汞蒸气　2—荧光粉涂层　3—电极屏罩
4—芯柱　5—两引线的灯帽　6—汞　7—阴极　8—引线

在荧光灯工作时，汞的蒸气压仅为1.3Pa，在这种工作气压下，汞电弧辐射出的绝大部分辐射能量是波长为253.7nm的紫外特征谱线，再加上少量的其他紫外线，也仅有10%在可见光区域。若灯管内没有荧光粉涂层，则荧光灯的光效仅为6lm/W，这只是白炽灯泡的一半。为了提高光效，必须将253.7nm的紫外辐射转换成可见光，这就是玻璃管内要涂荧光粉的原因，荧光粉可使灯的发光效率提高到80lm/W，差不多是白炽灯光效的6倍之多。

此外，荧光灯内还充有氩、氖、氪之类的惰性气体以及这些气体的混合气体，其气压在200~660Pa之间。由于室温下汞蒸气气压较低，惰性气体有助于荧光灯的启动。由于气体放电灯具有负的伏安特性，因此荧光灯必须与镇流器配合，才能稳定工作。

3.5.2 荧光灯的工作原理

1. 开关型启动电路（预热式）

荧光灯最常用的工作电路是开关启动电路，如图3.13a所示。在开灯前，辉光启动器的双金属片的触点被一个小间隙隔开。当电源接通时，220V电压虽不能使灯启动，但足以激发辉光启动器产生辉光放电，辉光放电产生的热量加热了双金属片，使双金属片弯曲直到接触。经过1~2s后，电源通过辉光启动器、镇流器和电极灯丝形成了串联电路，一个相当强的预热电流迅速地加热灯丝，使其达到热发射的温度。一旦双金属片闭合，辉光放电即刻消失，此时双金属片开始冷却。冷却到一定温度后，它们复原弹开，并使串联电路断开。两电极闭合的一段时间也就是灯丝的预热时间（通常为0.5~2s）。灯丝经过预热，发射出大量电子，使灯的启动电压大大降低（通常可降低到未预热时启动电压的1/2~1/3）。由于电路呈感性，当电路突然中断时，在灯管两端会产生持续时间约为1ms的600~1500V的脉冲电压。这个脉冲电压很快地使灯内的气体和蒸气电离，电流即在两个相对的发射电极之间通过，这样灯就被点燃。灯点亮后，加在辉光启动器上的电压（即灯管两端的电压）只有约100V，而辉光启动器的熄灭电压在130V以上，所以不足以使辉光启动器再次发生辉光放电。这就是荧光灯的预热启动过程。

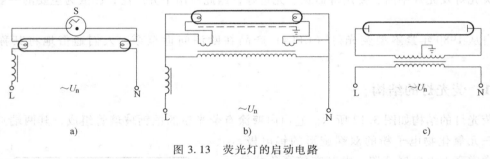

图3.13　荧光灯的启动电路

a）预热启动　b）快速启动　c）瞬时启动

2. 变压器型启动电路

在这类电路中，必须区分阴极预热式的"快速启动"和冷阴极式的"瞬时启动"电路。

（1）快速启动（阴极预热式）

荧光灯的快速启动工作电路如图3.13b所示。在这种电路中，变压器的主绕组跨接在灯管两端，二次绕组接到电极灯丝两头。电源接通后，变压器一次绕组产生的高压虽不足以使灯内产生放电，但二次绕组立即供给阴极加热。当阴极达到热电子发射温度时，灯就在高电压下被击穿。灯点燃后，电路中的电流急剧增加。这时，在镇流器上建立起较高电压降，从而使灯管两端电压降到正常值。同时，灯丝变压器的电压随之降低，加热阴极的电流也降到较小的数值。由于放电灯管在管壁电阻很低或很高的情况下，灯的启动电压才最低，故可在灯管外的两端灯头之间敷设一条金属带，并将其中一个灯头接地，这样实现了减小管壁电阻，降低了灯的启动电压，从而达到可靠启动的目的。采用快速启动电路时，由于无须高压脉冲，加上阴极的电位降低，从辉光放电过渡到弧光放电的时间短，因而对阴极的伤害小。同样的灯，使用快速启动电路时寿命比开关启动电路和瞬时启动电路都要长得多。

（2）瞬时启动（冷阴极式）

冷启动对于具有无须预热就能启动的电极的灯是可能的。"IS（阴极）"名称就是以瞬时启动（Instantaneous Start）灯型命名的。另外，还有一些瞬时冷启动的荧光灯采用圆柱形电极结构，工作时电极保持冷态，其典型电路如图 3.13c 所示。在该电路中，漏磁变压器给工作于 50～120mA 的冷阴极荧光灯提供 1～10kV 的瞬时启动电压。显然，这种工作方式对阴极的损伤较大。

3.5.3 荧光灯的工作特性

1. 电源电压变化的影响

电源电压变化对荧光灯光电参数是有影响的，供电电压增高时灯管电流变大、电极过热促使灯管两端早期发黑，寿命缩短。电源电压低时，启动后由于电压偏低，工作电流小，不足以维持电极的正常工作温度，并加剧了阴极发射物质的溅射，使灯管寿命缩短，因此要求供电电压偏移范围为 ±10%。荧光灯光电参数随电压变化的情况如图 3.14 所示。

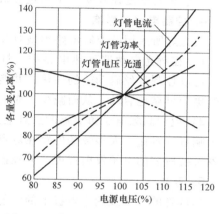

图 3.14　荧光灯光电参数随电压的变化

2. 光色

荧光灯可利用改变荧光粉的成分来得到不同的光色、色温和显色指数。

1）常用的是价格较低的卤磷酸盐荧光光粉，它的转换效率较低，一般显色指数 R_a 为 51～76，有较多的连续光谱。

2）另一种窄带光谱的三基色稀土荧光粉，它的转换效率高、耐紫外辐射能力强，用于细管径的灯管可得到较高的发光效率（紧凑型荧光灯内壁涂的是三基色稀土荧光粉），三基色荧光灯比普通荧光灯光效高 20% 左右。不同配方的三基色稀土荧光粉可以得到不同的光色，这种灯管一般显色指数为 80～85，线光谱较多。

3）多光谱带荧光粉，$R_a>90$，但与卤磷酸盐粉、三基色粉相比，效率较低。

无论灯管的内壁涂敷何种荧光粉，都可以调配出三种标准的白色，它们分别是暖白色（2900K）、冷白色（4300K）和日光色（6500K）。

3. 环境温、湿度的影响

环境温度对荧光灯的发光效率是有很大影响的。荧光灯发出的光通量与汞蒸气放电激发出的 254nm 紫外辐射强度有关，紫外辐射强度又与汞蒸气压有关，汞蒸气压与灯管直径、冷端（管壁最冷部分）温度等因素有关（冷端温度与环境温度有关）。

1）对常用的水平点燃的直管型荧光灯来说，环境温度为 20～30℃、冷端温度为 38～40℃ 时的发光效率最高（相对光通输出最高）。

2）对细管荧光灯，最佳工作温度偏高一些。

3）对紧凑型细管荧光灯，工作的环境温度就更高些。

一般来说，环境温度低于10℃还会使灯管启动困难，灯管工作的最佳环境温度为20~35℃。管壁温度及环境温度对荧光灯光输出的影响如图3.15所示。

环境相对湿度过高（75%~80%），对荧光灯的启动和正常工作也是不利的。湿度高

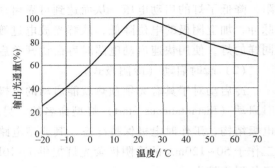

图3.15　荧光灯的光输出随环境温度的变化

时空气中的水分在灯管表面形成一层潮湿的薄膜，相当于一个电阻跨接在灯管两极之间，提高了荧光灯的启动电压，使灯启动困难。由于启动电压升高，使灯丝预热启动电流增大，阴极物理损耗加大，从而使灯管寿命缩短。

一般相对湿度在60%以下对荧光灯工作是有利的，75%~80%时是最不利的。

4. 控制电路的影响

荧光灯所采用的控制电路类型对荧光灯的效率、寿命等都有影响。

1）在辉光启动器预热电路中，灯的寿命主要取决于开关次数。设计良好的电子启动器，可以控制灯丝启动前的预热，并能在阴极达到合适的发射温度时，发出触发脉冲电压，使灯更为可靠地启动，从而减少了对电极的损伤，有效地延长了荧光灯的寿命。

2）应用高频电子镇流器的点灯电路也同样对灯丝电极的损伤极小，不会因为频繁开关而影响灯管寿命。大多数的电路在灯点燃期间提供了一定的电压持续辅助加热，它帮助阴极灯丝维持所需的电子发射温度。电极损耗的减少必然能提高荧光灯的总效率。

5. 寿命

当灯管的一个或两个电极上的发射物质耗尽时，电极再也不能产生足够的电子使灯管放电，灯的寿命即终止。

当灯工作时，阴极上的发射物质不断消耗；当灯启动时，尤其在开关启动电路工作时，阴极上还会溅射出较多的发射物质，这种溅射会使灯管的寿命缩短。发射物质蒸发的速度在一定程度上也是依赖于充气压力的，充气压力减小会使蒸发速度增大，从而降低灯的寿命。

影响荧光灯寿命的另一个因素是开关灯管的次数。目前，灯管寿命的认定是根据国际电工委员会的规定（IEC81.1984）进行测试——将灯管用一个特制的镇流器点燃，基于每天开关8次或每3h开关一次的工作条件下来获得。这个寿命认定提供了灯管的中期期望寿命，它是大量的荧光灯同时点燃，其中50%报废的时间。总之，灯管开关次数越多，寿命则越短。

6. 流明维持（光通量衰减）

流明维持特性是指灯管在寿命期间光输出随点燃时间变化的情况，简称流明维持（或光通量衰减）。影响荧光灯流明维持的因素很多，包括玻璃的成分、灯的表面负载、充入惰性气体的种类和压力、涂层悬浮液的化学添加剂、荧光粉的粒度和表面处理以及灯的加工过程等。

1）光通量衰减的主要原因是荧光粉材料的损伤。譬如，对高负载的灯和充气压力较低的灯，由于气体放电产生的短波长的紫外辐射（185nm）的增加，灯内荧光粉受到的损伤较大，因而灯的流明维持性能变差。

2）灯管玻璃中的钠含量也是一个不可忽视的因素。

3）造成光通量衰减还有一个原因是在荧光灯启动和点燃时，灯丝上所散落的污染物质沉积在荧光粉的表面；此外，当荧光灯工作相当长一段时间后，金属汞微粒在表面的吸附和氧化亚汞在表面的沉积，使得荧光粉涂层表面呈明显的灰色。

为了防止荧光粉的恶化以及玻璃和汞反应引起的黑化，在现代制灯的技术中，采用先在玻璃上涂一层保护膜、然后再涂荧光粉的工艺，这极大地改善了荧光灯的流明维持特性。

7. 闪烁与频闪效应

荧光灯工作在交流电源情况下，灯管两端不断改变电压极性，当电流过零时，光通量即为零，由此会产生闪烁感。这种闪烁感是由于荧光粉的余晖作用，人们在灯光下并没有明显的感觉，只有在灯管老化和接近寿终前的情况下才能明显地感觉出来。当荧光灯这种变化的光线用来照明周期性运动的物体时，将会降低视觉分辨能力，这种现象称为"频闪效应"。

为了消除这种频闪效应，对于双管或三管灯具可采用分相供电，而在单相电路中则采用电容移相的方法；此外，采用电子镇流器的荧光灯可工作在高频状态下，能明显地消除频闪效应；当然，采用直流供电的荧光灯管可以做到几乎无频闪效应。

8. 高频工作特性

当气体放电灯在交流供电情况下工作时，气体或金属蒸气放电的特性取决于交流电的频率和镇流器的类型。灯的等效阻抗近似为一个非线性电阻和一个电感的串联。在交流50/60Hz时，灯的阻抗在整个交流周期里一直不停地变化，从而导致了非正弦的电压和电流波形，并产生了谐波成分。荧光灯大约在工作频率超出1kHz时，灯内的电离状态不再随电流迅速地变化，从而在整个周期中形成几乎恒定的等离子体密度和有效阻抗。因此，灯的伏安特性曲线趋于线性，波形失真也因之降低，如图3.16所示。荧光灯的高频工作特性曲线如图3.17所示，从曲线中可看出，当其工作频率超过20kHz时，发光效率可提高10%～20%，同时荧光灯工作在高频状态下，可以克服闪烁与频闪给人带来的视觉不舒适。基于此原理，电子镇流器应运而生。

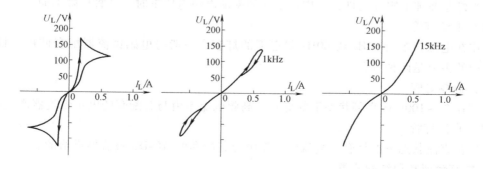

图 3.16 带镇流器的荧光灯工作在不同频率下的动态伏安特性曲线

9. 电子镇流器

采用新型的半导体器件，可以构成采用主电源供电的许多荧光灯和放电灯的电子镇流器，通常，这些电子镇流器工作频率的范围为 20～100kHz。从本质上来说，电子镇流器是一个电源变换器，它将输入的电源进行频率和幅度的改变，给灯管提供符合要求的能源；同时还具有灯的启动和输入功率的控制等作用。照明所采用的电子镇流器是以开关电源技术为基础进行制造的，其组成框图如图 3.18 所示。

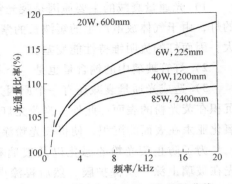

图 3.17　荧光灯的高频工作特性曲线

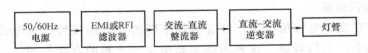

图 3.18　电子镇流器的组成框图
EMI—电磁干扰　RFI—射频干扰

3.5.4　荧光灯的种类

荧光灯通常可按功率、灯管工作电源的频率、灯管形状和结构分类。

1. 按功率（灯的负荷或管壁单位面积所耗散的功率）**分类**

（1）标准型

在标准点灯条件（环境温度为 20～25℃、相对湿度低于 65%）下，为获得应有的发光效率，将管壁温度设计在最佳温度值（约 40℃），管壁负荷约为 $300W/m^2$。

（2）高功率型

为了提高单位长度的光通量输出，增加了灯的电流，管壁负荷设计约为 $500W/m^2$。

（3）超高功率型

为进一步提高光输出，管壁负荷设计约为 $900W/m^2$。高功率型的灯和超高功率型的灯，一般采用快速启动的方式工作。

2. 按灯管工作电源的频率分类

荧光灯是非纯电阻性元件，工作在不同频率的电源电压下时，其管压降不同。

（1）工频灯管

工作在电源频率为 50Hz 或 60Hz 状态下的灯管，一般与电感镇流器配套使用。目前市场中生产的主要是此种灯管。

（2）高频灯管

工作在 20～100kHz 高频状态下的灯管，高频电流是由与其配套的电子镇流器产生的。

（3）直流灯管

工作在直流状态下的灯管，直流电压是由与其配套的 AC-DC 整流器供给的。

3. 按灯管形状和结构分类

（1）直管型荧光灯

直管型荧光灯其灯管长度为 150~2400mm，直径为 15~38mm，功率为 4~125W。普通照明中使用广泛的灯管长度为 600mm、1200mm、1500mm、1800mm 及 2400mm，灯管直径有 38mm（T12）、25mm（T8）、15mm（T5）（"T"后面的数为 1/8in 的倍数）。其中 T 代表 1/8in，即 3.175mm。

1）T12 灯管。灯管多数是涂卤磷酸盐荧光粉，填充氩气。其规格有 20W（长 600mm）、30W（长 900mm）、40W（长 1200mm）、65W（长 1500mm）、75W/85W（长 1800mm）、125W（长 2400mm），还有 100W（长 2400mm）、填充氪-氩混合气的灯管，它可以安装在 125W 荧光灯具里以替代 125W 的灯管。

2）T8 灯管。灯管内充氪-氩混合气体。它可直接取代以开关启动电路工作的充氩气的 T12 灯管（具有同样的灯管电压与电流），但取用的功率比 T12 灯管少（氪气使电极损耗减小）。

3）T5 灯管。T5 灯管比 T8 灯管节电 20%，使用三基色稀土荧光粉，R_a>85，寿命为 7500h。

（2）高光通量单端荧光灯

这种灯管在一端有 4 个插脚。主要灯管有 18W（255mm）、24W（320mm）、36W（415mm）、40W（535mm）、55W（535mm）。它与直管型荧光灯相比具有结构紧凑、光通量输出高、光通量维持好、在灯具中的布线简单了许多、灯具尺寸与室内吊顶可以很好地配合等特点。

（3）紧凑型荧光灯

紧凑型荧光灯（Compact Fluorescent Lights，CFLs）使用 10~16mm 的细管弯曲或拼接成一定形状（有 U 形、H 形、螺旋形等），以缩短放电管长度。

目前，紧凑型荧光灯可以分为两大类：其中一类灯和镇流器是一体化的，另一类灯和镇流器是分离的。在达到同样光输出的前提下，这种灯耗电仅为白炽灯的 1/4，而且它的寿命也较长，可达 8000~10000h，故称为"节能灯"。一体化的紧凑型荧光灯装有螺旋灯头或插式灯头，可以直接替代白炽灯。

3.5.5 特种荧光灯

1. 平板（平面）荧光灯

两个互相平行的玻璃平板构成密闭容器，里面充入惰性气体和它的混合气体（如氩、氖-氩），内壁涂上荧光粉，容器外装上一对电极，就构成了平面荧光灯。这种灯光线柔和、悦目，可与室内的墙面、顶棚融为一体，同时它无须充汞，因而无污染。

2. 无极荧光灯

无极（荧光）灯的灯内设有一般照明灯所必须具有的灯丝或电极，是通过高频发生器的电磁场以感应的方式耦合到灯内，使灯泡内的气体雪崩电离，形成等离子体，等离子体受激原子返回基态时辐射出 253.7nm 的紫外线，灯泡内壁的荧光粉受到 253.7nm 的紫外线激发产生可见光。

它一般由灯泡、功率耦合器和电源组成，如图 3.19 所示。

严格来说，无极灯分为高频无极灯（HFED）和低频无极灯（LVD）：高频无极灯工作频率为 2MHz 以上，其泡体为常规型，内置耦合器；低频无极灯的工作频率在 2kHz 左右，泡体多以环形为主，外置耦合器。但通常把高频无极灯简称为无极灯。低频电磁无极灯因工

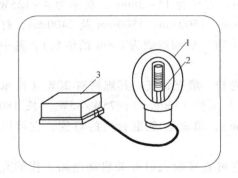

图 3.19　无极灯的结构原理图

1—灯泡　2—功率耦合器　3—高频发生器

作在中低频率状态下，所以相对制造难度小，制造成本低。

无极灯最大的特点是没有电极，寿命长，市场上已有寿命超过 60000h 的产品，是白炽灯泡寿命的 50 倍，是一般气体放电灯的十几倍；无极灯工作频率高，灯光稳定无闪烁；使用固体汞齐，无汞污染，绿色环保；发光效率比较高，其显色指数也比较高，但价格也比较高，故特别适用于照明时间长、更换光源困难及更换光源成本高的场所。

3．其他

除用作一般照明的荧光灯之外，还有一些特殊用途的荧光灯。如用伍德玻璃制成的产生峰值为 370nm 紫外辐射的黑光灯、能产生与重氮基光复印材料相匹配的光谱的复印用荧光灯等。另外，还有一些荧光灯是采用冷阴极辉光放电，装饰照明用的霓虹灯便是一例。在霓虹灯中，所要求的发光颜色是通过改变荧光粉或填充气体的种类来实现的。

3.6　高强度气体放电灯（HID）

高强度气体放电灯是高压汞灯、金属卤化物灯和高压钠灯的统称，其放电管的管壁负载大于 $3W/cm^2$（即 $3 \times 10^4 W/m^2$），工作期间蒸气压在 $10132.5 \sim 101325Pa$（$0.1 \sim 1atm$）之间。

3.6.1　HID 灯的结构

虽然 HID 灯的结构分别由放电管、外泡壳和电极等组成，但所用材料及内部充入的气体有所不同。

1．荧光高压汞灯

荧光高压汞灯的典型结构如图 3.20a 所示。

1）放电管。采用耐高温、高压的透明石英管，管内除充有一定量的汞外，同时还充有少量氩气，以降低启动电压和保护电极。

2）主电极。由钨杆及外面重叠绕成螺旋的钨丝组成，并在其中填充碱土氧化物作为电子发射材料。

3）外泡壳。一般采用椭球形，泡壳除了起保温作用外，还可防止环境对灯的影响。泡壳内壁上还涂敷适当的荧光粉，其作用是将灯的紫外辐射或短波长的蓝紫光转变为长波的可见光，特别是红色光。此外，泡壳内通常还充入数十千帕的氖气或氖-氩混合气体作绝热用。

4）辅助电极（或启动电极）。通过一个启动电阻和另一主电极相连，这有助于荧光高压汞灯在干线电压作用下顺利启动。

荧光高压汞灯的主要辐射来源于汞原子激发，以及通过泡壳内壁上的荧光粉将激发后产生的紫外线转换为可见光。荧光高压汞灯的光电参数见表 3.5。

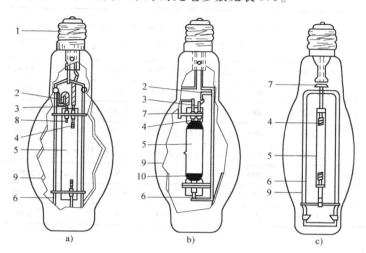

图 3.20　HID 灯的结构

a）荧光高压汞灯　b）金属卤化物灯　c）高压钠灯

1—灯头　2—启动电阻　3—启动电极　4—主电极　5—放电管　6—金属支架

7—消气剂　8—辅助电极　9—外泡壳（内涂荧光粉）　10—保温膜

2. 金属卤化物灯

金属卤化物灯的典型结构如图 3.20b 所示。

1）放电管。放电管采用透明石英管、半透明陶瓷管。管内除充汞和较易电离的氖-氩混合气体（改善灯的启动）外，还充有金属（如铊、铟、镝、钪、钠等）的卤化物（以碘化物为主）作为发光物质，这样做的原因之一是，金属卤化物的蒸气气压一般比纯金属的蒸气气压自身高得多，这可满足金属发光所要求的压力。金属卤化物（氟化物除外）都不和石英玻璃发生明显的化学作用，故可抑制高温下纯金属与石英玻璃的反应。

2）主电极。主电极常采用"钍-钨"或"氧化钍-钨"作为电极，并采用稀土金属的氧化物作为电子发射材料。

3）外泡壳。外泡壳通常采用椭球形（灯功率为 175W、250W、400W、1kW），2kW 和 3kW 等大功率则采用管状形。有时椭球形的泡壳内壁上也涂有荧光粉，其作用主要是增加漫射，减少眩光。

4）辅助电极（放电管内）或双金属启动片（泡壳内）。

5）消气剂。灯在长期工作时，支架等材料的放气会使泡壳内真空度降低，在引线或支架之间可能会产生放电。为了防止放电，需采用氧化锆的消气剂，以保护灯的性能。

6）保温膜。为了提高管壁温度，防止冷端（影响蒸气压力）的产生，需在灯管两端加保温涂层，常用的涂料是二氧化锆、氧化铝。

值得指出的是，在金属卤化物灯中，汞的辐射所占的比例很小，其作用与荧光高压汞灯有所不同，即充入汞不仅提高了灯的发光效率、改善了电特性，而且还有利于灯的启动。

金属卤化物灯的主要辐射来自于各种金属（如铟、镝、铊、钠等）的卤化物在高温下分解后产生的金属蒸气（和汞蒸气）混合物的激发。金属卤化物灯的光电参数见表 3.5。

表 3.5　部分 HID 灯的光电参数

类别		型号	功率 /W	管压 /V	电流 /A	光通量 /lm	稳定时间 /min	再启动时间 /min	色温 /K	显色指数	寿命 /h
荧光高压汞灯		GGY-400	400	135	3.25	21000	4~8	5~10	5500	30~40	6000
金属卤化物灯	钠、铊、铟	NTY-400	400	120	3.7	26000	10	10~15	5500	60~70	1500
	镝	DDG-400/V	400	125	3.65	28000	5~10	10~15	6000	≥75	2000
		DDG-400/H	400	125	3.65	24000	5~10	10~15	6000	≥75	2000
	钪、钠	KNG-400/V	400	130	3.3	28000	5~10	5~15	5000	55	1500
高压钠灯	普通型	NG-400	400	100	3.0	28000	5	2	2000	15~30	2400
	改显型	NGX-400	400	100	4.6	36000	5~6	1	2250	60	12000
	高显型	NGG-400	400	100	4.6	35000	5	1	3000	>70	12000

3. 高压钠灯

高压钠灯的典型结构如图 3.20c 所示。

1）放电管。放电管是一种特殊制造的透明多晶氧化铝陶瓷管，多晶氧化铝管能耐高温、高压，对于高压下的钠蒸气具有稳定的化学性能（抗钠腐蚀能力强）。放电管内填充的钠和汞是以"钠汞齐"形式放入（一种钠与汞的固态物质），充入氩气可使"钠汞齐"一直处于干燥的惰性气体环境之中，另外填充氙气作为启动气体，以改善启动性能。采用小内径的放电管可获得最高的光效。

2）主电极。主电极由钨棒和以此为轴重叠绕成螺旋的钨丝组成，在钨螺旋内灌注氧化钡和氧化钙的化合物作为电子发射材料。

3）外泡壳。外泡壳常采用椭球形、直管状和反射型。

4）消气剂。在整个高压钠灯的寿命期间，泡壳内都需要维持高真空，以保护灯的性能以及保护灯的金属组件不受放出的杂质气体的腐蚀，常采用钡或锆-铝合金的消气剂来达到高真空的目的。

高压钠灯主要辐射来源于分子压力为 10^4 Pa 的金属钠蒸气的激发。高压钠灯的光电参数见表 3.5。

从 HID 灯的发展情况来看，荧光高压汞灯显色指数 R_a 低（30~40），但由于其寿命长，目前仍为人们广泛采用。金属卤化物灯显色指数 R_a 高（60~85），目前国外生产的 50W、70W 等小容量灯已进入家庭住宅。随着制灯技术的发展，金属卤化物灯的寿命逐渐提高，最终将取代荧光高压汞灯。高压钠灯光效之高，居光源之首（达 150lm/W），但普通型高压钠灯显色指数 R_a 很低（15~30），使它的使用范围受到了限制。目前，采用适当降低光效的办法来提高显色指数，即生产所谓"改进显色性型高压钠灯"和"高显色性型高压钠灯"，以扩大其使用范围，故高压钠灯也是很有发展前途的光源。

3.6.2 HID 灯的工作特性

高强度气体放电灯（HID 灯）的工作电路采用镇流器，要求启动电压高。

1. 灯的启动与再启动

电源接通后，电源电压就全部施加在灯的两端，此时，主电极和辅助电极间（高压钠灯不用辅助电极）立即产生辉光放电，瞬间转至主电极间，形成弧光放电。数分钟后，放电产生的热量致使灯管内金属（汞、钠）或金属卤化物全部蒸发并达到稳定状态，达到稳定状态所需的时间称为"启动时间"或"稳定时间"。一般启动时间为 4～10min。各种 HID 灯的光电参数在启动过程中的变化情况如图 3.21 所示。

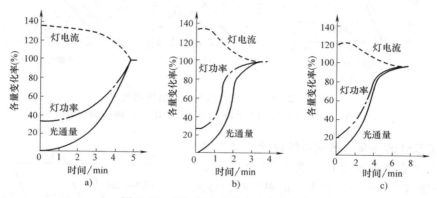

图 3.21　HID 灯启动后各参数的变化

a）荧光高压汞灯　b）金属卤化物灯　c）高压钠灯

一般而言，HID 灯熄灭以后，不能立即启动，必须等到灯管冷却以后才能再启动。因为灯熄灭后，灯管内部的温度和蒸气压力仍然很高，在原来的电压下，电子不能积累足够的能量使原子电离，所以不能形成放电。如果此时再启动灯，就需几千伏的电压。然而，当放电管冷却至一定温度时，所需的启动电压就会降低很多，在电源电压下便可进行再启动。从 HID 灯熄灭到再点燃所需的时间称为"再启动时间"。一般再启动时间为 5～10min。

2. 电源电压变化的影响

电源电压变化对各种 HID 灯的光电参数会产生影响，如图 3.22 所示。灯在点燃过程中，电源电压允许有一定的变化范围。必须注意，电压过低时，可能会造成 HID 灯的自然熄灭或不能启动，光色也有所变化；电压过高也会使灯因功率过高而熄灭。

从图 3.22a 可知，荧光高压汞灯在工作时，灯管内所有的汞都会蒸发，因此，灯管内汞蒸气压力随温度的变化不大，灯管电压也不会随电源电压的变化有大的变化。电感镇流器虽然有控制电流的作用，但电源电压变化时，灯的电流还是有较大的变化，相应地，灯的功率和光通量的变化也较大。

从图 3.22b 可知，在金属卤化物灯中，金属卤化物的蒸气气压很低，当充入汞以后，灯内的气压大为升高，电场强度和灯管电压也就相应升高。由于金属卤化物的蒸气压与汞蒸气气压相比很小，因此一般来说它对灯管电压的影响不是很大，灯管电压主要由汞蒸气气压决定。当电源电压变化时，灯的电流、灯的功率和光通量的变化没有图 3.22a 那么大。

从图 3.22c 可知，由于高压钠灯内有钠、汞、氙气的储存，灯在工作时，电源电压的变化不仅会引起灯的电流变化，而且还会引起灯管电压的变化，因而灯功率和光通量就会有明显的变化。

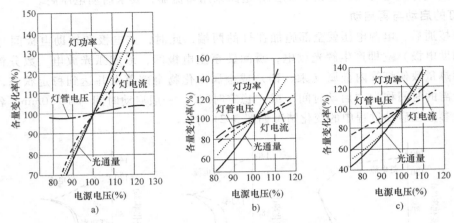

图 3.22　HID 灯各参数与电源电压的关系
a）400W 荧光高压汞灯　b）400W 金属卤化物灯　c）400W 高压钠灯

　　为了延长灯的寿命，镇流器的设计应能将这些变化限制在合理的范围内。图 3.23 中给出了 400W 高压钠灯功率——灯管电压的限制四边形，即要求镇流器的特性限定在该四边形的范围内，才能保证高压钠灯稳定地工作。

　　在荧光高压汞灯中，所有的汞被气化，灯的光电特性比较稳定，其中灯的功率增大时，灯管的电压却上升很少。但是，对于高压钠灯，灯的冷端温度和汞气的储存对灯的光电特性影响很大。其中，当灯的功率变化时，灯管电压随之线性变化，如图 3.23 中的直线段 AC 所示，该直线表征了灯功率-灯管电压特性。

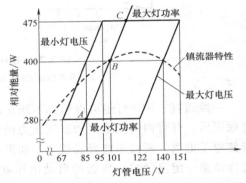

图 3.23　400W 高压钠灯功率——电压四边形

　　图中的虚线属于典型的电感镇流器的特性曲线，它表示电源和镇流器的组合供给灯的功率和灯管电压之间的关系。显然，该曲线与高压钠灯特性曲线的交点 B 就是灯的工作点。由此可知，400W 高压钠灯的工作点位置为（101V，400W）。

　　由于灯和镇流器生产中允许存在偏差，加上灯具光学特性和散热条件可能不同以及灯在工作时冷端温度升高、钠的损失，高压钠灯的工作点常会发生移动。

　　为了保证灯具有合适的工作特性，要求对高压钠灯工作点变化的范围做出一个规定（见图 3.23 中的四边形）。其中，四边形的上边规定了灯功率的上限，四边形的下边规定了功率下限；四边形的两条侧边是灯的两条功率-灯管电压特性曲线：左边的边界代表了灯管最低电压，右边的边界代表了灯管最高电压；镇流器的特性曲线应介于上下限之间，不能与上下限相交，它与灯的特性曲线的交点（灯的工作点）应处于镇流器特性曲线峰值的左边。

　　例如，对于 400W 高压钠灯，功率上限为 475W，超过此功率，灯的寿命就要缩短；灯功率下限为 280W，小于此功率，灯的光通量太低。此外，400W 高压钠灯的最小管压为 84V，当它工作于 475W 和 280W 时，灯管电压分别为 95V 和 67V，灯管电压不应比这种情况还低，否则灯的工作电流就会太大，可能导致镇流器（自身损耗过大）供给灯的功率不够；该灯的最高管压为 140V，当它工作于 475W 和 280W 时，灯管电压分别为 151V 和 122V，当灯管电压超出这一边界时，灯具的工作就不稳定、易自熄，会缩短实际使用寿命。

3. 寿命与光通量维持

HID 灯的寿命是很长的，甚至可达上万小时，参见表 3.5 所示。影响荧光高压汞灯寿命的最主要因素是电极上电子发射物质的损耗，致使启动电压升高而不能启动。另外，HID 灯的寿命还取决于钨丝的寿命以及管壁的黑化而引起光通量的衰减。

金属卤化物灯的管壁温度高于荧光高压汞灯。工作时，石英玻璃中含有的水分及不纯气体很容易释放出来，金属卤化物分解出来的金属和石英玻璃缓慢的化学反应，以及游离的卤素分子等都能使启动电压升高。

高压钠灯由于氧化铝陶瓷管在灯的工作过程中具有很好的化学稳定性，因而寿命很长，国际上已做到 20000h 左右。放电管漏气、电极上电子发射物质的耗竭和钠的耗竭最终会使高压钠灯损坏。

4. 灯的点燃位置

金属卤化物灯和荧光高压汞灯、高压钠灯不同，当灯的点燃位置变化时，灯的光电特性会发生很大变化。因为点燃位置的变化，使放电管最冷点的温度跟着变化（残存的液态金属卤化物在此部位），金属卤化物的蒸气压力相应地发生变化，进而引起灯电压、光效和光色跟着变化。

灯在工作的过程中，即使金属卤化物完全蒸发，但由于点灯位置的不同，它们在管内的密度分布也不同，仍会引起特性的变化，所以在使用中要按产品指定的位置进行安装，以期获得最佳的特性。

3.6.3 HID 灯的工作电路

HID 灯管一定要与镇流器串联才能稳定工作。灯的启动方式有用辅助启动电极或用双金属启动片的，统称为内触发；也有用外触发的，即利用触发电路产生高压脉冲将气体击穿。灯管进入工作状态后触发器不再工作，灯依靠镇流器稳定工作。各种 HID 灯的工作电路如图 3.24 所示。

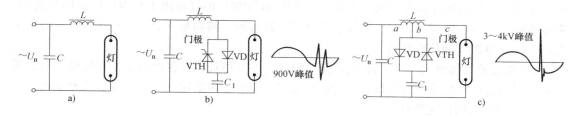

图 3.24 HID 灯的工作电路

a）HID 灯通用电路　b）金属卤化物灯的外触发电路　c）高压钠灯的外触发电路

常见的荧光高压汞灯，其内部装有启动电极，一般采用扼流镇流器，要求能在 220V 或

240V 交流电源下启动和工作。图 3.24a 表示了一个简单、通用、有效、低成本的内触发 HID 灯的工作电路。

各种形式的金属卤化物灯内填充有不同类型的金属卤化物的混合物。其启动电压比荧光高压汞灯高得多，通常采用外触发来启动。图 3.24b 表示了金属卤化物灯的触发电路，它是应用电力电子元件的触发，使电路在每一个周期内产生一个持续时间较长的启动电压。

由于高压钠灯的放电管细而长，又没有可以帮助启动的辅助电极，因此，高压钠灯启动时必须要有一个约 3kV、10~100μs 的高压脉冲产生触发。图 3.24c 表示了一种使用电子触发元件的启动电路，它通过触发电力电子器件的导通，致使存储在电容 C_1 中的能量经过扼流线圈进行放电，再由升压变压器的线圈在灯管两端产生峰值为 3~4kV 的短时脉冲高压。这种电路在每半周可得到连续的脉冲。

3.6.4 HID 灯的常用产品及其应用

1. 荧光高压汞灯

除了具有较高的发光效率外，荧光高压汞灯还能发出很强的紫外线，因而它不仅可作照明，还可用于晒图、保健日光浴治疗、化学合成、塑料及橡胶的老化试验、荧光分析和紫外线探伤等方面。

2. 金属卤化物灯

金属卤化物灯的发光效率可达 130lm/W，显色指数 R_a 可达 90 以上，色温可由低色温（3000K）到高色温（6000K），寿命可达 10000~20000h，功率由几十瓦到上万瓦。目前，金属卤化物灯虽然品种繁多，但按其光谱特性大致可分为以下 5 类。

（1）钠-铊-铟金属卤化物灯

钠-铊-铟金属卤化物灯是利用钠、铊和铟 3 种卤化物的 3 根"强线（即黄、绿、蓝线）"光谱辐射加以合理组合而产生高效白光。3 种碘化物的最佳填充量的范围是就通常用于街道或广场照明的灯而言的，这时 R_a 为 60 左右。

（2）稀土金属卤化物灯

稀土类金属（如镝、钬、铥、铈、钕等）以及钪、钍等的光谱在整个可见光区域内具有十分密集的谱线。其谱线的间隙非常小，如果分光仪器的分辨率不高，则看起来光谱似乎是连续的。因此，灯内如果充有这些金属的卤化物，就能产生显色性很好的光。

1）高显色性金属卤化物灯。镝、钬-钠、铊系列灯有着很好的显色性与高的色温。其中，小功率的灯可用作商业照明；中功率（250~1000W）的灯可用于室内空间高的建筑物、室外道路、广场、港口、码头、机场、车站等公共场所；高功率（2kW、3.5kW）主要用于大面积泛光照明（如体育场馆）。

2）高光效金属卤化物灯。钪-钠灯光效很高，寿命很长，显色性也不差，是很好的照明光源，可用来代替大功率白炽灯、荧光高压汞灯等光源，主要用于工矿企业、交通事业。

（3）短弧金属卤化物灯

利用高气压的金属蒸气放电产生连续辐射，可获得日光色的光，超高压铟灯就属于这一类。这种灯尺寸小、光效高、光色好，适合作为电影放映用光源和显微投影仪光源。

（4）单色性金属卤化物灯

利用具有很强的共振辐射的金属产生色纯度很高的光，目前用得较多的是碘化铟-汞灯、碘化铊-汞灯。这些灯分别发出铟的 451nm 蓝线、铊的 535nm 绿线，蓝灯和绿灯的颜色饱和度很高。适合用于城市夜景照明。

（5）陶瓷金属卤化物灯

近年来，出现了以采用透光耐高温的陶瓷管作为放电管的陶瓷金属卤化物灯。

目前，陶瓷金属卤化物灯有 20W、35W、70W、100W、150W、200W、250W、400W 等规格，2001 年 20W 的陶瓷金属卤化物灯投入市场，其光通量大于 1000lm，显色指数大于 80。另外，其结构多种多样，有采用管状外泡壳的、单端或双端灯头的；也有采用反射型的外壳，做成 PAR 灯的。随着技术的进步和更低功率、更小型化光源的出现，陶瓷金属卤化物灯的应用将更为广泛。

3. 高压钠灯

高光效、长寿命和较好的显色性使高压钠灯在室内照明、室内街道照明、郊区公路照明、区域照明和泛光照明中都有着广泛的用途。因为高压钠灯功率消耗低和寿命长（可达 24000h），所以在许多场合可以代替荧光高压汞灯、卤钨灯和白炽灯。

（1）普通型高压钠灯

普通型高压钠灯光效高、寿命长，但光色较差，一般显色指数 R_a 只有 15~30，相关色温约为 2000K。因此，只能用于道路、厂区等处的照明。

（2）直接替代荧光高压汞灯的高压钠灯

直接替代荧光高压汞灯的高压钠灯是为便于高压钠灯的推广而生产的，它可直接使用在相近规格的荧光高压汞灯镇流器及灯具装置上。

（3）舒适型高压钠灯（SON Comfort 型）

为扩大高压钠灯在室内外照明中的应用，对其色温与显色性进行了改进，使高压钠灯适用于居民区、工业区、零售商业区及公众场合的使用。

（4）高光效型的高压钠灯（SON-plus 型）

在灯管内充入较高气压的氙气，使灯得到了极高的发光效率（140lm/W），而且还提高了显色指数（R_a 为 50~60），可作为室内照明的节能光源，特别适合于工厂照明和运动场所的照明。

（5）高显色性高压钠灯（White SON 型）

为了满足对显色性要求较高的需要，人们成功开发了高显色性高压钠灯（又称白光高压钠灯）。改进后的这种灯，一般显色指数 R_a 达到 80 以上，色温提高到 2500K 以上，十分接近于白炽灯，具有暖白色的色调，显色性高，对美化城市、美化环境有着很大的作用。

3.7 场致发光光源

目前在照明上应用的场致发光光源有两种：一种是场致发光灯（EL），另一种是发光二极管（LED）。

场致发光灯采用的微晶粉末状荧光质，一般是诸如硫化锌这一类"Ⅱ-Ⅵ族"化合物，而发光二极管大多数则是利用 GaAs、GaP 或它们的组合晶体（GaAsP）等"Ⅲ-Ⅴ族"化合物。一般来说，场致发光灯通常工作在高电压下，至于它是由交流或直流供电，则取决于器件的要求，它的电流密度一般较低。

发光二极管是一种将电能直接转换为光能的固体元件，也就是说，它可作为有效的辐射光源。与所有半导体二极管一样，LED具有体积小、寿命长、可靠性高等优点，能在低电压下工作，还能与集成电路等外部电路配合使用，便于实现控制。

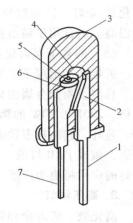

3.7.1 LED 的原理及其结构

1. 单色 LED

LED 是一种固态半导体器件，它能将电能直接转为可见光。

由于 LED 的大部分能量均辐射在可见光谱内，因而 LED 具有很高的发光效率。图 3.25 为一只典型的 T-13/4 的 LED，采用塑料封装，其外壳占据了大部分空间。LED 是由发光片来产生光，其材料的分子结构决定了发光的波长（光的颜色）。

图 3.25 LED 的组成结构
1—阳极引线　2—阳极
3—环氧封装、圆顶透镜
4—阳极导线
5—带反射杯的阴极
6—半导体触点　7—阴极引线

LED 的颜色和发光效率等光学特性与半导体材料及其加工工艺有着密切的关系。在 P 型和 N 型材料中掺入不同的杂质，就可以得到不同发光颜色的 LED。同时，不同外延材料也决定了 LED 的功耗、响应速度和工作寿命等光学特性和电气特性。

在 LED 制造工艺中，目前常用的有"气相晶体生长法"和"液相晶体生长法"两种。晶体生长法工艺的发展使人们可以选用具有结晶特性的 LED 材料，进而制成各种高纯度、高精度的发光器件。在这一方面，早期技术是难以做到的。最近，金属无机物气体的沉淀技术又有了新的突破，这使得"Ⅲ族"（如铝、镓、铟）的氮化合物的生产成本大为降低。高光效的蓝色 LED（InGa：N 材料）正是由这种工艺实现的。

2. 白色 LED

现阶段，获取白色 LED 的技术途径大致可以分为以下 3 种：光转换型、多色直接组合型和多量子阱型。

（1）光转换型

目前，产生蓝光的半导体材料多数采用氮铟镓（InGa：N）材料，因此，超精细、亚微米的晶体结构对于提高光效至关重要。高强度的蓝光在周围高效荧光物质内散射时，被强烈吸收，并转化为光能较低的宽带黄色荧光；其中少部分蓝光则能透过荧光物质层，并和宽带黄光一起形成色温可达 6500K 的白光。此时，蓝色 LED 通过荧光粉就变成了单片白色微型荧光灯。白色 LED 的光谱能量几乎不含红外与紫外成分，显色指数 R_a 达 85。另外，其光输出随输入电压的变化基本上呈线性，故调光简单、可靠。也可以将多种光转换材料涂在 GaN 基紫外 LED 芯片上，用 LED 发出的紫外光激发荧光材料，产生红、绿、蓝 3 种光，从而复合得到白光发射，这样获得的白光显色性好。若将多个单片白色 LED 组合在一起或采用光波导板，可制成超薄白色面光源，进而形成能用于普通照明的半导体光源。

（2）多色直接组合型

该种方法是将 R、G、B 三色 LED 芯片按一定方式排布集合成一个发白光的标准模组，从而直接复合出白光，具有效率高和使用灵活的特点。由于发光全部来自 3 种 LED，不需要进行光谱转换，因此其能量损失最小，效率最高。同时，由于 R、G、B 三色 LED 可以单独发光，其发光强度可以单独调节，故具有相对较高的灵活性。

（3）多量子阱型

多量子阱型即在芯片发光层的生长过程中，掺杂不同的杂质生长出能产生互补色的多量子阱，通过不同量子阱发出的多种光子复合发射白光。这种方法对半导体的加工技术要求很高，生长不同结构的量子阱比较困难，在短时间内还不能产业化。

白色 LED 自 1996 年 9 月由日本日亚化工株式会社推出以来，其光效不断地提高，1999年达到 15lm/W。2001 年美国推出的 holy grail 发光效率已达到 40～50lm/W。如今，白色 LED 的光效已经达到 80～120lm/W。白色 LED 几乎不含红外线与紫外线成分，如图 3.26 所示，其显色指数可以达到 85，而且光输出随输入电压变化基本呈线性（见图 3.27）。白色 LED 与白炽灯的性能比较见表 3.6，显然，LED 的性能绝对优于白炽灯。将来，随着功率更大的白色 LED 的出现，白色 LED 作为普及的照明光源已经到来。

表 3.6　白色 LED 与白炽灯的性能比较

性　　能	发光二极管	白炽灯
色温/K	3000～10000	2500～3000
光效/lm · W^{-1}	>15	15
冲击电流	无	额定电流的 10 倍
寿命/h	>20000	<1000
耐冲击性	很强	封接玻璃、灯丝易断裂
可靠性	非常高	低

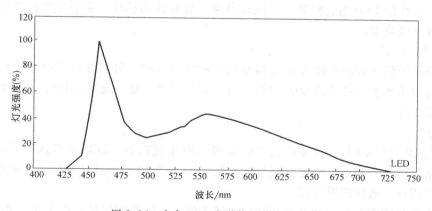

图 3.26　白色 LED 光谱能量分布示意图

3.7.2　LED 的性能

LED 的电性能与一般检波二极管十分相似，在工作电流为 10mA 时，典型的正向偏压为 2V。在LED 工作时，为了防止元件的温升过高，应对正向电流加以限制，通常需串联限流电阻或采用电流源供电。

LED 是一种高密度辐射的电光源，其亮度取决于电流密度。市场上供应的红色 LED 的亮度可达 3500cd/m^2，而荧光灯的标准亮度仅为 5000cd/m^2。

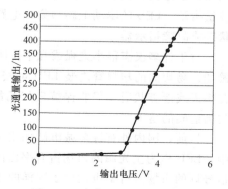

图 3.27　白色 LED 的调光特性

LED 的寿命很长，其额定寿命一般都超过 100000h。部分 LED 的颜色与性能见表 3.7。

表 3.7 部分 LED 的颜色与性能

发光二极管	颜 色	峰值波长/nm	光效/lm·W^{-1}
GaAs(0.6)P(0.4)	红色	650	0.38
GaAs(0.35)P(0.65):N	橙色	632	0.95
GaAs(0.15)P(0.85):N	黄色	589	0.90
GaP:N	绿色	570	4.20
InGa:N	蓝色	465	5.00
InGa:N+荧光粉	白色(6500K)	白光	10.0

3.7.3 LED 的分类与应用

1. LED 的分类

（1）单个 LED 发光器

单个 LED 本身就是一个光源。为了限制电流、便于安装和应用，需要配置一些附件（如平行光发射器、偏振片、透光罩、导线等），从而组成了一个新的单个 LED 发光器。要改变单个 LED 出射光线的光束角，可以改变其封装外壳圆顶的几何形状。

（2）LED 组合模块

按照明领域的使用要求及功能，可将单个二极管发光器进行组合，以形成具有不同光学性能、电气特性的 LED 组合模块，如线性模块、背景照明模块、带有光学透镜的模块以及带有光导板的模块等。

（3）LED 灯具

近年来，人们一方面不断地研究 LED 的不同组合方式，另一方面相应地开发 LED 的配套附件，并向市场推出各种类型的 LED 灯具，如平面发光灯、交通信号灯、舞台型聚光灯、台灯、镜前灯等。

2. 应用

LED 在 20 世纪 90 年代仅能作指示灯应用，90 年代以后，LED 技术迅猛发展，LED 应用开始由指示转化为照明，主要应用领域包括 LED 显示屏、交通信号灯、景观照明、手机应用、汽车用灯、通用照明灯等。

LED 由于具有寿命长、功耗低、结构牢固等优点，已被广泛地用作各类仪器的指示灯，例如，录像机、VCD、洗衣机、电视机、电饭煲等家用电器的电源显示，以及调谐器中的谐波量指示。LED 的驱动电路与集成电路兼容，所以它可直接装到印制电路板上，成为电路状态或故障指示器。

对于许多仅需很小光强或几十流明光通量的照明应用场合，LED 是一种最理想的选择。譬如，易弯曲的塑料管内装 LED 可安置在地坪上或踏步下；LED 作为公路车道线的标志，在雨天或迷雾状况下仍能保持良好的能见度；LED 也能安装在人行道上，用于照亮步行道与街道间的落差。

目前，国内外有许多城市已采用 LED 作为交通信号灯，据报道，当今美国指示灯市场中，LED 作为主光源的市场占有率已由 1998 年的 80% 上升为 100%；与此同时，道路安全信号灯的市场占有率也发生了同样的变化。

在城市景观照明中，人们利用不同颜色的 LED 组合，借助于微处理器来控制灯光的颜色变换，这种设计达到了在美化环境的同时又照亮了周边区域的目的。由于LED的发光效率现已达到或超过其他光源，LED光源将会有更大的应用前景。

2014年以来，全球LED产业规模的主要增长动力来自照明应用，所占比例为50%。LED照明技术的进步和价格的下降，让LED进入照明领域成为现实。

2017年，国际照明大厂飞利浦公司的LED灯泡价格进一步下降至5~7美元，欧司朗公司也用低于7美元的价格抢占市场。由于LED灯的发光效率比节能灯高、价格比节能灯低、寿命比节能灯长，因此LED照明产品已经成为节能灯的有力替代产品。

全球范围的淘汰禁止白炽灯计划已经进入到关键时期。从时间节点看，在2013年淘汰白炽灯的主要国家和地区将进入75W、60W、40W淘汰的窗口期；从覆盖范围看，美国、加拿大、墨西哥、巴西、阿根廷、英国、澳大利亚、欧盟、日本、韩国、中国等国家和地区均进入了白炽灯的禁止和淘汰期。

韩国提出2015年确保LED照明产品进入30%的通用照明市场；日本提出2015年LED照明替代率为50%，2020年LED照明产品为100%替代率。整体来说，取代传统灯泡，将是LED照明未来几年内最大的应用市场。2017年，全球LED照明渗透率达到36.7%；前瞻预计2020年中国LED照明的渗透率将达到60%~70%。产品结构从户外照明、商业照明等逐渐进入通用家庭照明，成为LED行业快速增长的主要动力。从个别应用来看，包括展示照明、商业工业照明、户外照明、室内照明、灯泡取代等，则将是LED照明未来几年内最主要的应用市场。

3.7.4 有机发光二极管

有机发光二极管（OLED）是近年来开发研制的一种新型LED，其原理是在两电极之间夹上有机发光层，当正负极电子在此有机材料中相遇时就会发光，OLED通电之后就会自己发光。

同无机LED相比，OLED除了具有省电、超薄、重量轻、响应速度快、易于安装等特点外，还具有制备工艺简单、发光颜色可在可见光区内任意调节、易于大面积和柔韧弯曲、不存在视角问题等优点。OLED被认为是未来重要的平板显示技术之一，目前已经在手机、数码照相机、电视机等方面得到了应用。

随着材料以及制备工艺的发展，白光OLED已经取得了突破性的进展，现在光效已超30lm/W，寿命达到20000h。白光OLED为实现新一代平板显示技术和照明光源技术提供了新的途径，但是目前成本仍比较高，并且距离实际应用还有许多关键技术要解决。

OLED应用于显示器和照明光源要解决的关键技术有所不同，应用于显示器的关键技术包括精密像素制作、高对比度、色彩饱和度等，应用于照明光源的关键技术包括高效率、长寿命、大面积制造技术等。

随着OLED技术的不断提高，其在照明领域将进入商业化应用。OLED照明具有面发光、亮度大、大面积、散射、超轻、超薄、柔性等优点，与其他传统照明灯具相比，OLED照明表现出节能、环保、高效、低成本等潜在优点，是LED之后的新一代固态照明。OLED照明还有一些独特的优点，例如，OLED与荧光灯一样属于扩散型面光源，不需要向LED一样通过额外的导光系统来获得大面积白光电源；由于有机发光材料的多样性，OLED照明可根据需要设计所需颜色的光。

OLED照明在办公室、家居、汽车、飞机的内部照明、重点照明、指示牌照明、演出照明等功能性照明方面具有广泛的应用前景。在经历技术的成熟发展后，OLED在不久的将来很有可能会取代LED和其他传统照明光源，成为新一代的光源。

3.8 各种常用电光源的性能比较与选用

3.8.1 电光源性能比较

各种常用照明电光源的主要性能见表3.8。从表中可以看出，光效较高的有高压钠灯、金属卤化物灯和荧光灯等；显色性较好的有白炽灯、卤钨灯、荧光灯、金属卤化物灯等；寿命较长的光源有荧光高压汞灯和高压钠灯；能瞬时启动与再启动的光源是白炽灯、卤钨灯等。输出光通量随电压波动变化最大的是高压钠灯，最小是荧光灯。维持气体放电灯正常工作不至于自熄尤为重要，从实验得知，荧光灯当电压降至160V、HID灯电压降至190V时将会自熄。

表3.8 各种常用照明电光源的主要性能

类 型	功率范围/W	光效/lm·W^{-1}	寿命/h	显色指数 R_a	色温/K
普通照明白炽灯	15～1000	10～15	1000	99～100	2700(2400～2900)
卤钨循环白炽灯	20～2000	15～20	1500～3000	99～100	2900～3000
T5、T8荧光灯	20～100	50～80	6000～8000	67～80	3000～6500
紧凑型荧光灯	5～150	50～70	6000～8000	80	2700～6500
高压钠灯	70～1000	80～120	10000～12000	25～30	2200(2000～2400)
金属卤化物灯	35～1000	60～85	4000～6000	50～80	4000～6500
陶瓷金属卤化物灯	20～400	90～110	8000～12000	80～95	3000～6000
白光LED	1～200	70～100	>10000	7～90	4000～6000
高压汞灯	50～1000	32～55	10000～20000	30～60	5500

采用电感镇流器且无补偿电容时，气体放电灯的功率因数及镇流器功率损耗占灯管功率的百分数（%）见表3.9，以供参考（备注：采用节能型电感镇流器时，其损耗约减半）。

表3.9 气体放电灯的功率因数及镇流器功率损耗占灯管功率的百分数

光源种类 （采用电感镇流器）	额定功率/W	功率因数	镇流器损耗占灯管 功率的百分数(%)
荧光灯	36～40	0.50	19
荧光高压汞灯	≤125	0.45	25
	250	0.56	11
	400～1000	0.60	5
金属卤化物灯	1000	0.45	14
高压钠灯	70～100	0.65～0.70	16～14
	150～250	0.55	12
	400	0.50	10

3.8.2 电光源的选用

电光源的选用首先要满足照明设施的使用要求（照度、显色性、色温、启动时间、再启动时间等），其次要按环境条件选用，最后综合考虑初期投资与年运行费用。

1. 根据照明设施的目的与用途选择光源

不同的场所对照明设施的使用要求也不同。

1）对显色性要求较高的场所应选用平均显色指数 $R_a \geqslant 80$ 的光源，如美术馆、商店、化学分析实验室、印染车间等。

2）色温的选用。色温的选用主要根据使用场所的需要进行：

① 办公室、阅览室宜选用中间到高色温光源，使办公、阅读更有效率感。

② 休息的场所宜选用低色温光源，给人以温馨、放松的感觉。

③ 转播彩色电视的体育运动场所除满足照度要求外，对光源的色温也有所要求。

3）有频繁开关或调光要求的室内场所宜优先选用发光二极管（LED）作为主要照明光源。

4）要求瞬时点亮的照明装置，如各种场所的事故照明，不能采用启动时间和再启动时间都较长的 HID 灯。

5）美术馆展品照明，不宜采用紫外线辐射量多的光源。

6）要求防射频干扰的场所，对气体放电灯的使用要特别谨慎。

2. 按照环境的要求选择光源

环境条件常常限制了某些光源的使用。

1）低温场所，不宜选择配用电感镇流器的预热式荧光灯管，以免启动困难。

2）在空调的房间内，不宜选用发热量大的白炽灯、卤钨灯等。

3）电源电压波动急剧的场所，不宜采用容易自熄的 HID 灯。

4）机床设备旁的局部照明，不宜选用气体放电灯，以免产生频闪效应。

5）有振动的场所，不宜采用卤钨灯（灯丝细长而脆）等。

3. 按投资与年运行费用选择光源

（1）光源对初期投资的影响

光源的发光效率对于照明设施的灯具数量、电气设备、材料及安装等费用均有直接影响。

（2）光源对运行费用的影响

年运行费用包括年电力费、年耗用灯泡费、照明装置的维护费（如清扫及更换灯泡的费用等）以及折旧费，其中电费和维护费占较大比重。通常照明装置的运行费用往往超过初期投资。

综上所述，选用高光效的光源，可以减少初期投资和年运行费用；选用长寿命光源，可减少维护工作，使运行费用降低，特别对高大厂房、装有复杂的生产设备的厂房、照明维护工作困难的场所来说，这一点显得更加重要。

各种场所对灯性能的要求及推荐的灯（CIE—1983）见表 3.10，以供参考。

表 3.10　各种场所对灯性能的要求及推荐的灯

使用场所		要求的灯性能①			推荐的灯⑤:优先选用,☆;可用,○									
		光输出②	显色性③	色温④	荧光灯				汞灯	金属卤化物灯		高压钠灯		
					S	H.C	3	C	F	S	H.C	S	I.C	H.C
工业建筑	高顶棚	高	IV/III	1/2	○				○	○		☆	○	
	低顶棚	中	III/II	1/2	☆				○	○		☆	☆	
办公室、教室		中	III/II/I_B	1/2	☆		☆	○		○	○	○	○	
商店	一般照明	高/中	II/I_B	1/2	○	☆	☆	○			☆			☆
	陈列照明	中/小	I_B/I_A	1/2		☆	☆							☆
饭店与旅馆		中/小	I_B/I_A	1/2		☆					☆			☆
博物馆		中/小	I_B/I_A	1/2		☆	○							
医院	诊断	中/小	I_B/I_A			☆								
	一般	中/小	II/I_B	1/2	○		☆							
住宅		小	II/I_B/I_A									☆	☆	
体育馆⑥		中	III/II	1/2	○					☆	☆	○	☆	

① 各种使用场合都需要高光效的灯,灯的光效要高,而且照明总效率也要高;同时应满足显色性的要求,并适合特定应用场所的其他要求。

② 光输出值的高低按以下分类:高输出>10000lm,中输出3000~10000lm,小输出<3000lm。

③ 显色指数的分级如下:I_A 级时,$R_a \geqslant 90$;I_B 级时,$90 > R_a \geqslant 80$;II 级时,$80 > R_a \geqslant 60$;III 级时,$60 > R_a \geqslant 40$;IV 级时,$40 > R_a$。

④ 色温分类如下:1 类<3300K,2 类为 3300~5300K,3 类>5300K。

⑤ 各种灯的符号:荧光灯(S—标准型、H.C—高显色型、3—三基色窄带光谱、C—紧凑型),汞灯(F—荧光高压汞灯),金属卤化物灯(S—标准型、H.C—高显色型),高压钠灯(S—标准型、I.C—改显色型、H.C—高显色型)。

⑥ 需要电视转播的体育照明,应满足电视演播照明的要求。

思考题与习题

3.1　常用的照明电光源分为几类?各类有哪几种灯?

3.2　照明光源的主要光电参数包括哪些?如何选择照明光源?

3.3　为什么荧光灯必须在工作电路中接入一个镇流器才能稳定工作?常用的镇流器有哪几种?

3.4　白炽灯光效最低,为什么还在广泛使用?

3.5　绘出预热式荧光灯管的工作电路,并说明其中各元件的作用。

3.6　为什么把紧凑型荧光灯称为节能灯?

3.7　为什么卤钨灯比普通白炽灯光效高?

3.8　快速启动的荧光灯与瞬时启动的荧光灯有何区别?

3.9　金属卤化物灯与其他 HID 灯相比,其主要优缺点如何?

3.10　与其他光源相比,LED 有哪些特点?

3.11　如何选用各种常用电光源?

3.12　如何确定电光源的寿命?影响电光源寿命的因素有哪些?

第4章 照明灯具

灯具是能透光、分配和改变光源的光通量分布的器具，包括除光源外所有用于固定和保护光源的全部零件以及与电源连接所必需的线路附件。照明灯具主要有照明控光、保护光源和美化环境的作用。

4.1 灯具的光学特性

灯具的特性通常以光强分布、亮度分布和保护角以及灯具的效率3项指标表示。

4.1.1 灯具的光强分布

灯具可以使光源的光强在空间各个方向上重新分配，不同灯具的光强分布不同，通常将空间各个方向上的光强分布称为配光特性，表示这种配光特性的曲线称为灯具的配光曲线。一般有3种表示曲线的方法，即极坐标法、直角坐标法和等光强曲线法。

1. 极坐标配光曲线

在通过光源中心的测光平面上，测出灯具在不同角度的光强值，从一个给定的方向起，以角度为函数，将各个角度的光强用矢量标注出来，连接矢量的顶部的连线就是灯具的配光曲线。若灯具相对光轴旋转对称，并在与光轴垂直的测光面，各个方向的光强值相等，这时，只要用通过轴线的一个测光面上的光强分布曲线就可以说明其光强的空间分布，这个曲线称为该灯具的配光曲线。如图4.1所示为旋转轴对称灯具的配光曲线。将画有光强分布的测光平面绕光轴旋转一周，就可以得到该灯具的光强分布。

室内照明灯具多数采用极坐标曲线表示其光强在空间的分布。如图4.2所示为非对称配光灯具的光强分布状况。对于非对称灯具，通常确定与灯具长轴相垂直的$C_{0°}$平面为参考平面，与$C_{0°}$平面成45°、90°、270°…平面角的面相应地称为$C_{45°}$、$C_{90°}$、$C_{270°}$…平面。图中δ角是灯具的安装倾斜角，水平安装时，$\delta = 0°$。在C系列平面内，以C平面交线作为参考轴，其角度为$\gamma = 0°$，称夹角γ为投光角。

表示非对称配光灯具的空间光强分布特性时一般用$C_{0°}$、$C_{45°}$、$C_{90°}$三个测光面，至少要用两个测光面来说明，如图4.2所示为$C_{0°}$、$C_{90°}$平面的配光曲线。配光曲线上每一点表示照明器在该方向上的光强。

一般设计手册和产品样本中给出照明器的配光曲线，是以光通量为1000lm的假想光源来提供光强的分布特性。如已知照明器计算点投光角γ，便可以在配光曲线上查到照明器在该点上的对应光强I'_γ。

$$I_\gamma = \frac{\phi_S}{1000} I'_\gamma \tag{4.1}$$

式中 I_γ——换算成光源光通量为 1000lm 时 γ 方向的光强，单位为 cd；

　　　I'_γ——灯具在 γ 方向上的实际光强；

　　　ϕ_S——灯具实际配用的光通量，单位为 lm。

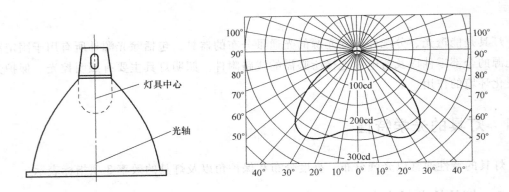

图 4.1　旋转轴对称灯具的配光曲线

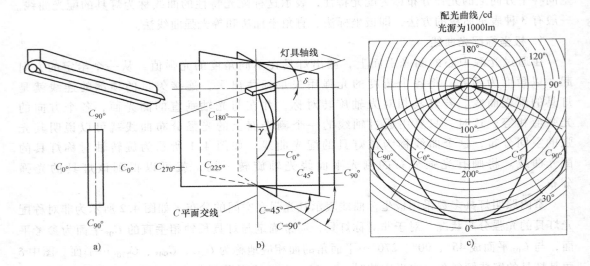

图 4.2　不对称灯具的配光曲线

a) 荧光灯　b) 测光平面　c) 配光曲线

2. 直角坐标配光曲线

　　某些光束集中于狭小的立体角内（如聚光型投光灯），其光强集中分布在一个很小的立体空间角内，用极坐标难以表达其光强分布特性，因此，配光曲线一般绘制在直角坐标系上。如图 4.3 所示，以横轴表示光束的投光角，以纵轴表示光强。

3. 等光强配光曲线

　　为了正确表示发光体空间分布，假想发光体放在一球体内并发射光射向球体表面，发射体射向空间的每根光线都可以用球体上每点的坐标表示，将光源射向球体上，光强相同的各

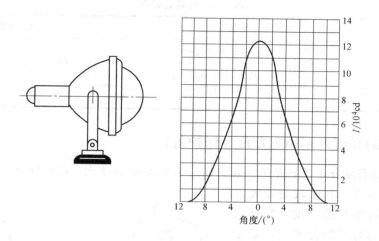

图 4.3　直角坐标配光曲线

方向上的点用线连接起来，成为封闭的光强曲线，表示光强在空间各方向上的分布，称为等光强配光曲线。等光强配光曲线如图 4.4 所示。

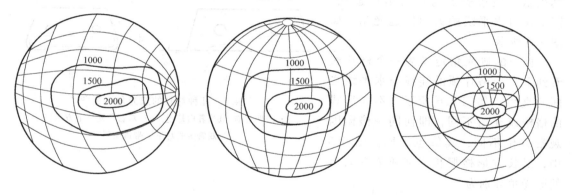

图 4.4　用球体表示的空间等光强配光曲线（注：球体轴线方向不同）

4.1.2　灯具的效率

照明灯具的效率定义为在规定条件下，测得的灯具发出的光通量与灯具内所有光通量的百分比，表示为

$$\eta = \frac{\phi_2}{\phi_1} \times 100\%$$ （4.2）

式中　η——灯具的效率；

　　　ϕ_1——光源发出的总光通量，单位为 lm；

　　　ϕ_2——灯具发出的总光通量，单位为 lm。

灯具的效率与选用灯具的材料的反射率、透射率和灯具的形状有关，灯具的效率应满足表 4.1 规定的要求。

表 4.1　灯具的效率

灯具出光口形式	直管型荧光灯灯具				高强气体放电灯灯具	
	开敞式	保护罩(玻璃或塑料)		格栅	开敞式	格栅或透光罩
		透明	磨砂、棱镜			
灯具效率(%)	75	70	55	65	75	60

4.1.3　灯具的亮度分布和遮光角（保护角）

灯具的表面亮度分布及遮光角（保护角）直接影响到眩光。限制眩光的方法一般是使灯具具有一定的遮光角或改变安装位置，或限制灯具表面的亮度。灯具的遮光角，也称为灯具的保护角，是指灯具出光口遮蔽光源发光体，使之完全看不见的方位与水平线的夹角，用符号 α 表示。一般灯具灯丝是发光体，其最低、最边缘点与灯具出口连线，同出光口水平线的夹角即遮光角，如图 4.5 所示。

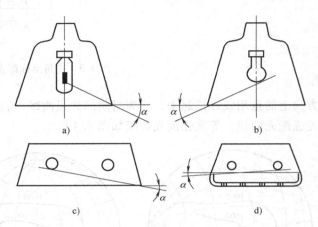

图 4.5　几种灯具的遮光角示意图
a）透明灯泡　b）乳白灯泡　c）双管荧光灯下方敞口
d）双管荧光灯下口带透明罩

格栅的遮光角定义为一个格片底看到下一个格片顶的连线与水平线之间的夹角，如图 4.6 所示。不同形式的格栅遮光角不同，即使同一格栅因观察方位不同，其值也不同。图 4.6 中，沿长方形格栅长、宽两个方向上的遮光角分别为

沿 $A—A$ 方向：$\alpha = \arctan(h/w_1)$

沿 $B—B$ 方向：$\alpha = \arctan(h/w_2)$

沿对角线方向：

$$\alpha = \arctan(h/\sqrt{w_1^2 + w_2^2})$$

格栅的遮光角越大，光分布就越窄，效率也越低；反之，遮光角越小，光分布越宽，效率就越高，但防止眩光的作用随之减弱。一般办公室照明格栅遮光角横方向（与灯管垂直）取 45°，纵方向（与灯管平行）取 30°；商店照明格栅遮光角方向取 25°，纵方向取 15°。

室内一般照明灯具的遮光角和最低悬挂高度见表 4.2。

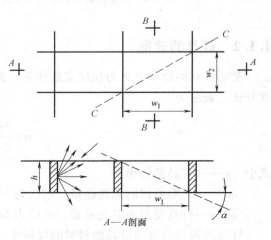

图 4.6　格栅的遮光角示意图

表 4.2 室内一般照明灯具的遮光角和最低悬挂高度

光源种类	灯具形式	灯具遮光角	光源功率/W	最低悬挂高度/m
白炽灯	有反射罩	10°~30°	≤100	2.5
			150~200	3.0
			300~500	3.5
	乳白玻璃漫射罩	—	≤100	2.0
			150~200	2.5
			300~500	3.0
荧光灯	无反射罩	—	≤40	2.0
			>40	3.0
	有反射罩	—	≤40	2.0
			>40	2.0
荧光高压汞灯	有反射罩	10°~30°	<125	3.5
			125~250	5.0
			≥400	6.0
	有反射罩带格栅	>30°	<125	3.0
			125~250	4.0
			≥400	6.0
金属卤化物灯、高压钠灯、混光光源	有反射罩	10°~30°	<150	4.5
			125~250	5.5
			250~400	6.5
			>400	7.5
	有反射罩带格栅	>30°	<150	4.0
			125~250	4.5
			250~400	5.5
			>400	6.5

4.1.4　灯具的最大允许距高比

　　灯具的距高比是指灯具布置的间距与灯具的悬挂高度（灯具与工作面之间的垂直距离）之比，该比值越小，则照度的均匀度越好，但会导致灯具数量、耗电量和投资增加；该比值越大，则照度均匀度越差，甚至不能满足要求。

　　在均匀布置灯具的条件下，保证室内工作面上有一定均匀度的照度时，允许灯具间的最大安装距离与灯具安装高度的比值，称为最大允许距高比。距高比是灯具的主要参数之一。

4.2　灯具的分类

　　照明灯具通常可按灯具的光通量在空间上下部分的分配比例、灯具安装方式、用途、灯具外壳防护等级、防触电保护等进行分类。

4.2.1　按光通量在空间分布分类

1. CIE 光通量分类

根据 CIE 的规定，按灯具向上、向下两个半球空间发出的光通量的比例来分类，可将灯具分为直接型、半直接型、漫射型、半间接型和间接型5类。其特征见表4.3。

表4.3　CIE光通量分类

灯具类别		直接型	半直接型	全漫射(直接—间接)型		半间接型	间接型
光强分布							
光通分配	上	0~10	10~40	40~60		60~90	90~100
（%）	下	100~90	90~60	60~40		40~10	10~0

2. 直接型灯具

直接型灯具绝大部分光通量（90%~100%）直接向下照射，所以灯具光通量利用率最高。但是因反射面的形状、材料与处理差异很大，或出口面上装置不同，出射的光线分布有的很宽、有的集中，变化较大。图4.7给出了5种配光曲线，直接型灯具的外形图如图4.8所示。

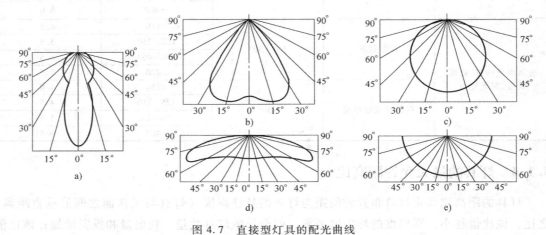

图4.7　直接型灯具的配光曲线

a）特深照型　b）深照型　c）配照型　d）广照型　e）均匀配光型

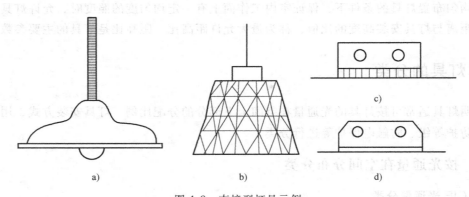

图4.8　直接型灯具示例

a）斗笠形搪瓷罩　b）块板式镜面罩　c）方形格栅荧光灯具　d）棱镜透光板荧光灯具

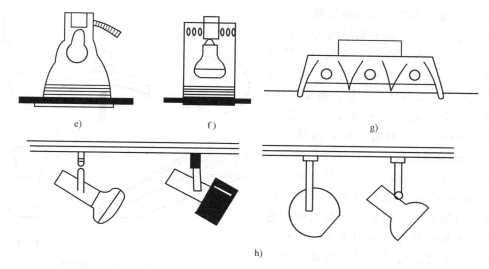

图 4.8 直接型灯具示例（续）

e）下射灯（普通灯泡） f）下射灯（反射型灯）

g）镜面反射罩，单向格栅荧光灯具 h）点射灯（装在导轨上）

如图 4.7 所示，直接型灯具按其配光曲线分为特深照型、深照型、广照型、配照型和均匀配照型 5 种。深照型和特深照型光线集中，适用于高大厂房或工作面上要求有高照度的场所，这种灯具配备镜面反射罩并以大功率高压钠灯、金属卤化物灯做光源，能将光控制在狭窄范围内以获得很高的轴线光强；广照型灯具一般做路灯照明，它的主要优点是直接眩光区亮度较低，直接眩光小，灯具间距大，有均匀的水平照度，便于使用光通量输出高的高效光源，从而减少灯具数量，使产生光幕反射的概率减小，有适当的垂直照明分量。

敞口式直接型荧光灯具纵向几乎没有遮光角，在照明舒适要求高时，常采用遮光栅格来遮蔽光源，以减小灯具的直接眩光。如图 4.8 所示的方形格栅荧光灯、点射灯和嵌装在顶棚内的下射灯也属于直接型灯具，光源采用白炽灯、卤钨灯和节能荧光灯。

3. 半直接型灯具

半直接型灯具的大部分光通量（60% ~ 90%）射向下半球空间，少部分射向天棚和上部墙壁等上半球空间，向上射的分量减小了影子的硬度并改善了室内各表面的亮度比，比直接照明光线柔和，使室内环境亮度更加舒适。这种灯具常用于办公室、书房等场所。其外形如图 4.9 所示。

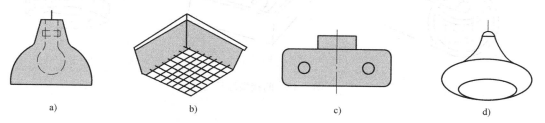

图 4.9 半直接型灯具

a）碗形灯 b）吸顶灯 c）荧光灯 d）吊灯

4. 漫射型或直接—间接型灯具

这种灯具向上、向下发射的光通量几乎相等（各占 40% ~ 60%），光线均匀投射到四面八方，因此，光通量利用率低。用漫射透光材料制成封闭式灯罩，造型美观，光线柔和均匀，适用于起居室、会议室、宾馆厅堂照明。其外形图如图 4.10 所示。

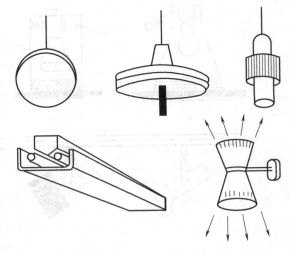

图 4.10　漫射型灯具

5. 半间接型灯具

这种灯具向上发射光通量（60% ~ 90%），向下发射光通量（40% ~ 10%）。它的向下分量往往只用来产生与天棚相称的亮度，但此分量分配不当也会产生直接眩光或间接眩光。这种灯具上面敞口或上半部采用透明材料，下半部采用漫射透光材料制成，由于上半部光通量增加，增强了室内反射光的效果，使光线柔和宜人。在使用过程中上半部容易积灰尘，影响灯具效率。其外形图如图 4.11 所示。

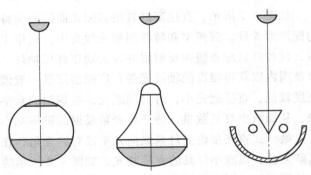

图 4.11　半间接型灯具

6. 间接型灯具

这种灯具绝大部分光通量（90% ~ 100%）向上发射，向下发射光通量（0 ~ 10%），全部天棚成为照明光源，可达到光线柔和无阴影的照明效果，也不会产生直接眩光，反射眩光也很小。但光通量损失大，灯具效率低，常用于起居室和卧室。其外形如图 4.12 所示。

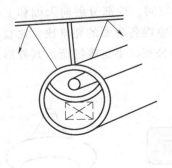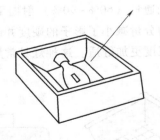

图 4.12　间接型灯具

4.2.2　按灯具结构分类

按灯具结构特点分类见表 4.4。

表 4.4 按灯具结构特点分类

结构	特　点
开启型	无灯罩,光源与外界空间直接接触
闭合型	透明罩将光源包合,罩内外空气自由流通,不能防尘
密闭型	透明罩结合处作一般封闭,与外界隔绝相当可靠,内外空气不能流通
防爆型	能安全地在有爆炸危险性介质的场所使用,有安全型和隔爆型
	安全型在正常运行时不产生火花电弧;或把正常运行时产生的火花电弧的部件放在独立的隔爆室内
	隔爆型灯具在内部产生爆炸时,火焰通过一定间隙的防爆面后,不会引起灯具外部的爆炸
防振型	灯具采取防振措施,安装在有振动的设施上
防腐型	外壳用耐腐蚀材料,密封良好,用于含有腐蚀性气体的场所

4.2.3　按灯具安装方式分类

按灯具安装方式分类见表 4.5。

表 4.5　灯具的安装方式

安装方式	吸顶灯具	嵌入灯具	悬吊灯具	壁灯
特征	顶棚较亮,房间明亮,眩光可控性好,效率高,易于安装与维护,费用低	与吊顶组合在一起,眩光可控制,效率低,顶棚与灯具的亮度对比大,顶棚暗,费用高	光利用率高,易于安装和维护,费用低,顶棚有时出现暗区	照明壁面,易于安装和维护,安装高度低,易于形成眩光
适用场所	适用于没有吊顶的房间,如计算机房、变电站等	适用于低顶棚但要求眩光小的场所,与吊顶结合能形成美观的装饰效果	适用于顶棚较高的照明场所	适用于装饰照明,兼做加强照明和辅助照明

4.2.4　按灯具防尘、防水方式分类

GB 7000.1—2015《灯具　第 1 部分:一般要求与试验》对灯具的防护等级做了规定。防护等级分类符号由 "IP" 和两个特征数字组成,IP 后第一位特征数字是指防止人体触及或接近外壳内部的带电部分,防止固体异物进入外壳内部的防护等级见表 4.6。

表 4.6　对固体异物的防护等级

第一位特征数字	防护等级	
	说明	含义
0	无防护	没有专门的保护
1	防护大于 50mm 的固体异物	人体某一大面积部分,如手(但不能防止故意的接近),直径大于 50mm 的固体
2	防护大于 12mm 的固体异物	手指或长度不超过 80mm 的类似固体,直径大于 12mm 的固体异物
3	防护大于 2.5mm 的固体异物	直径或厚度大于 2.5mm 的工具、金属丝等,直径大于 2.5mm 的固体异物
4	防护大于 1mm 的固体异物	厚度大于 1mm 的金属丝带、直径大于 1mm 的固体异物
5	防尘	不能完全防止尘埃进入,但进入量不能达到妨碍设备正常工作的程度
6	尘密	无尘埃进入

注:按照 GB/T 14048.1—2012 的附录,第一位特征数字为 2,说明为防止大于 12.5mm 的固体异物。

IP 后的第二位数字是防止水进入灯具外壳内部的防护等级，见表 4.7。

表 4.7 对水的防护等级

第二位特征数字	防护等级	
	说明	含义
0	无防护	没有专门的防护
1	防滴水	滴水（垂直滴水）应无有害影响
2	向上倾斜 15° 防滴水	当外壳从正常位置向上倾斜 15°时，垂直滴水应无有害影响
3	防淋水	与垂直成向上 60°范围以内的淋水应无有害影响
4	防溅水	从任何方向向外壳溅水应无有害影响
5	防喷水	用喷嘴以任何方向朝外壳喷水应无有害影响
6	防猛烈海浪	猛烈海浪或强烈喷水时，进入外壳的水不应达到有害影响
7	防浸水	以规定压力和时间将外壳浸入水中时，进入的水不应达到有害的量
8	防潜水	设备应适于按制造厂家规定的条件长期潜水

4.2.5 按灯具防触电保护方式分类

灯具所有带电部分必须采用绝缘材料等加以隔离，灯具的这种保护人身安全的措施称为防触电保护。防触电保护分为 4 类，每一类灯具的主要性能和其应用情况见表 4.8。

表 4.8 灯具防触电保护分类

灯具等级	灯具主要性能	应用说明
0	依赖基本绝缘防止触电，一旦绝缘失效，靠周围环境提供保护。易触及部分和外壳会带电	适用于环境好的场所，如空气干燥、尘埃少、木地板等条件下的吊灯、吸顶灯
I	除基本绝缘外，易触及部分及外壳有接地装置。一旦基本绝缘失效时，不至于有危险	用于金属外壳的灯具，如投光灯、路灯、庭院灯等，提高了安全程度
II	采用双重绝缘或加强绝缘作为安全防护，无须安装接地装置	绝缘性好、安全程度高，适用于环境差、人经常触摸的灯具，如台灯、手提灯
III	采用低安全电压（交流有效值不超过 50V），且灯内不会产生高于此值的电压	安全程度最高，可以用于恶劣环境，如机床工作灯、儿童用灯

从电气安全角度看，0 类灯具安全程度最低，I、II 类较高，III 类最高。我国已不允许使用 0 类灯具，一般情况下采用 I、II 类灯具。III 类灯具安全程度最高，在恶劣环境下使用。在照明设计时，应综合考虑使用场所的环境、操作对象、安装和使用位置等因素，合理选择合适类别的灯具。

4.2.6 按灯具安装面材料分类

灯具安装表面有可燃和不可燃两种材料，按此特性将灯具分为两大类，即只能安装在不可燃表面的灯具和安装在可燃表面的灯具，后者称为防燃灯具，标记为 ▽̶F 。

4.3 灯具的选择

4.3.1 灯具选择的基本原则

灯具选择首先要满足使用功能和照明质量的要求，同时还要便于安装和维护，要求运行费用低。应优先采用光效高、节能的电光源和高效灯具。在照明设计中，选用灯具的基本原则如下：

1）具有合适的配光特性和适宜的遮光角、表面亮度。

2）满足使用场所环境条件的要求。

3）具有合适的安全防护等级。

4）具有良好的经济性能，要求初期投资和运行费用低。

5）灯具的外形与建筑物相协调。

4.3.2　根据配光曲线特性选择

1）在各种办公室和公共建筑物中，房间的顶棚和墙壁均要求有一定的亮度，要求房间有较高的反射比，并需要有一部分光直接照射到顶棚和墙壁上。此时，可以采用半直接型、漫射型灯具，从而获得舒适的视觉条件和良好的艺术效果。为了节能，在有空调的房间内可以选用空调灯具。

2）在高大的建筑物内，灯具安装高度在6m以下时，宜采用深照型或配照型灯具；安装高度在6~15m时，宜采用特深照型灯具；安装高度在15~30m时，宜采用高纯铝深照型或其他高光强照明灯具。

3）厂房不高或要求减少阴影时，可以采用中照型、广照型等配光曲线的灯具，使工作点能受到来自各个方向的光线的照射。如果对消除阴影要求非常严格，采用发光天棚会得到很好的效果。

4）当要求垂直照度（如黑板）时，可以采用倾斜安装的灯具，或选择不对称配光的灯具。

5）室外照明宜选用光照型灯具，大面积的室外场所宜采用投光灯或其他高光强的灯具。

4.3.3　根据环境条件选择

1）在正常工作环境，宜采用开启型灯具。

2）在特别热的房间，应限制使用带密闭玻璃罩的灯具，如必须使用，应采用耐高温的气体放电灯。如果采用白炽灯，应降低灯的额定功率使用。

3）在有爆炸危险的场所，应根据爆炸危险的介质分类等级选择相应的防爆灯具。

4）在多灰尘的房间，应根据灰尘的数量和性质选用灯具，如限制尘埃进入的防尘灯具或不允许灰尘通过的尘密型灯具。

5）在特别潮湿的房间内，应将导线引入端密封，为提高照明技术稳定性，采用内有反射镀层的灯泡比使用有外壳的灯具更有利。

6）在有腐蚀性气体的场所，宜采用耐腐蚀材料（如塑料、玻璃等）制成的灯具。在有化学物质活跃的介质环境中，灯具必须适应环境要求。铝既不耐酸也不耐碱；钢对酸不稳定，但耐碱，塑料、玻璃、陶瓷等在大多数化学腐蚀介质的场所均能耐腐蚀。此外，钢板上的搪瓷也比较耐腐蚀，但搪瓷损坏后容易腐蚀。

7）在使用有压力的水冲洗灯具的场所，必须采用防溅水型灯具。

8）医疗机构（如手术室、监控室、绷带室等）房间，应优先选用积灰少、易于清扫的灯具，如带整体扩散器的灯具，此类灯具也适用于电子工业中某些房间。

9）食品工业必须防止灯泡从灯具内脱落，为此，可以采用带有整体扩散器的灯具、格栅、带保护玻璃的灯具等。

10）在有较大振动的场所，宜选用有防振措施的灯具。

4.3.4　根据经济性能选型

灯具的经济性由初期投资和年运行费用（包括电费、更换光源费用、维护管理费用和折旧费用等）两个因素决定。

在满足照明质量、环境条件和防触电保护要求的情况下，尽量选用光效高、利用系数高、寿命长、光通量衰减小、安装维护方便的灯具。

在经济发达地区，一般优先选用新型、高效、节能产品，虽然初期投资较大，但年运行费用较低，综合评价经济性较好。

思考题与习题

4.1　灯具的光学特性包括哪些内容？

4.2　何为灯具的遮光角（保护角）？其作用是什么？

4.3　灯具的配光特性有几种表示方法？

4.4　如何表示灯具的非对称配光特性？

4.5　灯具的分类主要有哪几种？

4.6　灯具防触电保护分为哪几类？如何选用？

4.7　选择灯具应考虑哪些条件？

4.8　何为灯具的效率？与光源的发光效率有何区别？

第5章 照明计算

照明计算是照明设计的主要内容之一，包括照度计算、亮度计算和眩光计算等。照明计算是正确进行照明设计的重要环节，是对照明质量做定量评价的技术指标。在实际照明工程设计中，通常只进行照度计算，只有对照明质量要求较高时，才考虑进行亮度计算和眩光计算。

当灯具形式及布置方式确定后，可以根据室内照度标准要求，确定灯具数量和光源的容量，并据此确定照明器的布置方案；或者在灯具及布置已确定的情况下，计算已知照明系统在被照面上产生的照度，用以校验被照面上的照度是否达到设计标准要求。

本章重点介绍点光源和线光源的点照度计算和平均照度计算。

5.1 电气照明的照度标准

为保证必要的工作条件，提高劳动生产率，保护工作人员的视力，各种场所室内及室外照明必须保证有足够的照度。我国根据当前的经济水平和供电能力，并考虑节约能源等方面的具体情况，制定了《工业企业照明设计标准》及《民用建筑照明设计标准》。附录 C 中列出了 GB 50034—2013 关于工作场所作业面上的照度标准值及一般生产车间工作面上和部分生产、生活场所的照度标准值，这里的照度标准为平均照度范围，一般情况下应取照度范围的中间值。

5.2 室内照度的计算

照度计算方法主要有利用系数法、概算曲线法、比功率法和逐点计算法，前 3 种只计算水平面上的平均照度，而后一种是用来计算任一倾斜面（包括垂直）工作面上的照度。本书重点介绍广泛应用的利用系数法和逐点计算法。

5.2.1 利用系数法

利用系数是受照表面上的光通量与房间内光源总光通量之比，它考虑了光通量的直射分量和反射分量在水平面上产生的总照度，多用于计算均匀布置照明器的室内一般照明。

1. 利用系数的定义

对于每个灯具来说，由光源发出的光额定光通量与前后落到工作面上的光通量的比值称为光源光通量利用系数（简称利用系数），即

$$U = \frac{\phi_f}{\phi_s} \tag{5.1}$$

式中 U——利用系数；

ϕ_f——由灯具发生的最后落到工作面上的光通量，单位为 lm；

ϕ_s——每个灯具中光源额定总光通量，单位为 lm。

2. 计算室内平均照度 E_{av} 和最低照度 E_{min}

室内平均照度可用下式计算：

$$E_{av} = \frac{N\phi_s UK}{A} \qquad (5.2)$$

或

$$N = \frac{E_{av}A}{\phi_s UK} \qquad (5.3)$$

式中　E_{av}——工作面平均照度，单位为 lx；

　　　ϕ_s——每个灯具电光源的额定总光通量，单位为 lm；

　　　N——灯具数；

　　　U——利用系数；

　　　A——工作面面积，单位为 m²；

　　　K——维护系数，可查表 5.1。

表5.1　维护系数

环境污染特征	工作房间或场所示例	维护系数	灯具擦洗次数/(次/年)
清洁	办公室、阅览室、仪器、仪表装配车间	0.8	2
一般	商店、营业厅、影剧院、观众厅	0.7	2
污染严重	铸工、锻工车间、厨房	0.6	3
室外	道路和广场	0.7	2

确定平均照度后，可求出最低照度 E_{min} 值，即

$$E_{min} = DE_{av} \qquad (5.4)$$

式中　D——最低照度修正系数，也称为照度均匀度，可查表 5.2。

表5.2　照度均匀度

灯具形式		镜面深照型	搪瓷深照型	配照型	防水防尘灯	圆球灯	菱角灯
D	按经济条件选择灯具布置	0.75	0.83	0.78	0.83	0.85	0.83
	按保证最大均匀度的灯具布置	0.8	0.9	0.85	0.85	0.87	0.83
能保证最大均匀度的距高比 S/h		0.8	1.5	1.5	1.65	2.1	7.4

3. 利用系数的有关概念

（1）利用系数

利用系数是表征照明光源的光通量有效利用程度的一个参数，利用系数 U 与下列因素有关：

1）与灯具形式、光效和配光曲线有关，光效越高，光通量越集中，利用系数 U 越高。

2）与灯具悬挂高度有关，灯具悬挂越高，反射光通量越多，利用系数也越高。

3）与房间面积形状有关，房间越大，越接近于正方形，则由于直射光通量越多，利用系数也越高。

4）与墙壁、顶棚及地面颜色和洁污情况有关，颜色越淡、越洁净，反射光通量越多，因此利用系数也越高。

（2）空间系数

为表示房间空间特征，引入空间系数的概念，将一矩形房间分为 3 部分，灯具出光口平面到顶棚之间的空间叫作顶棚空间；工作面到地面之间的空间叫作地板空间；灯具出光口平面到工作面之间的空间称为室空间，如图 5.1 所示。

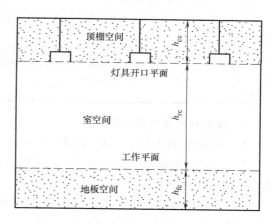

图 5.1　房间空间的划分示意图

上述 3 个空间系数定义如下。

1）室空间系数：

$$RCR = \frac{5h_{rc}(l+w)}{lw}$$　　　　（5.5）

2）顶棚空间系数：

$$CCR = \frac{5h_{cc}(l+w)}{lw} = \frac{h_{cc}}{h_{rc}}RCR$$　　　　（5.6）

3）地板空间系数：

$$FCR = \frac{5h_{fc}(l+w)}{lw} = \frac{h_{fc}}{h_{rc}}RCR$$　　　　（5.7）

式中　l——室长，单位为 m；

w——室宽，单位为 m；

h_{cc}——顶棚空间高，单位为 m；

h_{rc}——室空间高，单位为 m；

h_{fc}——地板空间高，单位为 m。

（3）有效空间反射比

有效空间反射比可用下式计算：

$$\rho_c = \frac{\rho A_0}{A_s - \rho A_s + \rho A_0}$$　　　　（5.8）

式中　A_0——顶棚（或地板）平面面积，单位为 m^2；

A_s——顶棚（或地板）空间内所有表面的总面积，单位为 m^2；

ρ——顶棚（或地板）空间各表面的平均反射比。

假如室内由 i 个表面组成，以 A_i 表示第 i 个表面面积，以 ρ_i 表示第 i 个表面的反射比，则平均反射比由下式求出：

$$\rho = \Sigma \rho_i A_i / \Sigma A_i$$　　　　（5.9）

各种情况下墙壁、顶棚及地面的反射比近似值见表 5.3。

表 5.3 各种情况下墙壁、顶棚及地面的反射比近似值

反射面特征	反射比 ρ(%)
白色墙壁、顶棚、窗子带有白色窗帘	70
刷白的墙壁,但窗子未挂窗帘或挂深色窗帘;刷白的顶棚,但房间潮湿;墙壁和顶棚虽未刷白,但洁净光亮	50
有窗子的水泥墙壁、水泥顶棚;木墙壁、木顶棚;糊有浅色纸的墙壁、顶棚;水泥地面	30
有大量灰尘的墙壁、顶棚;无窗帘遮蔽的玻璃窗;未粉刷的砖墙;糊有深色纸的墙壁、顶棚;较脏污的水泥地面,广漆、沥青等地面	10
玻璃	9

4. 确定利用系数的步骤

1）计算其空间系数 RCR、CCR、FCR。

2）当顶棚空间各表面反射比不相等时,应先求出各面平均反射比,然后代入式（5.8）求出有效空间反射比 ρ_c。

3）确定墙面反射比。当房间开窗或装饰物遮挡等引起墙面反射比变化时,墙面反射比应采用其加权平均值,用式（5.9）计算。

4）确定地板空间有效反射比。地板空间与顶棚空间一样,可以用同样的方法求出有效反射比 ρ_{fc}。利用系数表中的数值是按 $\rho_{fc}=20\%$ 情况下算出来的,当 ρ_{fc} 不是该值时,若要求得较精确的结果,则利用系数应加以修正,其修正系数见附表 A.36,如计算精度要求不高则可不做修正。

5）确定利用系数。求出室空间比 RCR、顶棚有效反射比 ρ_{cc}、墙面平均反射比 ρ_w 后,按所选用灯具从计算图表中即可查得其利用系数 U。当 RCR、ρ_c、ρ_w 不是图表中分级的整数时,可用内插法求出对应值。

5. 平均照度计算举例

例 5.1 工厂办公室长 6.6m,宽 6.6m,高 3.6m,在离顶棚 0.5m 的高度内安装 YG1-1 型 40W 荧光灯,办公桌高度为 0.8m,办公室内各表面反射比如图 5.2 所示,已知平均照度要求不低于 150lx,试选择灯具台数。YG1-1 型荧光灯具计算图表见附录 A.1.2（40W 荧光灯光通量为 2200lm）。

解：用利用系数法计算灯具台数。

1）求室空间系数：

$$RCR = \frac{5h_{rc}(l+w)}{lw} = \frac{5 \times 2.3(6.6+6.6)}{6.6 \times 6.6} = 3.48$$

$$CCR = \frac{h_{cc}}{h_{rc}}RCR = \frac{0.5}{2.3} \times 3.48 = 0.76$$

$$FCR = \frac{h_{fc}}{h_{rc}}RCR = \frac{0.8}{2.3} \times 3.48 = 1.21$$

2）求顶棚有效反射比：

$$\rho_{cc} = \frac{\rho A_0}{A_s - \rho A_s + \rho A_0}$$

$$\rho = \frac{\sum \rho_i A_i}{\sum A_i} = \frac{0.5 \times (0.5 \times 6.6) \times 4 + 0.8 \times (6.6 \times 6.6)}{(0.5 \times 6.6) \times 4 + (6.6 \times 6.6)} = 0.73$$

$$\rho_{cc}=\frac{0.73\times43.6}{56.8-0.73\times56+0.73\times43.6}=0.675$$

3）求地板空间有效反射比：

$$\rho_{fc}=\frac{0.17}{64.72-0.17\times64.72+0.17\times43.6}=0.12$$

其中：

$$\rho=\frac{0.3\times(0.8\times6.6\times4)+0.1\times6.6\times6.6}{(0.8\times6.6\times4)+(6.6\times6.6)}=0.17$$

4）根据 $RCR=3.00$，$\rho_w=0.5$，$\rho_{cc}=0.70$，查附表 A.6 得 $U=0.46$。用内插法可得 $RCR=3.48$ 时，$U=0.5$。

5）因为 $\rho_{fc}\neq0.2$，按 $\rho_{fc}=0.1$；查附表 A.36 得修正系数为 0.96，所以 $U=0.96\times0.5=0.47$。

6）求灯具台数：

$$N=\frac{E_{av}A}{\phi UK}=\frac{150\times6.6\times6.6}{2200\times0.47\times0.8}=\frac{6534}{827.2}=7.9\text{ 台}$$

实选 $N=8$ 台，求得 $E_{av}=\frac{N\phi UK}{A}=$

$\frac{8\times2200\times0.47\times0.8}{6.6\times6.6}=151.9\text{lx}>150\text{lx}$，合格。

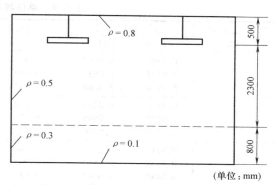

（单位：mm）

图 5.2　例题 5.1 室内空间分布及反射系数示意图

5.2.2　概算曲线与单位容量法

1. 概算曲线

为简化计算，把利用系数法计算的结果绘制成曲线，假设被照面上的平均照度为 100lx，求房间面积与所用的灯具数量的关系曲线称为概算曲线。

附图 A.5 给出了简式荧光灯（YG1-1）的概算曲线图表，其他常用灯具的概算图表可查有关设计手册。

按照概算曲线进行灯数或照度的计算方法如下：

首先根据房屋建筑的环境和污染情况，确定其顶棚、墙壁和地面的反射比 ρ_c、ρ_w、ρ_f，维护系数 K，并求出该房间水平面积 A，计算出灯具离工作面的高度 h，然后由相应灯具概算曲线查得对应的灯数 N，但是概算曲线是假设被照面上平均照度为 100lx 和假设维护系数为 K' 条件下所绘制的，如果实际需要的照度是 E_{av}，实际维护系数是 K，则实际灯数 n 可按下式予以换算：

$$n=\frac{E_{av}K'}{100K}N \tag{5.10}$$

如已知布灯方案和灯数 n，则可用下式求平均照度：

$$E_{av}=\frac{100nK}{K'N} \tag{5.11}$$

例 5.2　用概算曲线法验算例 5.1 中的灯具台数。

解：根据 $\rho_c=0.675\approx0.7$，$\rho_w=0.5$，$\rho_f=30\%$，$h=2.3\text{m}$，$A=6.6\times6.6\text{mm}^2=43.56\text{mm}^2$，

查附图 A.5（YG1-1 概算曲线）得 $N = 5.4$。

$$n = \frac{150 \times 0.7}{100 \times 0.7} \times 5.4 \text{ 台} = 8.1 \text{ 台}$$

故选 $n = 8$ 台。

2. 单位容量法（比功率法）

在实际照明设计中，为估算照明用电量常采用"单位容量法"，即将不同类型的灯具、不同的室空间条件，列出"单位面积光通量（lm/m^2）"或"单位面积安装电功率（W/m^2）"的表格，以便查用。表 5.4 给出了单位容量 p_0 计算表格供读者参考。

表 5.4　单位容量 p_0 计算表

室空间比 RCR （室形指数 RI）	直接型配光灯具		半直接型 配光灯具	均匀漫射型 配光灯具	半间接型 配光灯具	间接型 配光灯具
	$l \leqslant 0.9h$	$l \leqslant 1.3h$				
8.33 (0.6)	0.4308 0.0897 5.3846	0.4000 0.0833 5.0000	0.4308 0.0897 5.3846	0.4308 0.0897 5.3846	0.6225 0.1292 7.7783	0.7001 0.1454 7.7506
6.25 (0.8)	0.3500 0.0729 4.3750	0.3111 0.0648 3.8889	0.3500 0.0729 4.3750	0.3394 0.0707 4.2424	0.5094 0.1055 6.3641	0.5600 0.1163 7.0005
5.0 (1.0)	0.3111 0.0648 3.8889	0.2732 0.0569 3.4146	0.2947 0.0614 3.6842	0.2872 0.0598 3.5897	0.4308 0.0894 5.3850	0.4868 0.1012 6.0874
4.0 (1.25)	0.2732 0.0569 3.4146	0.2383 0.0496 2.9787	0.2667 0.0556 3.3333	0.2489 0.0519 3.1111	0.3694 0.0808 4.8280	0.3996 0.0829 5.0004
3.33 (1.5)	0.2489 0.0519 3.1111	0.2196 0.0458 2.7451	0.2435 0.0507 3.0435	0.2286 0.0476 2.8571	0.3500 0.0732 4.3753	0.3694 0.0808 4.8280
2.5 (2.0)	0.2240 0.0467 2.8000	0.1965 0.0409 2.4561	0.2154 0.0449 2.6923	0.2000 0.0417 2.5000	0.3199 0.0668 4.0003	0.3500 0.0732 4.3753
2 (2.5)	0.2113 0.0440 2.6415	0.1826 0.0383 2.2951	0.2000 0.0417 2.5000	0.1836 0.0383 2.2951	0.2876 0.0603 3.5900	0.3113 0.0646 3.8892
1.67 (3.0)	0.2036 0.0424 2.5455	0.1750 0.0365 2.1875	0.1898 0.0395 2.3729	0.1750 0.0365 2.1875	0.2671 0.0560 3.3335	0.2951 0.0614 3.6845
1.43 (3.5)	0.1967 0.0410 2.4592	0.1698 0.0354 2.1232	0.1838 0.0383 2.2976	0.1687 0.0351 2.1083	0.2542 0.0528 3.1820	0.2800 0.0582 3.5003
1.25 (4.0)	0.1898 0.0395 2.3729	0.1647 0.0343 2.0588	0.1778 0.0370 2.2222	0.1632 0.0338 2.0290	0.2434 0.0506 3.0436	0.2671 0.0560 3.3335
1.11 (4.5)	0.1883 0.0392 2.3531	0.1612 0.0336 2.0153	0.1738 0.0362 2.1717	0.1590 0.0331 1.9867	0.2386 0.0495 2.9804	0.2606 0.0544 3.2578
1 (5.0)	0.1867 0.0389 2.3333	0.1577 0.0329 1.9718	0.1697 0.0354 2.1212	0.1556 0.0324 1.9444	0.2337 0.0485 2.9168	0.2542 0.0528 3.1820

注：表中 l 为灯距，h 为计算高度，表中每格 3 个数字由上至下依次为选用 100W 白炽灯的单位电功率（W/m^2）、40W 荧光灯的单位电功率（W/m^2）、单位光辐射量（lm/m^2）。

例 5.3　有一房间长 9m，宽 6m，高 3.6m，已知 $\rho_c = 0.7$，$\rho_w = 0.5$，$\rho_f = 0.2$，$K = 0.7$，拟采用 40W 普通荧光吊链灯，$h_{cc} = 0.6m$，如要求设计照度为 100lx，试确定光源数量。

解：因普通荧光灯属于半直接型配光灯具，故取 $h_{rc} = 2.2m$，计算室空间比 RCR：

$$RCR = \frac{5h_{rc}(l+w)}{lw} = \frac{5 \times 2.2 \times (9+6)}{9 \times 6} = 3.05$$

查表 5.4 得

$$RCR_i = 2.5 \qquad P_{0i} = 0.045$$
$$RCR_{i+1} = 3.33 \qquad P_{0i+1} = 0.0507$$

$$
\begin{aligned}
p_0 &= P_{0i} + \frac{RCR - RCR_i}{RCR_{i+1} - RCR_i}(P_{0i+1} - P_{0i}) \\
&= 0.045 + \frac{3.05 - 2.5}{3.33 - 2.5}(0.0507 - 0.045) \\
&= 0.045 + \frac{0.55}{0.83} \times 0.0057 \\
&= 0.0038 + 0.045 = 0.049 \\
P &= p_0 AE = 0.049 \times 54 \times 100W = 264.6W
\end{aligned}
$$

光源数量 $N = 264.6/40 = 6.615$，根据实际情况拟选用 8 盏 40W 荧光灯。

估算照度为

$$E = \frac{P}{p_0 A} = \frac{40 \times 8}{0.049 \times 54}lx = \frac{320}{2.646}lx = 121lx > 100lx$$

5.2.3　点光源直射照度计算

逐点计算法是一种逐一计算附近各个光源对照度计算点的直射照度，然后叠加，得其总照度的计算方法。直射照度是指光源直接入射到被照点所在面元上的光通量所产生的照度，顶棚和墙壁等室内表面反射光所产生的照度称为反射照度。分别求出被照面上的直射照度和反射照度，然后相加即可得到被照面上某点的总照度。

逐点计算法适用于水平面、垂直面和倾斜面上的照度计算，可用于计算车间里的一般照明、局部照明和外部照明，但不适用于计算周围反射性能很高场所的照明。

逐点计算法从计算法上分为空间等照度曲线法和平面相对等照度曲线法两种，从光源种类上又可分为点光源和线光源两种。

下面介绍点光源逐点计算法。

（1）水平面照度

点光源是指光源的尺寸与它至被照面的距离相比比较小，在计算和测量时其大小可忽略不计的光源。

水平面是指与点光源的光轴垂直的平面，水平面照度则表示点光源在水平面某一点的法线方向照度，简称水平照度。

如图 5.3 所示，点光源在 P 点的法线照度（即与入射光线垂直的平面上 P 点的照度）符合平方反比定律，即

$$E_n = \frac{I_\theta}{l^2} \tag{5.12}$$

光源在水平面上 P 点的照度，即水平照度为

$$\left.\begin{array}{l} E_{\mathrm{h}}=\dfrac{I_{\theta}}{l^{2}}\cos\theta \\[3mm] E_{\mathrm{h}}=\dfrac{I_{\theta}}{h^{2}}\cos^{3}\theta \end{array}\right\} \tag{5.13}$$

式中　E_{h}——水平面照度，单位为 lx；

　　　I_{θ}——光源（灯具）照射方向上的光强，单位为 cd；

　　　l——光源（灯具）至计算点 P 之间的距离，单位为 m；

　　　h——光源（灯具）离工作面上的高度，单位为 m；

　　　$\cos\theta$——光线入射角 θ 的余弦。

由于灯具的配光曲线是按照光源光通量为 1000lm 给出的，并考虑到维护系数 K，所以式（5.13）应转换成

$$\left.\begin{array}{l} E_{\mathrm{h}}=\dfrac{I_{\theta}\phi K}{l^{2}1000}\cos\theta \\[3mm] E_{\mathrm{h}}=\dfrac{I_{\theta}\phi K}{h^{2}1000}\cos^{3}\theta \end{array}\right\} \tag{5.14}$$

（2）倾斜面和垂直面照度

如图 5.4a 所示，若光源 S 至水平面 H 的垂线长度为 h，光源垂线至 P 点距离为 d。光源至倾斜面 N 的垂线长度为 h_{i}。h_{i} 随着倾斜角 δ 变化而变化。当倾斜面以 P 点为轴逆时针旋转时，δ 在 $0°\sim(90°+\theta)$ 范围内变化，$h_{\mathrm{i}}=h\cos\delta+d\sin\delta$；当倾斜面以 P 点为轴顺时针旋转时，δ 在 $0°\sim(90°-\theta)$ 范围内变化，由图 5.4b 可知，$h_{\mathrm{i}}=h\cos\delta-d\sin\delta$；故光源至倾斜面的垂线长度可以表示为 $h_{\mathrm{i}}=h\cos\delta\pm d\sin\delta$。

由距离平方反比定律可得

$$\frac{E_{\mathrm{i}}}{E_{\mathrm{h}}}=\frac{h_{\mathrm{i}}}{h}=\frac{h\cos\delta\pm d\sin\delta}{h}$$

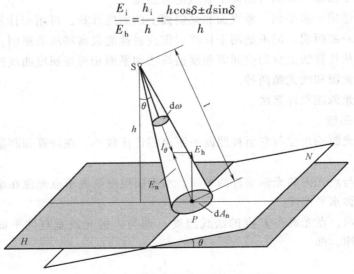

图 5.3　点光源水平面照度计算说明图

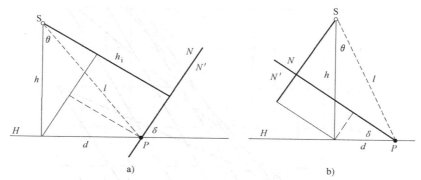

图 5.4 倾斜面上的照度计算说明图

故倾斜面上的照度 E_i 可用下式计算：

$$E_i = E_h\left(\cos\delta \pm \frac{d}{h}\sin\delta\right) \tag{5.15}$$

式中 E_h——A 点水平照度，单位为 lx；

     δ——倾斜面（背光一面）与水平面之间的夹角（见图 5.4）；

     d——灯具在水平面上的投影点至倾斜面与水平面的交线的垂直距离；

     h——灯具至水平面的距离，单位为 m。

当 δ 角进入 $\mathrm{arccot}(d/h)$ 范围内时，式（5.15）取负号。当 $\delta=90°$ 时，求得的是垂直面照度 E_v，即

$$E_v = E_h\left(\cos90° \pm \frac{d}{h}\sin90°\right) = \frac{d}{h}E_h \tag{5.16}$$

令 $\psi = \cos\delta \pm \dfrac{d}{h}\sin\delta$，则式（5.16）写成

$$E_i = \psi E_h \tag{5.17}$$

式中 ψ 称为倾斜照度系数，为方便使用将 ψ 做成曲线，如图 5.5 所示，图中实线指的是逆时针旋转的倾斜角 δ 的 ψ 值，虚线指的是顺时针旋转的倾斜角 δ 的 ψ 值。

为简化计算，在实际计算中对于旋转对称配光灯具可查空间等照度曲线，如图 5.6 所示，利用 JSD5-2 型平圆吸顶灯具 $1\times100W$ 的空间等照度曲线来计算水平照度。根据每盏灯至计算点的水平距离 d 和垂直距离 h，从空间等照度曲线上查得该点水平照度值。但由于曲线是按光源光通量 1000lm，$K=1$ 绘制的，因此所查照度值是"假想的照度 e"，必须按实际光通量进行换算，即用下式计算：

$$E_h = \frac{\phi \Sigma e K}{1000} \tag{5.18}$$

式中 E_h——水平照度，单位为 lx；

     ϕ——每个灯具中光源总光通量，单位为 lm；

     K——维护系数；

     Σe——各灯具对计算点所产生的假想水平照度的总和，单位为 lx。

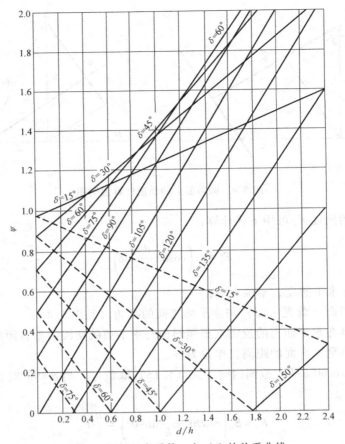

图 5.5　倾斜照度系数 ψ 与 d/h 的关系曲线

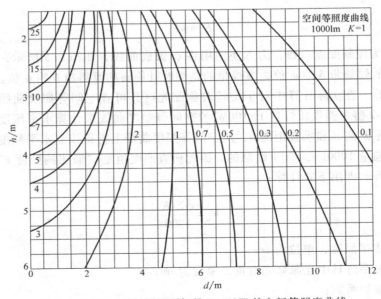

图 5.6　JSD5-2 型平圆吸顶灯具 1×100W 的空间等照度曲线

对于非对称配光的灯具可利用"平面相对等照度曲线"（见图 5.7）进行计算，根据计算点的 d/h 值和各灯具对计算点的平面位置角 β（见图 5.8），查得"相对照度 ε"，由于"平面相对等照度曲线"是按假设计算高度 1m 绘制的，所以计算面上的实际照度应按下式计算：

$$E_{\mathrm{h}} = \frac{\phi \Sigma \varepsilon K}{1000 h^2} \tag{5.19}$$

式中 $\Sigma \varepsilon$——各灯具所产生的相对照度的总和，单位为 lx；ϕ、K、h 意义同式（5.15）和式（5.18）。

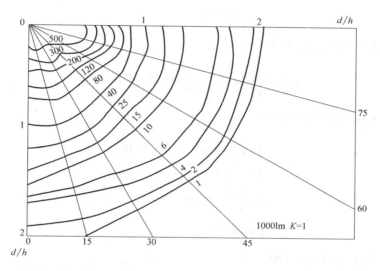

图 5.7　CDHP-209 型灯具（KNG250+NG250）平面相对等照度曲线

例 5.4　如图 5.9 所示，有一接待室面积为 4.4m×4.4m，净高 3.0m，采用 4 只 JXD5-2 型平圆吸顶灯，房间顶棚反射比为 0.7。墙面的平均反射比为 0.5，求房间 A 点桌面的水平照度。

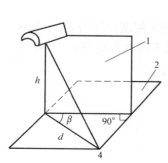

图 5.8　不对称灯具计算点坐标的确定
1—对称平面　2—被照面

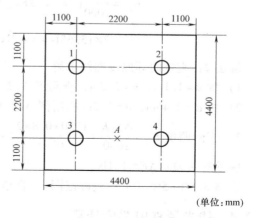

（单位：mm）

图 5.9　例题 5.4 接待室灯具布置图

解法 1：利用逐点法基本公式求解。

1）灯 3、4 对 A 点产生的照度：

$$h = (3 - 0.8)\text{m} = 2.2\text{m}$$

$$d = 1.1\text{m}$$

$$l = \sqrt{2.2^2 + 1.1^2}\,\text{m} = 2.46\text{m}$$

$$cos\theta = \frac{h}{l} = \frac{2.2}{2.46} = 0.89$$

$$\theta = 26.57°$$

查附表 A.2 得 $I_\theta = I_{26.57°} = 79.1\text{cd}$

$$E_{3.4} = \frac{I_\theta}{l^2}cos\theta = \frac{79.1}{2.46^2} \times 0.89\text{lx} = 11.64\text{lx}$$

2）灯 1、2 对 A 点产生的照度

$$d = \sqrt{2.2^2 + 1.1^2}\,\text{m} = 2.46\text{m}$$

$$l = \sqrt{2.2^2 + 2.46^2}\,\text{m} = 3.3\text{m}$$

$$cos\theta = \frac{2.2}{3.3} = 0.67$$

$$\theta = 48.19°$$

查附表 A.2 得 $I_\theta = I_{48.19°} = 65.2\text{cd}$

$$E_{1.2} = \frac{65.2}{3.3^2} \times 0.67\text{lx} = 4.01\text{lx}$$

A 点的实际照度：

$$E_A = \frac{\phi K}{1000}(2E_{1.2} + 2E_{3.4}) = \frac{1250 \times 0.8 \times 2}{1000}(4.01 + 11.64)\text{lx}$$

$$= 2 \times 15.65\text{lx} = 31.3\text{lx}$$

解法 2：查空间等照度曲线求解

1）按 $d = 1.1\text{m}$，$h = 2.2\text{m}$，查附图 A.2（JXD5-2）空间等照度曲线得 $e_{3.4} = 12\text{lx}$。

2）按 $d = 2.46\text{m}$，$h = 2.2\text{m}$ 查附图 A.2（JXD5-2）空间等照度曲线得 $e_{1.2} = 4.2\text{lx}$。

3）实际照度 $E_A = \frac{\phi\sum e K}{1000} = \frac{1250 \times 0.8 \times 2}{1000}(4.2 + 12)\text{lx} = 32.4\text{lx}$

两种解法差：$\Delta E = 1.1\text{lx}$

误差 3.5%<5%（工程允许范围），合格。

5.2.4 线光源直射照度计算

线光源是指那些宽度比长度小得多的光源（灯具）。线光源的直射照度计算采用方位系数法，为简化计算，通常绘制成线光源等照度曲线，用逐点计算法计算水平照度。

1. 直射照度计算

（1）方位系数

直射照度计算方法是将线光源分作无数段发光体 dl，并计算出它在计算点所产生的照度。由于 dl 在计算点处产生的照度随其位置而不同，因此，需要用角度坐标来表示 dl 的位置，然后积分求出整条线光源在计算点产生的总照度。

利用方位系数法可以迅速地计算出各种线状光源在水平、垂直、倾斜面上的照度。

（2）线光源的光强分布

如图 5.10 所示，线光源的光强分布常用两个平面上的光强分布曲线表示。一个平面通过线光源的纵轴（长轴），此平面上的光强分布曲线称为纵向（平行面或 $C_{90°}$ 平面）光强分布曲线；另一个平面与线光源纵轴垂直，这个平面上的光强分布曲线称为横向（垂直面或 $C_{0°}$ 平面）光强分布曲线。

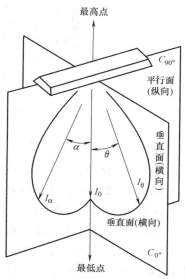

图 5.10 计算采用的光强分布

1）各种光源的横向光强分布曲线用下式表示：

$$I_\theta = I_0 f(\theta)$$

式中　I_θ——θ 方向上的光强，单位为 cd；

　　　I_0——线光源发光面法线方向上的光强，单位为 cd。

2）各种线光源的纵向光强分布曲线可能是不同的，但任何一种线状灯具通过灯纵轴的各个平面上的光强分布曲线具有相似的形状，用下式表示：

$$I_{\theta\alpha} = I_{\theta 0} f(\alpha)$$

式中　$I_{\theta\alpha}$——与通过纵轴的对称平面成 θ 角，与垂直于纵轴的对称平面成 α 夹角方向上的光强，单位为 cd；

　　　$I_{\theta 0}$——在 θ 平面（θ 平面是通过灯的纵轴且与通过纵轴的垂直面成 θ 夹角的平面）上垂直于灯轴线且 $\alpha = 0°$ 方向上的光强，单位为 cd。

在实际应用的各种线光源的纵向（平行面）的光强分布曲线，可以用下列 5 种理论光强分布曲线表示，即

$$\left.\begin{aligned}
A\ \text{类}: & I_{\theta\alpha} = I_{\theta 0}\cos\alpha \\
B\ \text{类}: & I_{\theta\alpha} = I_{\theta 0}(\cos\alpha + \cos^2\alpha)/2 \\
C\ \text{类}: & I_{\theta\alpha} = I_{\theta 0}\cos^2\alpha \\
D\ \text{类}: & I_{\theta\alpha} = I_{\theta 0}\cos^3\alpha \\
E\ \text{类}: & I_{\theta\alpha} = I_{\theta 0}\cos^4\alpha
\end{aligned}\right\} \qquad (5.20)$$

上述 5 类纵向光强分布曲线如图 5.11 所示。实际应用时，首先确定使用灯具的光强分布曲线属于哪一类，然后利用标准化的计算资料可以使计算简化。

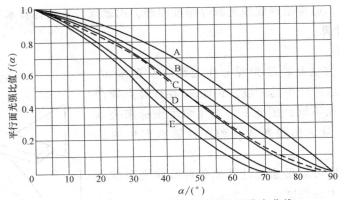

图 5.11　纵向平面 5 类线光源的光强分布曲线

（3）连续线光源的照度计算

如图 5.12 所示，计算点 P 为水平面上一点，且与线光源的一端对齐。水平面的法线与入射光平面 APB（或称 θ 面）成 β 角。

在长度为 L 的线光源上取一小段发光线元 $\mathrm{d}x$，线光源在 θ 平面上垂直于灯轴线 AB 方向的单位长度光强为 $I'_{\theta 0}=I_{\theta 0}/L$，线光源的纵向光强分布为 $I_{\theta \alpha}=I_{\theta 0}\cos^n \alpha$，则自线元 $\mathrm{d}x$ 指向计算点的光强为

$$\mathrm{d}I_{\theta \alpha}=(I_{\theta 0}/L)\,\mathrm{d}x\cos^n \alpha=I'_{\theta 0}\,\mathrm{d}x\cos^n \alpha$$

线元在 P 点处的法线照度为

$$\mathrm{d}E_\mathrm{n}=(\mathrm{d}I_{\theta \alpha}/l^2)\cos\alpha$$
$$=I_{\theta 0}\,\mathrm{d}x\,\cos^n\alpha\cos\alpha/(Ll^2)$$

1）法线照度。

整个线状光源在 P 点的法线照度 E_n 为

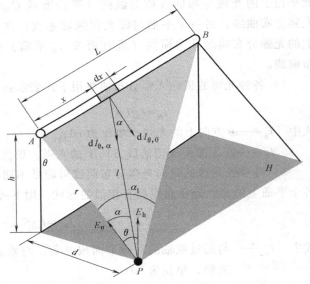

图 5.12　线光源计算点产生的照度

$$E_\mathrm{n}=\int_0^{\alpha_1}\frac{I_{\theta 0}\cos^2\alpha}{Ll^2}\mathrm{d}x \quad （5.21）$$

由图 5.11 可知，$x=r\tan\alpha$，$l=r\sec\alpha$，代入式（5.21）整理后得

$$E_\mathrm{n}=\frac{I_{\theta 0}}{Lr}\int_0^{\alpha_1}\cos^n\alpha\cos\alpha\mathrm{d}\alpha$$

令

$$F_\mathrm{X}=\int_0^{\alpha_1}\cos^n\alpha\cos\alpha\mathrm{d}\alpha \qquad\qquad（5.22）$$

F_X 称为线光源的平行面的方位系数。因此，式（5.21）可以简化为

$$\left.\begin{array}{c}E_\mathrm{n}=\dfrac{I_{\theta 0}}{Lr}F_\mathrm{X}=\dfrac{I'_{\theta 0}}{r}F_\mathrm{X}\\[2mm]r=\sqrt{h^2+d^2}\,,\ \alpha_1=\arctan(L/r)\end{array}\right\}$$

式中　$I_{\theta0}$——长度为 L 的线状照明器在 θ 平面上垂直于轴线 AB 的光强，单位为 cd；

　　　$I'_{\theta0}$——线状照明器在 θ 平面上垂直于轴线的单位长度的光强，单位为 cd；

　　　L——线状照明器的长度，单位为 m；

　　　d——光源在水平面上的投影至计算点 P 的距离，单位为 m；

　　　h——线状照明器在计算水平面上的悬挂高度，单位为 m；

　　　r——计算点 P 到线光源的 A 端的距离，单位为 m；

　　　α_1——计算点 P 对线光源所张的方位角，单位为（°）。

2）水平照度。

如图 5.12 所示，由于 $\cos\beta = \cos\theta = h/r$，因此，$P$ 点处的水平照度为

$$E_h = E_n\cos\beta = \frac{I_{\theta0}}{Lr}F_X\cos\theta = \frac{I_{\theta0}}{Lh}\cos^2\theta F_X$$

或

$$E_h = \frac{I'_{\theta0}}{h}\cos^2\theta F_X$$

将 $n = 1$，2，3，4 分别代入式（5.22），得出 A、B、C、D、E 这 5 类纵向理论配光特性线光源的方位系数 F_X 的计算公式，见表 5.5。

表 5.5　线光源平行平面方位系数 F_X 的计算公式

类别	纵向配光特性	方位系数 F_X
A	$I_{\theta0}\cos\alpha$	$\dfrac{1}{2}(\alpha_1 + \cos\alpha_1\sin\alpha_1)$
B	$\dfrac{1}{2}I_{\theta0}(\cos\alpha + \cos^2\alpha)$	$\dfrac{1}{4}(\alpha_1 + \cos\alpha_1\sin\alpha_1) + \dfrac{1}{6}(2\sin\alpha_1 + \cos^2\alpha_1\sin\alpha_1)$
C	$I_{\theta0}\cos^2\alpha$	$\dfrac{1}{3}(2\sin\alpha_1 + \cos^2\alpha_1\sin\alpha_1)$
D	$I_{\theta0}\cos^3\alpha$	$\dfrac{\cos^3\alpha_1\sin\alpha_1}{4} + \dfrac{3}{8}(\alpha_1 + \cos\alpha_1\sin\alpha_1)$
E	$I_{\theta0}\cos^4\alpha$	$\dfrac{\cos^4\alpha_1\sin\alpha_1}{5} + \dfrac{4}{15}(2\sin\alpha_1 + \cos^2\alpha_1\sin\alpha_1)$

将 5 类纵向配光的线光源平行平面方位系数 F_X 绘制成相应的曲线，如图 5.13 所示。

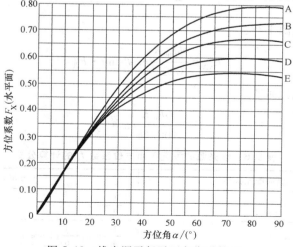

图 5.13　线光源平行平面方位系数 F_X

3）垂直照度。

受照面与线光源垂直，如图 5.14 所示，计算点在垂直于线光源轴线的平面（垂直面），则 P 点的照度为 E_x，其计算公式如下：

$$E_x = \int_0^L \frac{I_{\theta 0} \mathrm{d}x \cos^2\alpha}{Ll^2}\sin\alpha$$
$$= \frac{I_{\theta 0}}{Lr}\int_0^L \cos^n\alpha\sin\alpha\mathrm{d}\alpha$$
$$= \frac{I_{\theta 0}}{Lr}\left(\frac{1-\cos^{n+1}\alpha_1}{n+1}\right) = \frac{I_{\theta 0}}{Lr}f_x$$

（5.23）

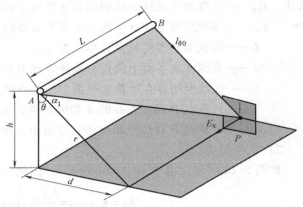

图 5.14　线光源在垂直平面的点照度计算

$$\alpha_1 = \arctan\frac{L}{r}$$

式中　f_x——垂直方位系数，同样可以计算或通过查图 5.15 所示的曲线求得。

将 $n = 1$，2，3，4 分别代入式（5.23），可得出 A、B、C、D、E 这 5 类纵向理论配光特性的线光源的方位系数 f_x 的计算公式，见表 5.6。

实用计算公式：在实际计算时，考虑到光通量衰减、灯具污染等因素，以及灯具的光通量是按 1000lm 给出的，所以实际照度按下式计算。

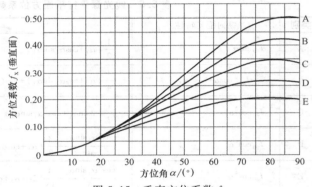

图 5.15　垂直方位系数 f_x

水平面照度：

$$E_h = \frac{\phi I_{\theta 0} K}{1000Lh}\cos^2\theta \cdot F_X \quad (5.24)$$

垂直面照度：

1）受照面与线光源平行：

$$E_{vA} = \frac{\phi I_{\theta 0} K}{1000Lh}\cos\theta\sin\theta \cdot F_X \tag{5.25}$$

2）受照面与线光源垂直：

$$E_x = \frac{\phi I_{\theta 0} K}{1000Lh}\cos\theta \cdot f_x \tag{5.26}$$

表 5.6　线光源的垂直平面方位系数 f_x 的计算公式

类别	纵向配光特性	方位系数 f_x
A	$I_{\theta 0}\cos\alpha$	$\dfrac{1}{2}\sin^2\alpha$
B	$\dfrac{1}{2}I_{\theta 0}(\cos\alpha+\cos^2\alpha)$	$\dfrac{1}{4}\sin^2\alpha_1+\dfrac{1}{6}(1-\cos^3\alpha_1)$

类别	纵向配光特性	方位系数 f_x
C	$I_{\theta 0}\cos^2\alpha$	$\dfrac{1}{3}(1-\cos^3\alpha_1)$
D	$I_{\theta 0}\cos^3\alpha$	$\dfrac{1}{4}(1-\cos^4\alpha_1)$
E	$I_{\theta 0}\cos^4\alpha$	$\dfrac{1}{5}(1-\cos^5\alpha_1)$

2. 线光源计算的一般情况

1）线光源计算点不在线光源端部垂直面之内，可以采用将线光源分段或延长的方法，使各段线光源都有一个端部与计算点在同一个垂直面内，只要分别计算各段线光源在该点所产生的照度，然后求各段线光源在该点照度的代数和即可。

如图 5.16 所示，线光源 AB 长度为 L，若要分别计算高度为 h、水平距离为 d 的两个计算点 P_1、P_2 上的水平照度，则可利用式（5.24）分别计算出 AC、CB、BD、AD 段线光源水平照度，再求出 P_1、P_2 点的照度代数和，即

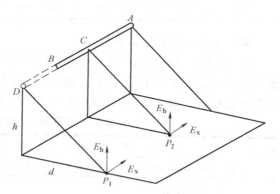

图 5.16　线光源照度的组合计算

$$\left.\begin{array}{l} E_{hP1}=E_{hAD}-E_{hBD} \\ E_{hP2}=E_{hAC}-E_{hCB} \end{array}\right\} \tag{5.27}$$

2）不连续线光源。

当线光源由间断的各段相同特性的灯具构成，并且按同一轴线布置时，其照度计算可以按以下两种方法处理。

① 各段线光源（灯具）间距离 $s\leqslant h/(4\cos\theta)$ 时，不连续光源可以按连续光源计算照度，但需要乘以一个修正系数 C，即

$$C=\frac{Nl'}{N(l'+s)-s}=\frac{Nl'}{L} \tag{5.28}$$

式中　l'——各段光源（灯具）长度，单位为 m；

　　　s——各段光源（灯具）间距离，单位为 m；

　　　N——整列光源中的各段光源（灯具数量）。

② 各段线光源（灯具）间距离 $s\geqslant h/(4\cos\theta)$ 时，可根据不连续线光源实际的段数，分段进行计算，最后求代数和。计算公式为

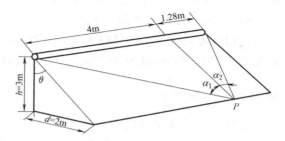

图 5.17　例 5.5 线光源计算示意图

$$E_h=\frac{I_{\theta 0}\phi K}{1000Lh}\cos^2\theta\left[F_{a1}+(F_{a3}-F_{a2})+(F_{a5}-F_{a4})\right] \tag{5.29}$$

例 5.5　由四盏 YG 701-3 三管荧光灯（3×36W）组成一条连续光带，如图 5.17 所示。

试求 P 点的水平照度。已知 YG 701-3 型荧光灯的光强分布见表 5.7 和表 5.8。

表 5.7　YG 701-3 型荧光灯横向垂直面发光强度值

$\theta/(°)$	0	5	10	15	20	25	30	35	40	45	50	55	60	65	70	75	80	85	90	95
$I_{\theta 0}$	228	236	230	224	209	191	179	159	130	108	85	62	48	37	28	19	11	4.9	0.6	0

表 5.8　YG 701-3 型荧光灯纵向垂直面发光强度值

$\alpha/(°)$	0	5	10	15	20	25	30	35	40	45	50	55	60	65	70	75	80	85	90	95
$I_{\theta\alpha}$	228	224	217	205	192	177	159	145	127	107	88	67	51	39	29	20	12	5.6	0.4	0

解：采用方位系数法求解。

1）计算灯具的纵向配光函数值，以确定灯具的分类。将灯具纵向平面内的光强 $I_{\theta\alpha}$ 除以该平面内的零度光强 $I_{\theta 0}$，其值见表 5.9。将表 5.9 中数据绘制到图 5.13 中，画出曲线与 C 类曲线最接近，则可以近似认为 YG 701-3 型荧光灯属于 C 类灯具。

表 5.9　YG 701-3 型荧光灯纵向配光函数值

$\alpha/(°)$	0	5	10	15	20	25	30	35	40	45	50	55	60	65	70	75	80	85	90	95
$I_{\theta\alpha}$	228	224	217	205	192	177	159	145	127	107	88	67	51	39	29	20	5.6	0.4	0	

2）计算方位角 α_1 和 α_2：

$$\alpha_1 = \arctan \frac{4}{\sqrt{3^2+2^2}} = 47.97°$$

$$\alpha_2 = \arctan \frac{1.28}{\sqrt{3^2+2^2}} = 19.57°$$

3）查水平方位系数：

查图 5.13 给出的 C 类曲线得：$\alpha_1 = 47.97°$　$F_{X1} = 0.606$

$\alpha_2 = 19.57°$　$F_{X2} = 0.323$

4）计算垂直角 θ，即 $\theta = \arctan \frac{2}{3} = 33.69°$

5）求 $I_{\theta 0}$，查表 5.7 垂直面发光强度，得 $\theta = 30°$，$I_{\theta 0} = 176\text{cd}$，$\theta = 35°$，$I_{\theta 0} = 159\text{cd}$。用内插法求得 $\theta = 33.69°$，$I_{\theta 0} = 163.45\text{cd}$。

6）计算 P 点的水平照度 E_h。

已知光带长度 $L = (1.28+4)\text{m} = 5.28\text{m}$，计算点 P 的水平照度，$L_1 = 4\text{m}$、$L_2 = 1.28\text{m}$。36W 荧光灯灯管光通量为 3350lx。光带总光通量为 ϕ，L_1 段光通量为 ϕ_1，L_2 段光通量为 ϕ_2，则 $\phi_1 = \frac{L_1}{L}\phi$，$\phi_2 = \frac{L_2}{L}\phi$。

计算点 P 的水平照度如下：

$$E_\text{h} = \frac{\phi_1 I_{\theta 0} K}{1000 L_1 h}\cos^2\theta F_{X1} + \frac{\phi_2 I_{\theta 0} K}{1000 L_2 h}\cos^2\theta F_{X2}$$

$$= \frac{\phi I_{\theta 0} K}{1000 L h}\cos^2\theta (F_{X1}+F_{X2})$$

$$= \frac{(3350\times3\times4)\times163.45\times0.8}{1000\times5.28\times2}(\cos 33.69°)^2\times(0.606+0.323)\text{lx}$$
$$= 320.2\text{lx}$$

3. 应用线光源等照度曲线计算 φ

利用公式计算线光源水平照度时，令计算高度 $h=1\text{m}$，令 $I_{\theta0}$ 为线光源光通量是 1000lm 时的光强，则可得水平面相对照度，用 ε_h 表示。其计算公式如下：

$$\varepsilon_\text{h} = \frac{I_{\theta0}}{L}\cos^2\theta F_\text{X} \tag{5.30}$$

由 θ、d、h、L 之间的几何关系，式（5.30）也可以用下式表示：

$$\varepsilon_\text{h} = f\left(\frac{d}{h}, \frac{L}{h}\right) \tag{5.31}$$

按此关系则可以绘制成等照度曲线，供设计使用。

水平照度计算公式为

$$E_\text{h} = \frac{\phi\sum\varepsilon_\text{h}K}{1000h} \tag{5.32}$$

式中　ϕ——线光源的总光通量，单位为 lm；

　　$\sum\varepsilon_\text{h}$——各线光源在计算点产生的相对照度代数和，单位为 lx；

　　h——灯具的计算高度，单位为 m；

　　K——维护系数。

图 5.18 为嵌入式荧光灯 YG 15-2（带铝格栅 2×36W）线光源等照度曲线。在某个纵坐标（L/h）处（L 为线光源长度，h 为计算高度）等照度曲线开始与纵轴平行，这意味着比此点远的灯对计算点的照度不起作用。

对于图 5.19a 所示的几何关系，由 L_1/h、L_2/h、d/h 查"线光源等照度曲线"得 ε_1 和 ε_2，则 A 点的照度为 $\varepsilon_A = \varepsilon_2 - \varepsilon_1$，即

$$E_A = \frac{\phi\varepsilon_A k}{1000h} \tag{5.33}$$

对于 B 点，与线光源为如图 5.19b 所示的几何关系，由 L_1/h、L_2/h、d/h 查"线光源等照度曲线"得 ε_1、ε_2，则 B 点的照度为 $\varepsilon_B = \varepsilon_1 + \varepsilon_2$，即

$$E_B = \frac{\phi\varepsilon_B k}{1000h} \tag{5.34}$$

对于非连续的线光源，当灯具间隔不超过 $h/4\cos\theta$ 时，可看作连续的线光源，计算时应乘以折算系数 Z，此时误差不超过 10%。

$$Z = \frac{\text{灯具长度}\times\text{灯具个数}}{\text{一排灯具的总长度}}$$

例 5.6　某办公室长 10m，宽 5.4m，吊顶高 3.5m，采用格栅式荧光灯（YG701-3）嵌入顶棚布置成两条光带，如图 5.20 所示。试计算 A 点的直射水平照度。

解：光带长度 $L=8.8\text{m}$，$d=1.35\text{m}$，$h=(3.5-0.8)\text{m}=2.7\text{m}$

$$\frac{L}{h} = \frac{8.8}{2.7} = 3.3$$

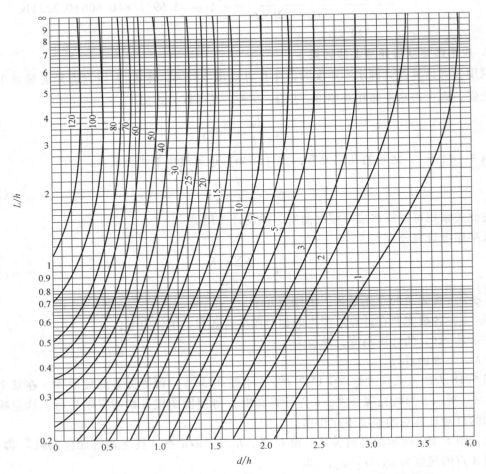

图 5.18 嵌入式荧光灯 YG 15-2（带铝格栅 2×36W）线光源等照度曲线

$$\frac{d}{h} = \frac{1.35}{2.7} = 0.5$$

查附图 A.16（YG 701-3 线光源等照度曲线）得 $\varepsilon_1 = 70$。A 点总的直射水平照度为

$$E_A = \frac{\phi(\varepsilon_1 \times 2)ZK}{1000h} = \frac{3 \times 2400 \times (70 \times 2) \times 0.887 \times 0.8}{1000 \times 2.7} lx = 264.9 lx$$

$$Z = \frac{1.32 \times 6}{1.32 \times 6 + 0.2 \times 5} = 0.887$$

式中，Z 是考虑到这两列灯具虽然不连续但其灯间距离 0.2m 小于 $h/(4\cos\theta) = 2.7/(4 \times 0.894)$ m = 0.755m。故可看作连续光源，计算照度时乘以折算系数 Z 予以折算。

考虑到墙壁反射光的作用，视其反射条件 A 点的实际照度要提高 10%～20%。

5.2.5　面光源直射照度计算

面光源是指发光体的形状和尺寸在照明房间的顶棚上占有很大比例，并且已超出点光

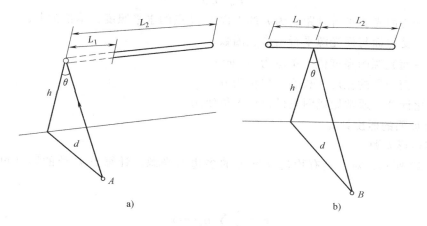

图 5.19　线光源组合计算

a）组合 1　b）组合 2

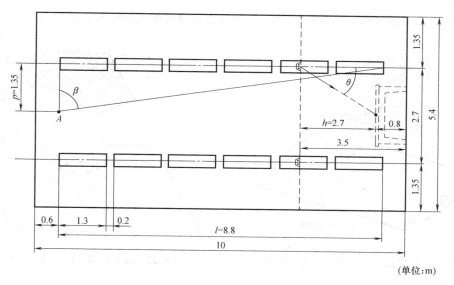

（单位：m）

图 5.20　例 5.6 办公室灯具布置图

源、线光源所具有的概念。由灯具组成的整片发光面或发光顶棚等都可以看作面光源。由于使用材料不同，构成了多种不同配光特性的面光源，大体可以分为等亮度和非等亮度两种。因此，面光源直射照度也就按此两种分别计算。

1. 形状因数法

形状因数法又称为立体角投影法。如图 5.21 所示，形状因数应根据面光源配光类型、计算点以及面光源的相对位置 a/h、b/h 来确定。面光源配光曲线可以分为下列两类：

1）$I_\theta = I_0 \cos\theta$，如具有乳白玻璃等漫射罩的扩散型配光较宽的发光顶棚。

2）$I_\theta = I_0 \cos^4\theta$，如由格栅组成的扩散型配光较窄的发光顶棚。

面光源直射照度计算公式为

$$E_h = L_0 f_h$$

式中　E_h——与面光源平行且距离为 h 的平面上 M 点的水平照度，单位为 lx；

　　　f_h——受照面与面光源平行的形状因数；

　　　L_0——面光源的亮度值，单位为 cd/m^2；

a、b——面光源的宽度、长度，单位为 m。

为了简化计算，通常做成图表供设计人员使用。

2. 等亮度面的照度计算

（1）多边形光源

如图 5.22 所示，对于具有均匀亮度 L 的多边形光源，计算点 P 处的照度可以近似表示为

$$E = \frac{1}{2}\sum_{k=1}^{n}\beta_k \cos\delta_k \qquad (5.35)$$

式中　n——多边形边数；

　　　β_k——第 k 条边对 P 点处所张夹角，单位为 rad；

　　　δ_k——第 k 条边和 P 点所组成的三角形与受照面所形成的夹角，单位为 rad。

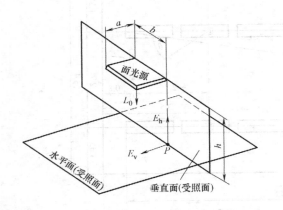

图 5.21　计算点与面光源的位置示意图

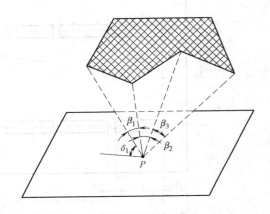

图 5.22　具有均匀亮度 L 的多边形光源

（2）矩形光源

在室内照明经常采用矩形光源。

1）受照点在光源顶点向下所作的垂线上，如图 5.23 所示。计算点处的水平面照度 E_h 应为 OA、AB、BC、CO 这 4 条边相应的参数乘积叠加，即

OA 边：$\beta_1 = \arctan\dfrac{b}{h}$，$\delta_1 = \dfrac{\pi}{2}$，$\cos\delta_1 = 0$

AB 边：$\beta_2 = \arctan\dfrac{a}{\sqrt{a^2+h^2}}$，$\delta_2 = \arctan\dfrac{h}{b}$，$\cos\delta_2 = \dfrac{b}{\sqrt{b^2+h^2}}$

BC 边：$\beta_3 = \arctan\dfrac{b}{\sqrt{a^2+h^2}}$，$\delta_3 = \arctan\dfrac{h}{a}$，$\cos\delta_3 = \dfrac{a}{\sqrt{a^2+h^2}}$

CO 边：$\beta_4 = \arctan\dfrac{a}{h}$，$\delta_4 = \arctan\dfrac{\pi}{2}$，$\cos\delta_4 = 0$

由此可得计算点处的水平面照度 E_h 计算公式，即

$$E_h = \frac{L}{2}\left(\frac{b}{\sqrt{b^2+h^2}}\arctan\frac{a}{\sqrt{b^2+h^2}} + \frac{a}{\sqrt{a^2+h^2}}\arctan\frac{b}{\sqrt{a^2+h^2}}\right)$$

(5.36)

令 $X = \dfrac{a}{h}$、$Y = \dfrac{b}{h}$，式（5.6）可以简化为

$$E_h = \frac{L}{2}\left(\frac{X}{\sqrt{X^2+Y^2}}\arctan\frac{Y}{\sqrt{1+Y^2}} + \frac{Y}{\sqrt{1+Y^2}}\arctan\frac{X}{\sqrt{1+Y^2}}\right)$$
$$= Lf_h$$

(5.37)

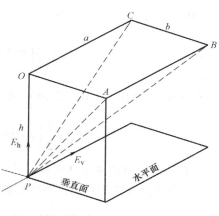

图 5.23　矩形等光亮面光源

式中　L——面光源亮度，单位为 cd/m^2；

f_h——水平照度形状因数，作成图 5.24 所示曲线供查阅。

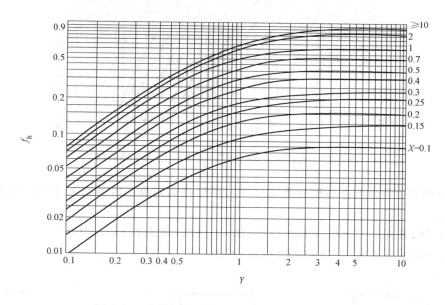

图 5.24　水平照度形状因数 f_h 与 X、Y 的关系曲线

2）垂直面照度 E_V。同理，矩形面的 4 条边 OA、AB、BC、CO 的对应关系与 β_k 参数同上，而参数 δ_k（$k = 1$，…，4）为

OA 边：$\delta_1 = 0$，$\cos\delta_1 = 1$

AB 边：$\delta_2 = \dfrac{\pi}{2}$，$\cos\delta_2 = 0$

BC 边：$\delta_3 = \pi - \arctan\dfrac{h}{a}$，$\cos\delta_3 = -\dfrac{a}{\sqrt{a^2+h^2}}$

CO 边：$\delta_4 = \dfrac{\pi}{2}$，$\cos \delta_4 = 0$

则
$$E_V = \frac{L}{2}\left(\arctan \frac{b}{h} - \frac{h}{\sqrt{a^2+h^2}}\arctan \frac{b}{\sqrt{a^2+h^2}}\right) \tag{5.38}$$

令 $X = \dfrac{a}{b}$、$Y = \dfrac{h}{b}$，式（5.38）可以简化为

$$E_V = \frac{L}{2}\left(\arctan \frac{1}{Y} - \frac{Y}{\sqrt{1+Y^2}}\arctan \frac{Y}{\sqrt{1+X^2}}\right) = Lf_V \tag{5.39}$$

式中 f_V——垂直照度形状因数，从图 5.25 中查出。

3）受照点在光源顶点向下所作的垂线以外。

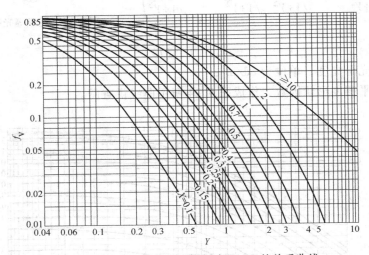

图 5.25　垂直照度形状因数 f_V 与 X、Y 的关系曲线

受照点在光源顶点向下所作的垂线以外，根据叠加原理，求解以下几种情况下 P 点处的水平照度。

如图 5.26a 所示，$E_h = E_h(OEBF) + E_h(OFCG) + E_h(OGDH) + E_h(OHAE)$

如图 5.26b 所示，$E_h = E_h(EFBC) - E_h(EFAD)$

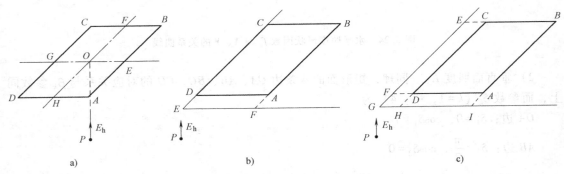

图 5.26　利用叠加原理求解示例

a）P 点在光源正下方　b）P 点在光源顶点下所作垂线外　c）其他情形任一边延长线正下方

如图 5.26c 所示，$E_h = E_h(GIBE) + E_h(GHDF) - E_h(GHCE) - E_h(GIAF)$

（3）圆形等亮度面光源的直射照度计算

如图 5.27 所示，圆形面光源也是室内照明中常用的照明方式。

1）计算点在面光源投影范围之内，其水平面的照度可以用下式计算：

$$E_h = \pi L\left(\frac{r^2}{r^2 + h^2}\right) = \frac{\phi}{\pi l^2} \qquad (5.40)$$

式中　L——圆形面光源的亮度，单位为 cd/m^2；

　　　r——圆形面光源的半径，单位为 m；

　　　h——计算高度，单位为 m；

　　　l——计算点至面光源边缘的距离，单位为 m；

　　　ϕ——圆形面光源的光通量，单位为 lm。

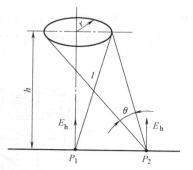

2）当计算点在面光源投影范围以外时，其水平照度可以用下式计算：

$$E_h = \frac{\pi L}{2}(1 - \cos\theta) \qquad (5.41)$$

式中　θ——圆形面光源对计算点 P_2 所形成的夹角，如图 5.27 所示，单位为 （°）。

图 5.27　圆形等光亮面光源示意图

例 5.7　如图 5.28 所示，某房间平面尺寸为 7m×15m，净高 4.5m，在顶棚正中布置一个发光顶棚。顶棚亮度均匀、亮度值 $500cd/m^2$，尺寸为 5m ×13m。试求房间中心地面上 P_1、P_2 处初始水平照度值。

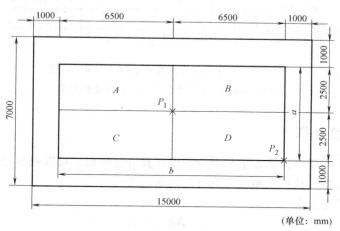

图 5.28　例 5.7 房间平面图

解：1）求房间正中点地面上 P_1 的水平照度 E_1：

$$E_1 = E_A + E_B + E_C + E_D = 4E_A$$

对于矩形 A：$X = \dfrac{a}{h} = \dfrac{6.5}{4.5} = 1.44$，$Y = \dfrac{b}{h} = \dfrac{2.5}{4.5} = 0.556$，查图 5.24 得形状因数 $f_h = 0.34$

$$E_1 = 4E_A = 4f_h L = 4 \times 0.34 \times 500 lx = 680 lx$$

2）求房间地面 P_2 的水平照度 E_2：

$$X = \frac{a}{h} = \frac{13}{4.5} = 2.89, \quad Y = \frac{b}{h} = \frac{5}{4.5} = 1.111, \quad 查图 5.24 得形状因数 f_{\mathrm{h}} = 0.571$$

$$E_2 = f_{\mathrm{h}} L = 0.571 \times 500 \mathrm{lx} = 286 \mathrm{lx}$$

3）矩形非等亮度面光源照度计算。

各种格栅发光顶棚和某些具有装饰造型图案的顶棚均属于非等亮度面光源，其水平照度用下式计算：

$$E_{\mathrm{h}} = f L_0 \tag{5.42}$$

式中　f——形状因数，查图 5.29，其中，$X = b/h$，$Y = a/h$；

　　　L_0——面光源法线方向上的亮度，单位为 $\mathrm{cd/m^2}$。

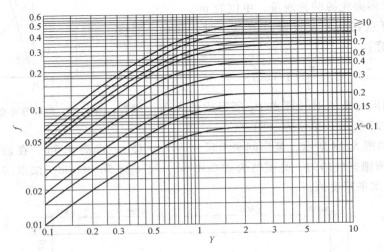

图 5.29　非等亮度面光源（$I_\theta = I_0 \cos^2 \theta$）直射
照度计算的形状因数 f 与 X、Y 的关系曲线

5.2.6　平均亮度计算

房间表面的平均亮度计算方法与平均照度计算方法相似，可以根据漫反射表面亮度与其照度存在的简单关系，从平均照度计算方法推导出来。

墙壁初始平均亮度为

$$L_{\mathrm{w}} = \frac{N \phi_{\mathrm{s}} (\rho U)_{\mathrm{w}}}{\pi A_{\mathrm{w}}} \tag{5.43}$$

顶棚空间初始平均亮度可以用下式表示：

$$L_{\mathrm{c}} = \frac{N \phi_{\mathrm{s}} (\rho U)_{\mathrm{c}}}{\pi A_{\mathrm{c}}} \tag{5.44}$$

式中　　　　　ϕ_{s}——光源光通量，单位为 lm；

$(\rho U)_{\mathrm{w}}$、$(\rho U)_{\mathrm{c}}$——ρ 为墙壁或顶棚的反射比，U 为墙壁或顶棚的利用系数，二者乘积 $(\rho U)_{\mathrm{w}}$、$(\rho U)_{\mathrm{c}}$ 称为墙壁或顶棚的亮度利用系数，其值从有关灯具计算图表中查取；

A_w、A_c——分别为墙壁和顶棚的面积，单位为 m^2。

地板空间有效反射比为20%的亮度系数见表5.10。

在使用亮度系数表时，墙的反射比是按墙各表面反射比的加权平均考虑得出整个墙表面的平均亮度。如墙各部分表面的反射比不等，需要求各部分的不同亮度值时，可以用对平均亮度进行修正的办法求得各表面的近似亮度。用下式计算：

$$L = L_w \frac{\rho}{\rho_{ce}} \tag{5.45}$$

式中　L——墙壁某表面亮度；

　　　L_w——墙壁的平均亮度；

　　　ρ——墙壁某表面的反射比；

　　　ρ_{ce}——墙壁的加权平均（等效）反射比。

需要说明的是，用式（5.44）求得的顶棚空间平均亮度为灯具出口平面（假想顶棚面）的平均亮度，不包括灯具本身的亮度。如果采用嵌入式或吸顶式灯具，所得的是灯具之间那部分顶棚的平均亮度。

表5.10　地面和顶棚亮度系数

顶棚	地板空间有效反射比为20%时的亮度系数											
	反射比											
	80		50		10		80		50		10	
地面	50	30	50	30	50	30	50	30	50	30	50	30
RCR	墙面亮度系数						顶棚亮度系数					
1	0.246	0.140	0.220	0.126	0.190	0.109	0.230	0.209	0.135	0.124	0.025	0.023
2	0.232	0.127	0.209	0.115	0.182	0.102	0.222	0.190	0.130	0.113	0.024	0.021
3	0.216	0.115	0.196	0.105	0.172	0.095	0.215	0.176	0.127	0.105	0.024	0.020
4	0.202	0.102	0.183	0.097	0.161	0.088	0.209	0.164	0.124	0.099	0.023	0.019
5	0.191	0.097	0.173	0.090	0.154	0.082	0.204	0.156	0.121	0.094	0.023	0.018
6	0.178	0.090	0.163	0.084	0.145	0.076	0.200	0.149	0.118	0.090	0.022	0.017
7	0.168	0.083	0.153	0.078	0.136	0.071	0.194	0.144	0.115	0.087	0.022	0.017
8	0.158	0.077	0.145	0.072	0.130	0.066	0.190	0.139	0.113	0.085	0.021	0.016
9	0.150	0.072	0.138	0.068	0.123	0.062	0.185	0.135	0.110	0.082	0.021	0.016
10	0.141	0.068	0.130	0.064	0.116	0.059	0.180	0.131	0.107	0.080	0.020	0.016

5.3　室外照明计算

工厂室外照明地点主要有车辆通行道及主要人行道，露天堆物及仓库、装卸物的月台或码头及厂区边界警卫线。

5.3.1　照明光源及灯具的选择

室外照明广泛使用投光灯、泛光灯和探照灯。投光灯是用反射镜或透明玻璃把光线集中在一个有限的立体角内，获得高光强的一种灯具；泛光灯是使用光束扩散角不小于 10° 的投光照明器，对场地或目标进行照明，使之比周围环境亮得多的一种照明器；探照灯是供发射信号，或搜索照明用，其光线近似平行光，光束角小于 10°。

照明光源宜采用荧光高压汞灯、高压钠灯等。在照明要求高的主干道及交叉路口、大面积露天堆场及装卸物月台，宜采用荧光高压汞灯等高功率电光源，在行人稀少的次要道路可采用白炽灯或小功率荧光高压汞灯。厂区照明灯具一般采用保护角大于 10° 的配照型灯具，在大面积露天仓库或堆场宜采用投光灯。

5.3.2 厂区照明计算

这里以投光灯照明计算为例进行介绍。

（1）投光灯安装高度

投光灯的布置和高度要满足有足够的照度和照明的均匀度，尽量减小眩光，最低允许安装高度计算式为

$$H \geqslant 0.058\sqrt{I_{max}} \tag{5.46}$$

式中　I_{max}——投光灯光轴最大光强，单位为 cd；

　　　　H——投光灯的高度，单位为 m。

场地安装高度计算公式为

$$H \geqslant \left(D + \frac{W}{3}\right)\tan 30° \tag{5.47}$$

式中　D——杆塔距被照面边缘的距离，单位为 m；

　　　　W——被照面的宽度，单位为 m。

如图 5.30 所示，可用下式计算投光灯的高度 H，即

$$H = \frac{D}{\tan(90° - \theta - \beta/2)} \quad (m) \tag{5.48}$$

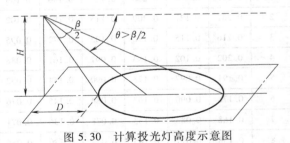

图 5.30　计算投光灯高度示意图

式中　D——光斑至灯柱之间的距离，单位为 m；

　　　　$\dfrac{\beta}{2}$——投光灯垂直面上的 $\dfrac{1}{2}$ 光束角，单位为（°）；

　　　　θ——投光灯的俯角，单位为（°）。

（2）投光灯的布置

投光灯的布置应根据被照面的特点及用途决定，常见的布灯方式有两侧布灯、两侧交叉布灯、中心布灯和周边布灯等。

（3）投光灯的照度计算

投光灯照度计算方法有单位容量法、有效光通法和逐点法 3 种，其中前两种用于初步设计，后一种用于施工设计。这里只介绍前两种方法。

1）单位容量法。

单位容量计算公式如下：

$$P = mE_{min} \quad (\text{W/m}^2) \tag{5.49}$$

式中 E_{min}——设计要求的最小照度，单位为 lx；

m——反映不同光源投光灯单位容量的系数，见表 5.11。

表 5.11 各类光源投光照明器的 m 值

光源种类	白炽灯	卤钨灯	高压荧光汞灯	金属卤化物灯	高压钠灯	氙灯
m 值	0.239	0.227	0.091	0.065	0.050	0.151

注：m 是在 $\eta = 0.6$、$U = 0.7$、$K = 0.7$、$D = 0.75$ 条件下计算出来的。
η——灯具效率；U——利用系数，见表 5.12；K——维护系数，见表 5.13；D——照度不均匀度，$D = E_{min}/E_{av}$。

由式（5.49）求出 P 后由下式计算所需灯数 N，即

$$N = \frac{PA}{P_1} \tag{5.50}$$

式中 A——被照面积，单位为 m^2；

P_1——每台灯具的容量，单位为 W。

2）有效光通法。

投光灯台数用下式计算：

$$N = \frac{E_{av}A}{\phi\eta UK} \tag{5.51}$$

被照面水平照度平均值 E_{av} 为

$$E_{av} = \frac{N\phi\eta UK}{A} \tag{5.52}$$

式中 ϕ——投光灯内光源额定光通量，单位为 lm；

η——投光灯光束效率，见投光灯技术数据表；

U——利用系数，见表 5.12；

K——维护系数，见表 5.13；

A——被照面积，单位为 m^2。

表 5.12 投光灯利用系数 U

照明条件	投光灯光束角	利用系数
照明范围宽、照度要求低的场地	宽光束	0.7~0.75
照明范围窄、照度要求中等的场地	宽光束	0.5~0.7
照明范围宽、照度要求中等的场地	宽光束、窄光束	0.7~0.8
照明范围宽、照度要求高的场地	窄光束	0.8~0.95

表 5.13 投光灯维护系数 K 值

环境条件	维护系数
污染严重的场所	0.5~0.6
一般清洁的场所	0.6~0.7
非常清洁或每季度清扫一次的场所	0.7~0.8

5.3.3 道路照明计算

1. 路灯布置

路灯布置可采用单侧布置或两侧布置，一般采用单侧布灯，对于路两侧宽度大于 9m 或

对照明有特殊要求时才采用两侧布灯或两侧交叉布灯。

灯具一般用支架或悬臂挑出 1.5～3m，为限制眩光等因素，对于 125～250W 的荧光高压汞灯，悬挂高度不宜低于 6m，400W 的不宜低于 7m；对于 40～100W 的白炽灯或采用 50～80W 的荧光高压汞灯，悬挂高度可选 4～6m。

厂区路灯间距宜采用 30～40m，当路灯线路与电力线路共杆时，间距可适当加大。

为达到路面宽度分布均匀，对不同类型配光灯具按不同配置方式将其安装高度（h）、灯的安装距离（S）及道路宽（W）三者之间的比值限制在一定范围之内，见表 5.14。

表 5.14　照明器配置标准

照明种类 配置方式	截止型		半截止型		非截止型	
	安装高度 h	装置间隔 S	安装高度 h	装置间隔 S	安装高度 h	装置间隔 S
一侧排列	$h \geqslant W$	$S \leqslant 3h$	$h \geqslant 1.2W$	$S \leqslant 3.5h$	$h \geqslant 1.4W$	$S \leqslant 4.0h$
交错排列	$h \geqslant 0.7W$	$S \leqslant 3h$	$h \geqslant 0.8W$	$S \leqslant 3.5h$	$h \geqslant 0.9W$	$S \leqslant 4.0h$
相对矩形排列	$h \geqslant 0.5W$	$S \leqslant 3h$	$h \geqslant 0.6W$	$S \leqslant 3.5h$	$h \geqslant 0.7W$	$S \leqslant 4.0h$

2. 水平照度计算

（1）用逐点法计算照度

道路表面一点照度是将所有对计算点产生的照度叠加起来，计算点 P 的全部照度为

$$E_\mathrm{p} = \frac{\phi_\mathrm{s} K}{1000} \sum^n \frac{I_\mathrm{rc}}{h^2} \cos^3 r (\mathrm{lx}) \tag{5.53}$$

式中　I_rc——灯具指向 P 点的光强，用方向角 r 和 C 表示，如图 5.31 所示，然后由等光强曲线查找 I_rc；

　　　K——维护系数；

　　　n——路灯数，单位为台；

　　　h——计算高度，单位为 m。

（2）查道路灯等照度曲线计算水平照度

等照度曲线的横坐标是纵向距离与安装高度的比（l/h），纵坐标是横向距离与安装高度之比（W/h），图 5.32 为 JTY-61（NG-250）型照明灯具的等照度曲线。

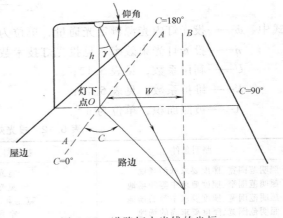

图 5.31　道路灯中光线的坐标

$$E_\mathrm{p} = \frac{a\phi_\mathrm{s} K}{1000 h^2} \sum e_\mathrm{p} (\mathrm{lx}) \tag{5.54}$$

式中　$\sum e_\mathrm{p}$——所用各灯具对 P 点产生的相对照度之和；

　　　a——所用灯具特定系数，在等照度图上查得；

　　　ϕ_s——每只灯光源的光通量，单位为 lm；

　　　h——路灯的安装高度，单位为 m。

3. 计算平均照度

1）计算一部分路面的平均照度可用下式计算：

$$E_\mathrm{av} = \frac{\sum E_\mathrm{p}}{n} \tag{5.55}$$

式中 n——计算点的总灯数。

2）对于无限长道路上平均照度，可用下式计算：

$$E_{av} = \frac{n\phi_s UNK}{Wl}$$

(5.56)

式中 n——每盏灯中的光源数；

ϕ_s——光源的光通量，单位为 lm；

U——路灯利用系数，查利用系数曲线；

N——路灯排列方式，单排、交错排列为 $N=1$，双侧排列为 $N=2$；

K——维护系数，城市道路取 0.7~0.65，郊区道路取 0.65~0.75。

W——道路宽度，单位为 m；

l——路灯的间距，单位为 m。

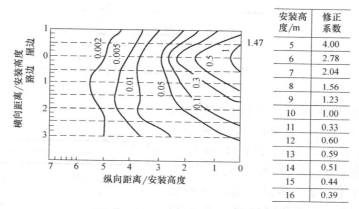

安装高度/m	修正系数
5	4.00
6	2.78
7	2.04
8	1.56
9	1.23
10	1.00
11	0.33
12	0.60
13	0.59
14	0.51
15	0.44
16	0.39

图 5.32   JTY-61（NG-250）型灯具的等照度曲线

利用系数 U 可通过灯具光度资料查出，作为横向距离的函数（以杆高 h 为计量单位），横向距离为从路灯的纵轴线到道路两边侧面为止，如图 5.33 所示。作为角 γ_1 和 γ_2 的函数，这两个角是路灯对两边侧面的张角，在每种情况下"路边一侧"的 U 值和"路中心一侧"的 U 值加起来必须等于整个路宽的真正利用系数。

4. 求路面的平均亮度

路面的平均亮度与照明条件、观测方向、路面色彩的明暗程度、路面粒度的粗细及干湿状态等因素有关，可用下式计算：

$$L_{av} = K_1 E_{av}$$

(5.57)

式中 K_1——平均亮度换算系数，可查表 5.15 求取。

表 5.15   CIE 推荐的平均照度和平均亮度换算系数 K_1

灯具配光类型	为获得 1cd/m² 亮度所需的平均照度/lx	
	暗路面（$\rho < 0.15$）	明路面（$\rho \geqslant 0.15$）
截光型	24	12
半截光型	18	9
非截光型	15	5

注：ρ 为路面反射比。

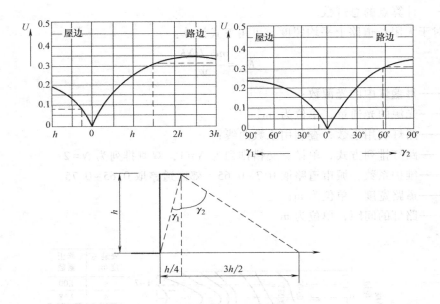

图 5.33 利用系数曲线示例

例 5.8 如图 5.34 所示,某小区道路采用交错排列方式,灯杆间距为 46m,灯具安装高度为 8m,伸出 1.5m,装有 JTY-61 型灯具 (2500W 高压钠灯),灯泡额定光通量为 23750lm。试求灯①、②、③对 A 点产生的照度。灯具水平安装,其等照度曲线如图 5.32 所示。

解:1)求 A 点在等照度曲线上的相对位置。

A 点相对于路灯①、③的位置:

横向 $W/h = 1.5/8 = 0.188$

纵向 $S/h = 46/8 = 5.75$

A 点相对于路灯②的位置:

横向 $W/h = (14-1.5)/8 = 1.56$

纵向 $S/h = 0$

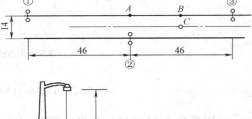

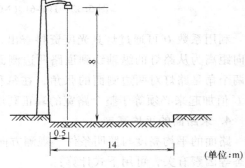

(单位:m)

图 5.34 例题 5.8 道路照明计算示意图

2)查图 5.32 所示的 JTY-61 (NG-250) 型灯具等照度曲线得,灯①、③在 A 点产生的相对照度为

$$e_1 = e_3 = 0.001$$

灯②在 A 点产生的相对照度为

$$e_2 = 0.3$$

A 点总照度为

$$E_A = aK_h \sum e = 22.9 \times 1.56 \times 0.302 \text{lx} = 10.78 \text{lx}$$

式中　　a——33.7/1.47＝22.9（见等照度曲线给出的值）；

　　　　K_h——安装高度修正系数。

考虑到光通衰减、灯具污染等因素，其维护照度为

$$E_A = 0.7 \times 10.78 \text{lx} = 7.55 \text{lx}$$

例 5.9　如图 5.35 所示，路灯采用单侧布置，灯的间距为 25m，路面宽 6m，灯具安装高度为 6m，伸出 1m。用 JTY23-125 型灯具（125W 高压汞灯），灯泡光通量为 4750lm，灯具安装仰角为 5°，试求路面平均照度。JTY23-125 型灯具利用系数曲线如图 5.36 所示。

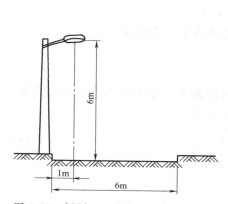

图 5.35　例题 5.9 道路照度计算示意图

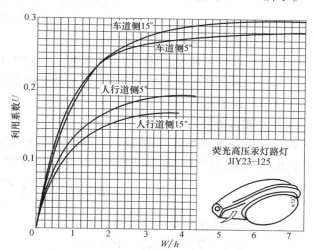

图 5.36　JTY23-125 型荧光高压汞灯利用系数曲线

解：用利用系数求平均照度。

车行道侧（路边）宽

$$W_1 = (6-1) \text{m} = 5\text{m}, W_1/h = 5/6 = 0.83$$

人行道侧（屋边）宽

$$W_2 = 1\text{m}, h = 1/6 = 0.167$$

查曲线图 5.36 得利用系数为

$$U_1 = 0.175, U_2 = 0.035, U = U_1 + U_2 = 0.175 + 0.035 = 0.21$$

路面平均照度：

$$E_{av} = \frac{U\phi_s nK}{WS} = \frac{0.21 \times 4750 \times 1 \times 0.70}{25 \times 6} \text{lx} = 4.66 \text{lx}$$

5.4　眩光计算

5.4.1　不舒适眩光

眩光分为失能眩光和不舒适眩光两种。前者是由于眼内光的散射，引起视网膜像的对比下降、边缘出现模糊，从而妨碍对附近物体的观察；后者则是产生不舒适感觉，短时间内不会对可见度产生影响，但会使注意力分散。

对于失能眩光，在有关标准规范中使用域值增量（TI）来控制，不舒适眩光不能直接测量，并且对其产生的原因尚不清楚。目前，根据《建筑照明设计标准》（GB 50034—2013）规定，我国对不舒适眩光的评价采用统一的眩光评价值（UGR）和眩光值（GR）。

1. 室内照明场所的 UGR 的计算

统一的眩光值 UGR 的计算公式为

$$UGR = 8\lg\left(\frac{0.25}{L_b}\sum\frac{L_a^2\omega}{P^2}\right) \tag{5.58}$$

式中　L_b——背景亮度，单位为 cd/m^2；

　　　L_a——灯具在观察者眼睛方向的亮度，单位为 cd/m^2；

　　　ω——每个灯具发光部分对观察者的眼睛所形成的立体角，单位为 sr。

　　　P——位置系数。

（1）小光源的眩光

投影面积 $A<0.005m^2$ 可视为小光源，相当于在室内距离下一个直径为 80mm 的圆片。实际任何裸露的白炽灯泡都可以看作小光源。URG 按下式计算：

$$UGR = 8\lg\left(\frac{0.25}{L_b}\sum\frac{200I^2}{r^2P^2}\right) \tag{5.59}$$

式中　I——光源在眼睛方向的光强，单位为 cd；

　　　r——光源离眼睛的距离，单位为 m；

　　　L_b——背景亮度，单位为 cd/m^2；

　　　P——位置系数。

（2）大光源的眩光

发光顶棚和均匀的间接照明可以视为大光源。CIE TC3.01 提出：一个漫射发光顶棚或均匀的间接照明，在某一要求的 UGR 值下提供的照度不能超过的照度值见表 5.16。

表 5.16　某一要求下的 UGR 值与不能超过的照度值

UGR 值	不能超过的照度值/lx	UGR 值	不能超过的照度值/lx
13	300	19	1000
16	600	22	1600

当需要较高的照度又要求较低的 UGR 时，可以用很好的遮蔽的局部照明，也可以采用控制发光顶棚（如格栅顶棚）的亮度的措施。

（3）一般光源（介于大光源和小光源之间）的眩光

小光源和大光源是两个极端情况，但绝大多数灯具是介于这两者之间的一般光源。对于一般光源的眩光评价不能直接用 UGR 评价，需要进行修正，使它能在要求的精度内，得到与该类光源的评价方法一致的结果。将修正后的眩光评价方法称之为 GGR，即"大光源评价法"。GGR 用下式计算：

$$GGR = 8\lg\left[1-8\left(1+\frac{E_d}{250}\right)\Big/(E_i+E_d)\sum\left(\frac{L^2\omega}{P^2}\right)\right] \tag{5.60}$$

式中　E_d——眼睛处由该光源产生的直射照度，单位为 lx；

E_i——眼睛处的间接照度，$E_i = \rho_i L_b$，单位为 lx；

L——光源的亮度，单位为 cd/m^2；

ω——光源对观察者的眼睛所形成的立体角，单位为 Sr；

P——位置系数；

ρ_i——室内表面的平均反射比；

L_b——背景亮度，单位为 cd/m^2。

需要说明的是，GGR 值与 UGR 值相同。

2. UGR 的应用条件

1) UGR 适用于简单的立方体形房间的一般照明设计，不应用于采用间接照明和发光顶棚的房间。

2) 灯具应为双对配光。

3) 坐姿观察者眼睛的高度应取 1.2m，站姿观察者眼睛的高度应取 1.5m。

4) 观察位置应为纵向和横向两面墙的中点，视线应水平超前观察。

5) 房间表面应为大约高出地面 0.75m 的工作面、灯具安装表面以及此两个表面之间的墙面。

5.4.2　室外体育场地的眩光指数法

CIE 推荐的典型的室外眩光评价方法为眩光指数（GR）法。GR 是度量体育场和室外场所照明装置对人眼引起不舒适感主观感受的心理参数，见表 5.17。

根据《建筑照明设计标准》（GB 50034—2013）的规定，体育场馆和室外场所的不舒适眩光采用 GR 进行评价。通过计算 GR 与体育场地 GR 标准相比较，进行定量评价。

1. GR 值计算

GR 值计算公式如下：

$$GR = 27 + 24\lg(L_{vl}/L_{ve}^{0.9}) \tag{5.61}$$

式中　L_{vl}——由灯具发出的光直接射向眼睛所产生的光幕亮度，单位为 cd/m^2；

L_{ve}——由环境引起直接入射到眼睛的光所产生的光幕亮度，单位为 cd/m^2。

$$L_{vl} = 10 \sum_{i=1}^{n} (E_{eyei}/\theta_i^2)$$

$$L_{ve} = 0.035 L_{av} \tag{5.62}$$

$$L_{av} = \frac{E_{hav}\rho}{\pi\Omega_0}$$

式中　E_{hav}——照射场地水平平均亮度，单位为 lx；

E_{eyei}——对观察者眼睛的照度，该照度是在视线的垂直面上，由第 i 个光源所产生的照度，单位为 lx；

L_{av}——可以看到的水平照射场地的平均亮度，单位为 cd/m^2；

ρ——漫反射时区域的反射比；

θ_i——观察者视线和第 i 个光源入射在眼上方所形成的角度，单位为（°）；

Ω_0——1个单位立体角，单位为 sr。

n——总的灯具数。

表 5.17　眩光指数（GR）、眩光等级（GF）与眩光程度（主观感受）之间的关系

GF（眩光等级）	眩光程度	GR（眩光指数）
1	不可忍受	90
2	不可忍受	80
3	有所感觉	70
4	有所感觉	60
5	仅可接受	50
6	仅可接受	40
7	可以明显察觉	30
8	可以明显察觉	20
9	不可以明显察觉	10

2. GR 的应用条件（适用于体育场馆的各种证明方式）

1）应使视线方向低于眼睛高度。

2）看到的背景应是被照场地。

3）GR 观察者位置采用计算高度用的网格位置，或采用标准观察者位置。

4）可以按一定数量的角度（5°，…，45°）转动选取一定数量的观察方向。

思考题与习题

5.1　什么是室形系数、室空间比？

5.2　什么是利用系数？如何用利用系数求平均照度？

5.3　墙面平均反射比如何计算？

5.4　为什么照度计算中要考虑维护系数？

5.5　点光源直射照度计算又称为什么，如何计算？

5.6　什么是眩光指数？它是如何评价不舒适眩光的？

5.7　简述照明节能设计的主要措施。

5.8　什么是点光源和线光源？

5.9　什么是点照度计算？什么是平均照度计算？

5.10　什么是逐点计算法？在什么情况下使用合适。

5.11　试述利用系数法和单位容量法的特点及适用场合。

5.12　什么是"统一眩光评价系统（UGR）"？它是如何评价不舒适眩光的？

5.13　什么是"室外场地的眩光指数（GR）"？它是如何评价不舒适眩光的？

5.14　如图 5.2 所示，某教室长 11.3m，高 3.6m，在顶棚 0.5m 的高度内安装 YG2-1 型 40W 荧光灯，光源的光通量为 2200lm，课桌高度为 0.8m，室内空间及各表面的反射比如图 5.2 所示。若要求课桌面照度为 150lx，试确定所需的灯具数。

5.15　某照相馆营业厅的面积为 6m×6m，房间净高 3m，工作面高度为 0.8m，顶棚反

射系数为 70%，墙壁反射系数为 55%。拟计算需要安装灯具的数量。

5.16　某会议室面积为 12m×8m，采用刷白的墙壁，窗户装有白色窗帘，木制顶棚，采用吸顶荧光灯，试确定光源的功率和数量。

5.17　试为长 13m、宽 3m、高 3.2m 的会议室布置照明，桌面高为 0.8m。采用吸顶荧光灯安装，要求画出照明线路平面布置图。

5.18　长 30m、宽 15m、高 5m 的车间，灯具安装高度为 4.2m，工作面高度为 0.8m，求室形系数及其各空间比。

第6章　照明光照设计

电气照明设计包括光照设计和电气设计。本章介绍光照设计的基本知识，主要包括照明设计的内容与程序、照明方式和种类、选择电光源及其灯具、确定照度标准并进行照度计算、照明质量及照明光照设计节能的措施、合理布置灯具等。

6.1　光照设计概述

6.1.1　光照设计的内容、目的与基本要求

1. 光照设计的内容

照明光照设计的内容主要包括确定照度标准、光源选用、照明器的选择布置、照明计算、照明质量及眩光评价、照明控制方式及控制系统的组成等，提供全部照明设计成果。

2. 照明光照设计的目的

光照设计的目的在于正确运用经济上的合理性、技术上的可行性，创造满意的视觉条件。在量的方面，要解决合适的照度（或亮度）；在质的方面，要解决眩光、光的颜色、阴影等问题。营造各种不同的光环境，以满足不同使用功能的要求。具体满足下列要求：

1）便于进行视觉作业。正常照明保证生产和生活所需能见度，适宜的照明效果能够提供给人们舒适、高效的光环境，给人带来愉悦的心情，提高工作效率。

2）促进安全和防护。人们的活动从白天延伸到夜晚，夜间照明使城市居民感到安全和温暖，从而降低了犯罪率。

3）引人注目的展示环境。照明器具有装饰和美化环境的作用。

4）富有文化的城市夜景照明。城市夜景照明发展迅速，突出了城市历史、景观和脉络，展示了独特的民族文化，并具有诱人的艺术魅力，同时促进了城市旅游业的发展，带来了丰厚的经济效益。

《城市夜景照明设计规范》（JGJ/T 163—2008）的实施，使城市夜景照明建设更加规范和完善。

3. 光照设计的基本要求

光照设计的基本要求是满足适用、经济、美观等。

（1）适用

适用是指能提供一定数量和质量的照明，保证规定的可见度水平，满足生产、工作和生活的需要。由于照明的好坏直接影响到人身和生产的安全，影响到劳动生产率、工作和学习效率、产品的质量等，所以照明必须适用。

（2）经济

经济是指一方面尽量采用高效新型光源和灯具，充分发挥照明设施的实际效益，尽量能以较少的投资获得较好的照明效果；另一方面是在符合各项规程、标准的前提下，还要符合

国家当前的电力、设备和材料等方面的生产水平，尽量节省投资。

（3）美观

由于照明装置不但要保证生产和生活需要的能见度要求，同时还具有装饰房间、美化环境的作用，因此设计时应在满足适用、经济的条件下，还要适当注意美观，特别是在酒店、餐厅、舞厅、剧场等场所。

6.1.2 光照设计的设计步骤与设计成果

1. 光照设计步骤

光照设计按下面步骤进行：

1）收集原始资料，如工作场所的设备布置、工艺流程、环境条件及对光环境的要求，提供建筑平面图、土建结构图等相关图样。

2）确定照明方式和种类，选择合适的照度标准。

3）选择合适的光源和照明器（或灯具）。

4）合理布置照明器（或灯具）。

5）进行照度计算并确定光源的安装功率。

6）根据需要，计算室内各面的亮度并进行眩光评价。

7）确定照明设计方案。

8）根据照明设计方案，确定照明控制方式和控制系统。

2. 照明光照设计成果

照明光照设计一般分 3 个阶段进行：

1）方案设计阶段。该阶段主要采用效果图和文本成果，如光照设计说明书和计算书。内容包括照明器的种类和数量确定、整体设计方案、灯具位置布置图和工程造价及概算。

2）照明控制系统设计阶段。根据照明方案，制定相应开关灯的回路，确定控制方案和系统软、硬件组成，通过程序编制，获得预先设置的照明场景和效果。

3）设计施工阶段。这一阶段主要完成施工图的绘制及电气照明工程设计计算书和工程预算书的编制。

6.2 照明方式和种类

6.2.1 照明方式

照明方式是指照明灯具按其安装部位或使用功能而构成的基本形式。根据现行规范，照明方式可分为一般照明、分区一般照明、局部照明和混合照明 4 种。

（1）一般照明

为照亮整个场所而设置的均匀照明称为一般照明。为了使整个照明场所获得均匀明亮的水平照度，工程实践中往往采用照明灯具在整个照明场所基本均匀布置的照明方式。由于一般照明方式不考虑局部的特殊要求，布灯时，只要保证灯具的实际距高比不超过灯具的允许距高比，在照明场所就可获得较好的亮度分布和照度均匀度。一般照明方式是室内照明中最基本的形式，下列场所宜选用一般照明方式：

1) 在受生产技术条件限制、不适合装设局部照明或不必采用混合照明的场所。

2) 无固定工作区且工作位置密度较大，对光照方向无特殊要求的场所。工程实践中，工作场所如车间、办公室、体育馆、教室、会议厅、营业大厅等场所，都广泛采用一般照明方式。

（2）分区一般照明

对某一特定区域，如进行工作的地点，设计成不同的照度来照亮该区域的一般照明称为分区一般照明。分区一般照明常以工作对象为重点，根据工作面布置的实际情况，将灯具集中或分区集中均匀地设置在工作区的上方，使室内不同被照面上获得不同的照度（非工作区的照度可降低为工作区照度的 1/5～1/3），从而在保证照明质量的前提下，可以有效地节约能源。工程实践中，若同一场所内的不同区域有不同照度要求时，应采用分区一般照明。因此，分区一般照明适用于某一部分或几部分需要有较高照度的室内工作区，且工作区是相对固定的场所，如车间的组装线、运输带、检验场地、纺织厂的纺机上方、轧钢设备及传送带、旅馆大堂的总服务台等处的照明均属此类。

（3）局部照明

特定视觉工作用的、为照亮某个局部而设置的照明称为局部照明。局部照明仅限于照亮一个有限的工作区，通常采用从最适宜的方向装设较小功率的台灯、射灯或反射型灯泡。其优点是灵活、方便、节电，易于调整和改变光的方向，并能有效地突出重点。

下列情况宜采用局部照明：

1) 局部地点需要高照度或照射方向有要求时。

2) 由于遮挡而使一般照明照射不到的范围。

3) 需要克服工作区及其附近的光幕反射时。

4) 为加强某方向的光线以增强实体感时。

5) 需要消除气体放电光源所产生的频闪效应的影响时。工厂的检验、画线、钳工台及机床照明，民用建筑中的卧室、客房的台灯、壁灯等均属于局部照明。在整个工作场所或一个房间中，不应只装设局部照明而无一般照明，否则会因亮度分布不均匀而影响视觉功能。

（4）混合照明

由一般照明和局部照明共同组成的照明称为混合照明。混合照明是在一般照明的基础上，在需要提供特殊照明的局部采用局部照明。其优点是利用局部照明增加工作区的照度，可以有效地减少工作面的阴影和光斑，减少照明设施的总功率。对于有固定的工作区，但工作位置密度不大、照度要求高、对照射方向有特殊要求的场所，若采用单独设置的一般照明不能满足要求时，可采用混合照明，如工厂的绝大多数车间都采用混合照明。

6.2.2　照明种类

为规范照明设计，现行《建筑照明设计标准》（GB 50034—2013）将照明种类分为正常照明、应急照明、值班照明、警卫照明和障碍照明 5 种。

（1）正常照明

在正常情况下使用的室内外照明称为正常照明。正常照明可以满足基本的视觉功能要求，是应用最多的照明种类，工作场所均应设置正常照明。正常照明可以单独使用，也可以与应急照明和值班照明同时使用，但控制线路必须分开。

（2）应急照明

因正常照明的电源失效而启用的照明称为应急照明。应急照明作为工业及民用建筑设施的一部分，同人身安全和建筑物、设备安全密切相关。当电源中断，特别是建筑物内发生火灾或其他灾害而电源中断时，应急照明对人员疏散、保证人身安全、生产或运行中进行必要的操作或处理、防止再生事故的发生都占有特殊地位。按 CIE 出版物《应急照明指南》和现行《建筑照明设计标准》（GB 50034—2013）的规定，应急照明分为 3 类，即疏散照明、安全照明和备用照明。

1）疏散照明。作为应急照明的一部分，用于确保疏散通道被有效地辨认和使用的照明。疏散照明又分出口标志、疏散指示标志和疏散照明。

2）安全照明。作为应急照明的一部分，用于确保处于潜在危险之中的人员安全的照明。

3）备用照明。作为应急照明的一部分，用于确保正常活动继续进行的照明。

应急照明的设置，应根据建筑物的性质、层数、规模大小及复杂程度，综合考虑建筑物内聚集人员的多少及这些人员对该建筑物的熟悉程度等因素确定。一般情况下，需要确保人员安全疏散的出口和通道，应设置疏散照明；需要确保处于潜在危险之中的人员安全的场所，应设置安全照明；需要确保正常工作或活动继续进行的场所，应设置备用照明。

（3）值班照明

非工作时间，为值班所设置的照明称为值班照明。宜在非三班制生产的重要车间、仓库或非营业时间的大型商场、银行等处设置。可利用正常照明中能单独控制的一部分或应急照明的一部分或全部作为值班照明。

（4）警卫照明

根据警戒防范范围的需要，用于警戒而安装的照明称为警卫照明。可按警戒任务的需要，在警卫范围内装设，宜尽量与正常照明合用。

（5）障碍照明

在可能危及航行安全的建筑物或构筑物上安装的标志灯称为障碍照明。为保障航空飞行的安全，根据有关规定，对于飞行物可能到达的区域，如存在有成片的障碍物或高度超过45m 的障碍物时，应选用障碍标志灯来显示其存在；障碍标志灯不允许在夜间中断灯光显示，并且障碍标志灯的设置应执行民航和交通管理部门的有关规定。

6.3 照明质量的评价

照明设计的优劣通常用照明质量衡量，在进行照明设计时要全面考虑和合理处理照度、亮度分布、照度均匀度、照度的稳定性，还要解决眩光、光的颜色、阴影等问题。为了获得良好的照明质量，在照明设计过程中，应遵守现行国家照明标准的有关规定。

1. 照度水平

照度是决定被照物体明亮程度的间接指标，合适的照度可以降低视觉疲劳，提高劳动生产率，因此常将照度水平作为衡量照明质量最基本的技术指标之一。

对于一般照明来说，其质量主要取决于能否获得较高的视觉功效和视觉满意度。照度水平与视觉功效有关，照度低时人的视功能也降低，随着照度的提高，视功能逐步提高，但当照度达到 1000lx 以上时，随照度的提高，视功能得到改善的效果就不显著了。照度水平还与人的心理感受有关，照度太低容易造成疲劳和精神不振，照度太高则往往会因刺激太强而无法忍受。为了满足人们的视觉要求，在综合考虑视觉功效、舒适的视觉环境、技术经济性、建筑技术的发展水平和电力的节约等因素的前提下，各国均制定有符合本国国情的照度标准，并以推荐照度的形式给出各种作业所需要的照度标准值，作为照明设计或评价照明质量的依据。

2. 照度标准

CIE 在 1986 年正式批准发表的出版物《室内照明指南》中提出，辨认人的脸部特征的最低亮度约需 $1cd/m^2$，此时所需的一般照明的水平照度约为 20lx，因此将 20lx 作为所有非工作房间的最低照度；而工作房间推荐的最低照度为 200lx，工作房间最高满意度的照度为 2000lx，并把 20lx~200lx~2000lx 作为照度分级的基准值。在进行照度分级时，以确保两级之间在主观效果上有最小的但又显著的差别为原则，一般取后一级照度值为前一级照度值的 1.5~2.0 倍。

CIE 推荐的照度等级为 20lx、30lx、50lx、75lx、100lx、150lx、200lx、300lx、500lx、750lx、1000lx、1500lx、2000lx、3000lx、5000lx。

需要指出的是，我国《建筑照明设计标准》（GB 50034—2013）规定的照度值均为作业面或参考平面上的维持平均照度值，它是在照明装置必须进行维护的时刻，在规定表面上的平均照度。为了确保工作时视觉安全和视觉功效所需的照度，规定表面上的平均照度不得低于此数值。

应急照明的照度标准值符合下列规定：

1）备用照明的照度值除另有规定外，不低于该场所一般照明照度值的 10%。

2）安全照明的照度值不低于该场所一般照明照度值的 5%。

3）疏散通道的疏散照明的照度值不低于 0.5lx。

在照明设计中，选择合适的照度不仅关系到实际应用是否满足使用者的要求，而且关系到最终的实际能耗。由于建筑规模、空间尺度、服务对象、设计标准等条件不同，即使是同一类型的建筑，对照度的要求也存在着较大的差别，因此在实际应用时，设计人员应依据建筑物或使用场所的性质和特点，合理选择照度标准值。

总之，在照明设计中，只有根据室内环境的特点和需要，提供适宜的照度，才能有利于人的活动安全、舒适和正确识别周围环境，防止人与光环境之间失去协调性。

6.3.1 照度均匀度

参考平面上各处的照度值相差较大时，人眼就会因频繁的明暗适应而造成视觉疲劳。所以，在一般照明情况下，除了要求参考平面上具有合理的照度外，还应该要求有一定的照度均匀度。

室内的一般照明的照度均匀度指的是规定平面上的最小照度与平均照度之比（E_{min}/E_{av}）。根据现场的重点调研和设计普查，当照度均匀度在 0.7 以上时人们会感到比较满意。为了使整个房间具有基本相同的照度水平，参考 CIE 标准，《建筑照明设计标准》（GB 50034—2013）规定：公共建筑的工作房间和工业建筑作业区域内的一般照明的照度均匀度不应小于 0.7，作业面邻近周围的照度均匀度不应小于 0.5。房间或场所内的通道和其他非作业区域的一般照明的照度值不宜低于作业区域一般照明照度值的 1/5。

为了获得满意的照度均匀度，一般照明方式中的灯具应均匀布置，并且其实际布灯的距高比（L/h）不应大于所选灯具的允许距高比。当照度均匀度要求较高时，可采用间接、半间接型灯具或光带等方式。

6.3.2 亮度分布

亮度分布的计算是非常烦琐的，为此工程中常通过控制室内各表面的反射比，使视野内亮度分布控制在眼睛能适应的水平上，即只要将室内各表面的反射比控制在一定的范围内，就可以认为亮度分布是满足要求的。此外，适当地增加工作对象与其背景的亮度对比，比单纯提高工作面上的照度值能更有效地提高视觉功效，且较为经济，节约电能。因此在实践中，应充分关心、深入了解房间的使用功能和装饰标准——建筑装饰的材质色调、家具地毯的颜色、质地等，使房间内各个表面具有合理的亮度分布，力求创造舒适完美的光环境。《建筑照明设计标准》规定了长时间工作的房间，其表面反射比宜按表 6.1 选取。

表 6.1　工作房间表面反射比

表面名称	反射比	表面名称	反射比
顶棚	0.6～0.9	地面	0.1～0.5
墙面	0.3～0.8	作业面	0.2～0.6

对于非工作房间，特别是装饰标准高的公共建筑厅堂的亮度分布，往往是根据建筑创作的构思决定，其目的是突出空间或结构的形象特征，渲染环境气氛或是强调某种装饰效果。这类光环境亮度水平的选择也要考虑视觉舒适感，使室内表面具有合理的亮度分布，但不受上述反射比和照度比的限制。

6.3.3 眩光

眩光是评价照明质量的重要指标之一。由视野内未曾充分遮蔽的高亮度光源（或灯具）引起的眩光称为直接眩光，由光泽表面的规则反射形成的高亮度所引起的眩光称为反射眩光，作业本身的镜面反射与漫反射重叠出现所引起的反射眩光又称为光幕反射。任何方式引起的眩光对人的生理和心理都会有明显的危害，照明技术中，通常按眩光造成的后果将其分为失能眩光和不舒适眩光。

1. 影响不舒适眩光的因素

在实际照明环境中，不舒适眩光主要是由灯具的直接眩光引起的，而直接眩光效应的严重程度则取决于光源（或灯具）的亮度和大小、光源（或灯具）在视野内的位置、观察者的视线方向等诸多因素。影响不舒适眩光的因素可归纳如下：

（1）灯具在观察方向上的亮度

灯具在观察方向的亮度越高，产生不舒适眩光的可能性就越大，且越强烈。

（2）周围环境的亮度

周围环境的亮度也就是背景亮度，它与灯具之间形成的亮度对比越强烈，产生眩光的可能性就越大，在实际应用中，由于背景亮度与平均水平照度有关，因此可以认为灯具产生的直射不舒适眩光其感觉程度与平均水平照度有关。

（3）房间尺寸和灯具的安装高度

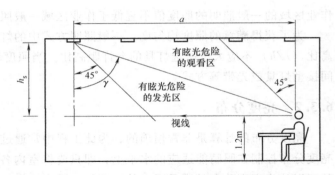

在室内环境中，绝大多数的视觉工作是向下注视，因而在讨论和评价眩光时，通常规定观察者的眼睛在地面以上 1.2m 高度（坐姿），并贴近后墙居中，视线为水平方向直视前方，并与墙平行。房间尺寸和灯具的安装高度与眩光的关系如图 6.1 所示，图中 a 为观察者到最

图 6.1　房间尺寸和灯具的安装高度与眩光的关系

远灯具的水平距离，h_s 为最远灯具相对于观察者眼睛的安装高度。若令离观察者最远的灯具与观察者眼睛的连线同该灯具光轴之间的夹角为眩光角 γ，则

$$\gamma = \arctan \frac{a}{h_s}$$

（6.1）

照明工程实践表明，当 $\gamma < 45°$ 时，一般来说不宜感觉到眩光，只有在 $\gamma \geqslant 45°$ 时才会有可能感觉到眩光的存在，且眩光感觉程度会随着 γ 角的增大而增加。

（4）灯具发光面种类

灯具发光面种类主要指的是形状和侧面是否发光。灯具发光面的形状与其对观察者所张的立体角有关，发光面越大，其对观察者所张的立体角就越大，眩光就越严重。灯具发光面主要有圆形、方形和长条形（发光面的长宽比大于 2∶1 的灯具）。若灯具为长条形，还应考虑观察方向与灯具纵轴的关系，可按图 6.2 来确定眩光角 γ，图 6.2a 指的是观察方向平行于灯具长轴（即平行于 $C_{90°} \sim C_{270°}$ 平面）的情况；图 6.2b 指的是观察方向垂直于灯具长轴（即平行于 $C_{0°} \sim C_{180°}$ 平面）的情况。

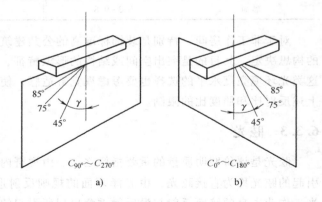

图 6.2　长条形灯具眩光角的确定

a）平行于灯具长轴观察　b）垂直于灯具长轴观察

2. 不舒适眩光的评价

（1）室内照明的眩光评价

《建筑照明设计标准》（GB 50034—2013）对公共建筑和工业建筑常用房间或场所的不舒适眩光，采用统一眩光值（UGR）评价，其级别为 16—19—22—25—28，且 UGR 值越低，说明对眩光的控制越好。

（2）室外照明的眩光评价

室外照明的眩光评价主要针对室外体育场所和室外区域。《建筑照明设计标准》（GB 50034—2013）对室外体育场所的不舒适眩光，采用眩光值（GR）评价（同样引用了 CIE 的评价方法）。与 UGR 相似，眩光值 GR 越低，说明对眩光的控制越好。

我国规定民用建筑照明对直接眩光限制等级的质量分为 3 级，其相应的眩光程度和应用场合见表 6.2。工业企业照明眩光等级分为 5 级。

表 6.2 直接眩光限制质量等级

眩光限制质量等级	眩光程度	视觉要求	应用场所
I	高质量	无眩光感	视觉要求特殊的高质量照明房间	手术室、计算机房、绘图室
II	中等质量	有轻微眩光感	视觉要求一般的场所，且工作人员有一定程度的流动性或要求注意力集中	会议室、办公室、营业厅、餐厅、观众厅、候车厅、厨房、普通教室、阅览室等
III	低质量	有眩光感	视觉要求和注意力要求不高的作业，工作人员在有限的区域内频繁走动或不由同一批人连续使用的照明场所	室内仓库、室内通道

3. 眩光的限制方法

（1）直接眩光的限制方法

直接眩光随光源亮度的增高和光源同眼睛构成的立体角加大而加重，同时又随光源与视线的夹角增大及背景亮度的增高而减弱。所以对室内一般照明来说，限制直接眩光的主要方法如下：

1）合理选择灯具。限制直接眩光的最有效的措施是选用表面亮度较低、配光合理的光源或灯具，以控制灯具眩光角 γ 上方 45°～85°范围内的灯具亮度。

2）合理选择灯具的保护角。为了限制视野内过高的亮度或对比引起的直接眩光，还可以选择合适的灯具保护角。《建筑照明设计标准》（GB 50034—2013）规定了直接型灯具的保护角。长时间有人工作的房间或场所其直接型灯具的最小保护角应满足表 6.3 的要求。

表 6.3 直接型灯具的保护角

光源平均亮度/(kcd/m²)	保护角/(°)	光源平均亮度/(kcd/m²)	保护角/(°)
1～20	10	50～500	20
20～50	15	≥500	30

3）对于室内照明，各类常用房间或场所的 UGR 的最大允许值符合《建筑照明设计标准》（GB 50034—2013）的规定（见附表 C.2～附表 C.6）；对于室外体育场所，GR 的最大允许值宜不超过 50。

（2）反射眩光和光幕反射的限制方法

反射眩光和光幕反射主要与室内各表面的反射比及灯具的光强分布有关，是影响办公照明和学校照明质量的特有的问题。反射眩光和光幕反射会改变作业面的可见度，使作业固有的亮度对比减弱，视觉功效降低。

避免和限制反射眩光和光幕反射的措施主要有以下几种：

1）正确安排照明光源和工作人员的相对位置，使视觉作业的每一部分都不处于、也不靠近任何光源同眼睛形成的镜面反射角内，即产生的定向反射不直接射向观察者的眼睛。图 6.3 中观察者上方的矩形区域是易产生光幕反射的范围，只要在该范围内不安装灯，就可以有效地消除光幕反射。

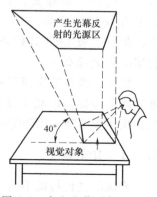

图 6.3 产生光幕反射的范围

在实际照明环境中很难完全避免在图 6.3 中产生光幕反射的干扰区中装灯，此时可增加非干扰区的照明，以提高视觉对象处的亮度，这对限制光幕反射有积极的作用。例如，教室中的黑板常易产生光幕反射，使学生无法看清黑板上的字，若增加黑板局部照明，只要它的反射光不在学生的视线范围内，就能有效地限制光幕反射。

图 6.4　不产生光幕反射的布灯方案

2）尽量增加从侧面投射到视觉作业上的光通量，若灯具按图 6.4 中规定的范围安装，将不会产生光幕反射。

3）选用发光面大、亮度低、配光宽，但在视线方向亮度锐减的灯具，如采用图 6.5 所示的蝙蝠翼式配光灯具。

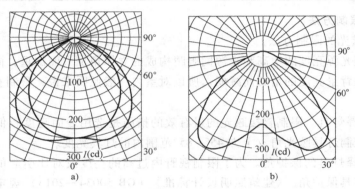

图 6.5　蝙蝠翼式光强分布特性灯具的光强分布
a）中宽光强分布　b）宽光强分布

与余弦光强分布特性灯具相比（见图 6.6），蝙蝠翼式光强分布特性灯具之所以可以限制反射眩光和光幕反射，是由于蝙蝠翼式配光灯具减少了眩光区和光幕反射区的光强，因而由其引起的反射眩光和光幕反射的干扰最小。此外，蝙蝠翼式配光灯具还增大了有效区的光强分布，增强了光输出扩散性，使得灯具输出光通的有效利用率大大提高了。

顶棚、墙和工作面尽量选用低光泽度的浅色饰面，以减小反射的影响；或照亮顶棚和墙面，以降低亮度比。

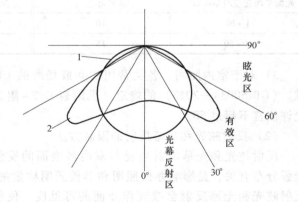

图 6.6　蝙蝠翼式光强分布特性灯具与余弦光强分布特性灯具的性能对比
1—余弦光强分布　2—蝙蝠翼式光强分布

6.3.4　光的颜色

光源的颜色特征不同时对照明质量的影响很大。光源的颜色特征主要包含光源的色表和显色性两个方面。

1. 光源的色表

光环境所要形成的气氛与光源的色表有很大的关系,例如,含红光成分多的"暖"色灯光(低色温)接近日暮黄昏的情调,能在室内形成亲切轻松的气氛,适用于休息和娱乐场所的照明;而需要紧张地、精神振奋地进行工作的房间则采用较高色温的灯光为好。光源色表的选择是心理学、美学问题,它取决于照度、室内和家具的颜色、气候环境和应用场所的条件等因素。如在低照度的环境中施以高色温的照明,会造成郁闷、不安的环境气氛;相反,以低色温的照明用于高照度的环境,易形成阴暗、沉闷之感,破坏了环境应有的气氛。因此,照明设计中,适当地应用灯光的色温是极其重要的,只有处理好光源色温与照度的关系,才能尽量避免产生心理上的不平衡或不和谐感。一般情况下,低照度时以选用低色温光源为好,随着照度的增加,光源的色温选择也应相应提高。

《建筑照明设计标准》(GB 50034—2013)按照CIE标准《室内工作场所照明》(S 008/E— 2001),将室内照明光源的色表按其相关色温分为3组,其在不同照度下的应用见表6.4。

表6.4 光源的颜色分类、照度及应用

色表类别	色表特征	相关色温/K	类属光源示例	相关照度/lx			应用场所举例
				≤500	500~3000	≥3000	
I	暖	<3300	白炽灯、卤钨灯、暖白色直管荧光灯、高压钠灯	舒适	刺激	不自然	客房、卧室、病房、酒吧、餐厅
II	中间	3300~5300	冷白色直管和稀土节能荧光灯、金属卤化物灯	中性	舒适	刺激	办公室、教室、阅览室、诊室、检验室、机加工车间、仪表装配
III	冷	>5300	日光色直管和稀土节能荧光灯、荧光高压汞灯	冷	中性	舒适	热加工车间、高照度场所

2. 光源的显色性

良好的照明光源显色性是明辨物体真实本色、真切地渲染建筑室内装饰色彩格调和充实艺术效果的重要因素。为了正确地利用光源的显色性,CIE按一般显色指数的高低将光源分为4组,其应用见表6.5。

表6.5 光源的显色性及应用

显色性分组	显色指数	表观颜色	适用场所示例	类属光源示例
I	$R_a \geq 80$	暖	画廊、居室、观众厅、接待室、高级宴会厅、手术室	白炽灯 卤钨灯 三基色荧光灯 高显色钠灯
		中间	诊断室、办公室、教室、高级商店营业厅、排演厅、化妆室	
		冷	医院、印刷、纺织车间、油漆车间	
II	$60 \leq R_a < 80$	暖中间	阅览室、休息室、自选商场、报告厅、厨房、候机厅、餐厅	直管荧光灯、稀土节能荧光灯、金属卤化物灯
III	$40 < R_a < 60$		行李间、库房、汽车库、室外门廊	荧光高压汞灯、直管荧光灯
IV	$20 < R_a < 40$		颜色要求不高的库房、室外道路照明	普通高压钠灯

《建筑照明设计标准》（GB 50034—2013）根据 CIE 标准将显色指数 R_a 取值为如 90、80、60、40、20。并规定：长期工作或停留的室内照明光源，其显色指数 R_a 不宜低于 80；工业建筑部分生产场所的照明光源，如安装高度大于 6m 的直接型灯具，其光源的显色指数 R_a 可低于 80，但必须能够辨别安全色。常用房间或场所照明光源的显色指数 R_a 最小允许值应符合规定（见附表 C.1~附表 C.6）；有彩色电视转播的体育建筑的照明光源，其显色指数 R_a 不宜低于 80，而无彩色电视转播时，体育建筑照明光源的显色指数 R_a 不宜低于 60。

6.3.5　照度的稳定性

照度的不稳定性主要是由于光源光通量的变化导致了工作环境中亮度发生变化。视野内的这种忽亮忽暗的照明使人被迫产生视力跟随适应，如果这种跟随适应次数增多，将使视力降低；如果光环境中的照度在短时间内迅速发生变化，还会在心理上分散人们的注意力，使人感到烦躁，从而影响生活、工作和学习，因此室内一般照明场所都应当具有稳定的照度。引起照度不稳定的原因主要有照明电光源电压的波动、气体放电光源的频闪效应以及工业生产中的气流和自然气流引起的灯具的摆动。为此，提高照明稳定性的主要措施如下：

1）照明供电线路与负荷经常发生较大变化的电力线路分开。若在向照明供电的电源系统中存在有较大容量的冲击性负荷，当这些负荷起动时，会引起电网电压波动，从而引起光源输出光通量变化致使照明不稳定。对照明要求较高时，应将照明供电电源与有冲击性负荷的电力线路分开，必要时还可考虑采用稳压措施。

2）被照物体处于转动状态的场合，避免使用有频闪效应的交流气体放电光源，或采用"移相"的接法，如双管荧光灯的"电容移相"、组合三管荧光灯管分别接在三相电源的 A、B、C 相上，都可以减少频闪效应。

3）灯具安装注意避开气流引起的摆动，吊挂长度超过 1.5m 的灯具宜采用管吊式安装。

6.3.6　阴影和造型立体感

在视觉环境中往往由于光源（或灯具）的位置不当造成不合适的投光方向从而产生阴影。一般情况下，阴影会使人产生错觉或增加视力障碍，影响工作效率，严重时甚至会引发事故，故在一般性的工作房间内应设法避免阴影。通常采用改变光源的位置或增加光源的数量等措施来加以消除。

应当注意，实际应用中，有时为了表现立体物体的立体感，还往往需要适当的阴影来提高其可见度。可见，阴影与造型立体感密切相关。在这里，造型立体感指的是三维物体被照明表现的状态，它主要是由光的主投射方向、直射光与漫射光的比例决定的。适当的阴影能使一个房间的结构特征及室内的人和物更加清晰，使整个环境令人赏心悦目。为此，高质量的照明其光线的指向性不宜太强，以免阴影浓重，造型生硬；灯光也不能过于漫射和均匀，以免缺乏亮度变化，致使造型立体感平淡无奇，室内显得索然无味。一般情况下，立体物体的明亮部分同最暗部分的理想亮度比为 3∶1，当亮度比在 2∶1 以下时，会形成呆板的感觉，而亮度比为 10∶1 时，则印象强烈。

对造型立体感的主观评价主要依靠心理因素，但在照明设计中，可以依据以下物理指标来预测造型效果：

1）垂直照度与水平照度之比（E_v / E_h）。在主视线方向上 E_v / E_h 至少要达到 0.25，获得满意的效果则需要达到 0.40~0.50。

2）平均柱面照度与水平照度之比（E_c/E_h）。平均柱面照度是位于一点的一个极小圆柱体曲面上的平均照度，实际上是空间一点在各个方向的垂直照度的平均值。E_c/E_h 可以表明光线方向性，例如，当仅有自上而下的直射光线时，$E_c=0$，$E_c/E_h=0$；而当光线仅来自水平方向时，$E_h=0$，$E_c/E_h\to\infty$，唯有 $0.3\leqslant E_c/E_h\leqslant 3$ 的条件下，可获得较好的造型立体感。

6.4 灯具的布置

灯具布置对照明效果影响很大，是照明设计的主要环节。本节重点介绍室内照明灯具的布置要求和方法。

6.4.1 一般照明灯具的布置

1. 布灯要点

1）灯具布置是否满足生产工作、活动方式的需要，主要是指灯具数量是否满足最低照度要求，有无挡光阴影等不良效果。

2）被照面的照度分布是否均匀。

3）灯具引起眩光的程度。通过合理选择灯具的安装高度和安装位置，以满足对直接眩光、反射眩光和光幕反射的限制要求。

4）灯具布置的艺术效果，与建筑物是否协调。

5）灯具布置产生的心理效果及造成的环境气氛。必须注意，灯具布置方法不同，使人产生的心理效果也不同，如图 6.7 所示。其中图 a 为点光源的典型布灯方式，这种布灯方式有熙熙攘攘热闹的感觉，特别适用于宴会厅照明。图 b、c、d 分别为线光源的横向布灯、纵向布灯和格子布灯方式，这些布灯方式适用于办公室、绘图室、教室、商场等场所的一般照明。其中线光源横向布灯的特点是工作面照度分布均匀，并造成一种热烈的气氛，且舒适感良好；线光源纵向布灯的特点是诱导性好，工作面照度均匀，舒适感良好；线光源格子布灯的特点是从各个方向进入室内时有相同的感觉，适应性好，有排列整齐感，舒适性好。

6）灯具是否便于安装、检修和维护。

7）灯具安装是否符合电气安全的要求。

2. 布置方案

室内灯具的布置方案与照明方式有关，一般照明的灯具通常采用以下两种布置方案。

（1）均匀布置

均匀布置是指灯具之间按照一定规律进行布置的方式，在采用一般照明或分区一般照明方式的场所，大都选择这种布灯方法。均匀布置的特点是将同型号的灯具按等分面积的方法，均匀布置成单一的几何图形（如直线形、正方形、矩形、菱形、角形、满天星形等），灯具布置与生产设备或工作面的位置无关，若布灯时能够保证距高比不大于灯具的最大允许距高比，则在整个工作面上都可以获得较均匀的照度，使用过程中，若生产设备或工作面位置发生变化时，无须更改灯具的布置。

应特别注意，在工程实践中，布置灯具时常常要受到建筑装修与结构形式的制约，甚至受到空调管道、风口、喷洒头、火灾自动报警探测器、应急灯和扬声器等设备布置的影响，

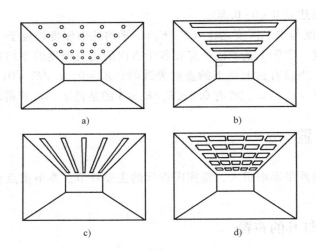

图 6.7　灯具布置所形成的心理效果
a）点光源典型布灯　b）线光源横向布灯　c）线光源纵向布灯　d）线光源格子布灯

难以做到均匀布灯，但是，无论如何也应当保持顶棚外观的统一性。在许多情况下，建筑照明设计，对顶棚美观性以及装修设计意图的考虑往往优先于灯具的合理布灯设计。

（2）选择布置

选择布置是一种满足局部照明要求的灯具布置方案。对于局部照明（或定向照明）方式，当采用均匀布置达不到所要求的照度分布或不满足经济合理性要求时，多采用这种布灯方案。例如，在高大的厂房内，为节能并提高垂直照度可采用顶灯与壁灯相结合的布灯方式，但不应只设壁灯而不装顶灯，以避免空间亮度明暗不均，不利于视觉适应；对于大型公共建筑，如大厅、商店，有时也不采用单一的均匀布灯方式，以形成活泼多样的照明，同时也可以节约电能。选择布置的特点是灯具的布置与生产设备或工作面的位置有关，以力求使工作面能获得最有利的光照方向，或突出某一部位，或加强某个局部的照度，或创造出某种装饰气氛。在确定其布灯位置时，应主要考虑照明的目的、主视线角度、需要突出的部位等诸多因素。

3. 距高比 S/h 的确定

整个房间或某个区域内的照度均匀度主要取决于灯具布置间距和灯具本身的配光特性。当灯具类型确定以后，照度均匀度就只取决于灯具的距高比。

（1）灯具计算高度 h 的确定

在工程中，通常应根据建筑物的层高、吊顶高度等先来确定灯具的安装方式，再来确定灯具的计算高度，如图 6.8 所示，即

h ＝建筑物层高−吊顶高度−灯具垂度−工作面高度

也可用灯具的最低悬挂高度来确定灯具的安装高度，即

h ＝灯具最低悬挂高度−工作面高度

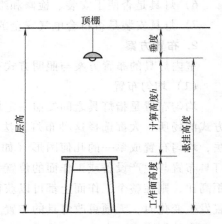

图 6.8　室内一般照明灯具计算高度的确定

注意，确定灯具的悬挂高度是照明设计的重要内容。若灯具悬挂高度过高，则会降低工作面的照度，从而必须加大光源的功率，不经济，同时也不便于安装、检修和维护；若灯具悬挂过低，则容易碰撞，不安全，且易产生眩光，影响视觉工作。工程应用中，一般应根据光源的功率、灯具的保护角和建筑空间高度等因素来确定灯具的悬挂高度。通常情况下，光源的功率越大、灯具的保护角越小，灯具的悬挂高度应越高，反之，灯具的悬挂高度可适当降低。

（2）灯具之间的距离 S 的确定

灯具间的距离，应根据灯具的光强分布、悬挂高度、房屋结构、照度要求及光源或灯具的形状等多种因素来确定，通常情况下，为了使工作面上获得较均匀的照度，布灯间距 S 除了应满足最大允许距高比的要求外，还应考虑以下两种情况：

1）若选用反射光或漫射光灯具，灯具与顶棚之间的距离为（0.2~0.5）顶棚至工作面的距离，以保证顶棚上有适当的均匀照度。

2）边缘一列灯具与墙壁的距离 S' 的确定应考虑靠墙有无放置工作面，若工作面靠近墙壁，则 $S' \leq 0.75\mathrm{m}$；若工作面远离墙壁（即靠墙为通道时），则 $S' = (0.4~0.6)S$。注意灯具间的距离 S 与布灯形式有关，图6.9给出了点光源的几种均匀布灯方式，图6.10给出了线光源的布灯方式。

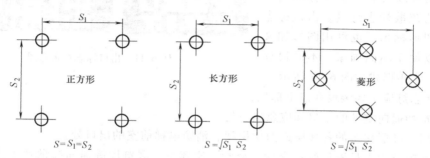

图6.9 点光源的均匀布置

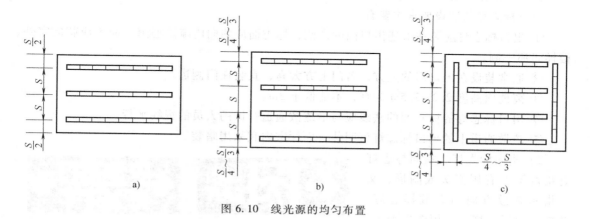

图6.10 线光源的均匀布置

6.4.2 应急照明的设置及灯具布置

1. 疏散照明

（1）需要装设的场所

疏散照明的功能是：能明确、清晰地标示疏散路线及出口或应急出口的位置；为疏散通道提供必要的照明，以保证人员能安全向公共出口或应急出口行进；能容易看到沿疏散通道设置的火警呼叫设备和消防设施。因而以下各类建筑应设置疏散照明：

1）一、二类建筑的疏散通道和公共出口应设置疏散指示标志，如疏散楼梯、防烟楼梯间前室、消防电梯及其前室、疏散走道等。

2）人员密集的公共建筑，如礼堂、会场、影剧院、体育馆、饭店、旅馆、展览馆、博物馆、美术馆、大型图书馆、候车室、候机楼等通向疏散走道和楼梯的出口，以及通向室外的出口均应设出口标志；较长的疏散通道和公共出口应设置疏散指示标志；疏散通道应设置疏散照明。

3）地下室和无天然采光房间的主要通道、出入口等应设疏散指示标志和疏散照明。

（2）疏散照明的布置及装设要求

疏散照明所用灯具有出口标志灯、疏散标志灯和疏散照明灯 3 种，其布置和设置要求分述如下。

1）出口标志灯。出口标志灯是指灯罩上有图形或（和）文字标示安全出口位置的疏散标志灯具。出口标志灯宜采用图形标示，也可用图形加文字标示，以便于不同国家、不同民族的人理解。常用形式如图 6.11 所示。

图 6.11　出口标志灯示意图

出口标志灯应主要装设在以下部位：

① 建筑物通向室外的出口和应急出口处。

② 多层、高层建筑的各楼层通向楼梯间、消防电梯前室的出口处。

③ 公共建筑中人员聚集的观众厅、会堂、比赛馆、展览厅等通向疏散通道或前厅、侧厅、休息厅的出口处。

出口标志灯的装设要求主要有：

① 出口标志灯应装在上述出口门的内侧，标志面应朝向内疏散通道，而不应朝向室外、楼梯间那一侧。

② 通常装设在出口门的上方，若门上方太高，宜装在门侧边。

③ 离地面高度 2.2~2.5m 为宜，不能低于 2m。

④ 出口标志灯的标示面的法线应与沿疏散通道行进的人员的视线平行。

⑤ 疏散通道上的出口标志灯可明装，而厅室内宜采用暗装。

2）指向标志灯。指向标志灯是指灯罩上有用箭头或图形、文字指示疏散方向的疏散标志灯。疏散指向标志灯一般用图形表示，常用形式如图 6.12 所示。

指向标志灯通常安装在疏散通道的拐弯处或交叉处、较长的疏散通道中间以及多层或高层建

图 6.12　指向标志灯示意图

筑的楼梯间等。其装设要求如下：

① 通常安装在疏散通道以及通道拐弯处的侧面墙上。安装高度离地面 lm 以下，必要时可安装在离地面 2.2~2.5m 的高处。

② 安装在 1m 以下时，灯具外壳应有防机械损伤措施和防触电措施；标志灯应嵌墙安装，突出墙面不宜超过 50mm，并应有圆角。

③ 疏散通道中间安装的指向标志灯，其间距应不大于 20m（见图 6.13）。

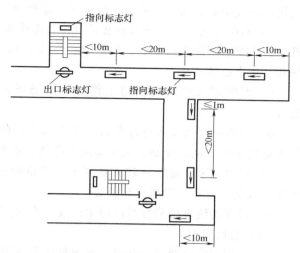

图 6.13　疏散标志灯设置示意图

3）疏散照明灯。疏散照明灯是为疏散通道提供照明的应急照明灯具。疏散照明应与正常照明结合，可从正常照明中分出一部分以至全部作为疏散照明；疏散照明在通道上的照度应有一定的均匀度，通常要求沿中心线的最大照度不超过最小照度的 40 倍。为此，应选用较小功率灯泡（管）和纵向宽配光的灯具，适当减小灯具间距。

疏散通道的疏散照明灯通常安装在顶棚下，需要时也可以安装在墙上，灯离地高度宜大于或等于 2.3m，灯的装设位置要注意能使人们看到疏散通道侧的火警呼叫按钮和消防设施；疏散楼梯和消防电梯的疏散照明灯也应安装在顶棚下，并应保持各部位的最小照度。

2．安全照明

（1）需要设置的场所

1）照明熄灭，可能危及操作人员或其他人员安全的生产场地或设备，需考虑设置安全照明，如裸露的圆盘锯、放置炽热金属而没有防护的场地等。

2）医院的手术室、抢救危重病人的急救室。

3）高层公共建筑的电梯内。

（2）装设要求

安全照明往往是为某个工作区域或某个设备的需要而设置的，一般不要求整个房间或场所具有均匀照明，而是重点照亮某个或几个设备，或工作区域。根据情况，可利用正常照明的一部分或专为某个设备单独装设。

3．备用照明

（1）需要设置的场所

1）由于照明熄灭而不能进行正常生产操作，或生产用电同时中断，不能立即进行必要的处置，可能导致火灾、爆炸或中毒等事故的生产场所。

2）由于照明熄灭不能进行正常操作，或生产用电同时中断，不能进行必要的操作、处置，可能造成生产流程混乱，或使生产设备损坏，或使正在加工、处理的贵重材料、零部件损坏的生产场所。

3）照明熄灭后影响正常察看和操作，将造成重大政治、经济损失的场所，如重要的指挥中心、通信中心、广播电台、电视台、区域电力调度中心、发电与中心变配电站，供水、供热、供气中心，铁路、航空、航运等交通枢纽。

4）照明熄灭影响活动的正常进行，将造成重大政治、经济影响的场所，如国家级大会堂、国宾馆、国际会议中心、展览中心、国际和国内比赛的体育场馆、高级宾馆、重要的剧场和文化中心等。

5）照明熄灭将影响消防工作进行的场所，如消防控制室、消防泵房、应急发电机房等。

6）照明熄灭将无法进行营运、工作和生产的较重要的地下建筑和无天然采光的建筑，如人防地下室、地铁车站、大中型地下商场、重要的无窗厂房等。

7）照明熄灭可能造成较大量现金、贵重物品被窃的场所，如银行、储蓄所的收款处、重要商场的收款台、贵重商品柜等。

8）需要继续进行和暂时进行生产或工作的其他重要场所，如变配电室、计算机房等。

（2）装设要求

1）利用正常照明的一部分以至全部作为备用照明，尽量减少另外装设过多的灯具。

2）对于特别重要的场所，如大会堂、国宾馆、国际会议中心、国际体育比赛场馆、高级饭店，备用照明要求等于或接近于正常照明的照度，应利用全部正常照明灯具作备用照明，正常电源故障时能自动转换到应急电源供电。

3）对于某些重要部位，某个生产或操作地点需要备用照明的，如操纵台、控制屏、接线台、收款处、生产设备等，常常不要求全部均匀照明，只要求照亮这些需要备用照明的部位，则宜从正常照明中分出一部分灯具，由应急电源供电，或电源故障时转换到应急电源上。

6.5 照明光照节能设计

当前国际上照明节能所遵循的原则是必须在保证有足够的照明数量和质量的前提下，尽可能地做到节约照明用电。因此，在实施绿色照明的过程中，照明工程设计节能就是一个非常重要的环节，它涉及照明器材的选用、照度标准和照明方式的选择以及保证照明质量等内容。本节主要介绍照明设计节能的评价标准及光照设计节能的措施。

6.5.1 照明设计节能的评价标准

众所周知，由于影响照明节能指标的因素很多，因此对其进行评价的方法也各不相同。我国原《工业企业照明设计标准》（GB 50034—1992）中提出了将 $100\text{lx}/\text{m}^2$ 照明所需用电量作为照明节能的"目标效能指标"，当照明设计方案中实际耗能指标低于该"目标效能指标"时，方案就达到了节能标准。而美国、日本、俄罗斯等国家，目前均采用照明功率密度 LPD（其单位为 W/m^2）作为建筑照明节能评价指标。为此，我国现行照明标准中也采用了此评价标准。

1. 照明功率密度 LPD 标准

《建筑照明设计标准》（GB 50034—2013）规定了 7 类建筑的常用房间或场所的 LPD 最大限值，并作为强制性条文（不包括居住建筑的 LPD 值）发布，LPD 限值是规定一个房间或场所的照明功率密度最大允许值，设计中实际计算的 LPD 值不应超过标准规定值。LPD 值的计算公式为

$$LPD = \frac{\sum P}{A} \tag{6.2}$$

式中　　LPD——照明功率密度值，单位为 W/m^2；

　　　　P——每个灯具的输入功率（包括灯具中光源的总额定功率和光源配套镇流器或变压器的总功耗），单位为 W；

　　　　$\sum P$——房间或场所达到规定的照度标准值时所需灯具的总输入功率，单位为 W；

　　　　A——房间或场所的面积，单位为 m^2。

注意，现行国家照明设计标准规定了两种功率密度值，即现行值和目标值。现行值是根据对国内各类建筑的照明能耗现状调研结果、我国建筑照明设计标准以及光源和灯具等照明产品的现有水平，在参考国内外有关照明节能标准的基础上，经综合分析研究后制订的。而目标值则是预测到几年后随着照明科学技术的进步、光源和灯具等照明产品性能水平的提高，照明能耗会有一定程度的下降而制订的。目标值比现行值低 10%～20%。

2. 照明节能设计的程序

照明节能设计应遵循以下基本程序：

1）逐个房间或场所按使用条件确定照度标准值，初选光源、灯具、镇流器的类型、规格，确定灯具布置方案。

2）通过照度计算求出符合规定的照度标准值时，该房间或场所需要的灯具数量。注意，计算照度的偏差不能超过照度标准值的 ±10%。

3）按式（6.2）计算每个房间或场所的 LPD 值，并与规定的现行 LPD 值进行比较。若计算 LPD 值不超过规定的 LPD 值，则设计方案符合要求；若计算 LPD 值超过规定的 LPD 值，则应调整设计方案直至符合要求为止。

3. 设计中降低 LPD 值的措施

假设每个灯具的光源总光效（含镇流器功耗）为 η_s，每个灯具的光源总光通量为 ϕ，则根据光源光效的含义可将 η_s 表示为

$$\eta_s = \frac{\phi}{P} \tag{6.3}$$

将式（6.2）和式（6.3）代入式（5.52），经变换得出

$$LPD = \frac{E_{av}}{\eta_s UK} \tag{6.4}$$

由式（6.4）可以清楚地看出，要降低 LPD 值应采取以下措施：

1）提高光源的光效 η_s，包括降低镇流器的功耗。

2）提高灯具的利用系数 E_{av}。即选用效率高的灯具，以及和房间室形相适应的灯具配光，并注意合理提高房间顶棚、墙面的反射比。

3）合理确定照度标准值。计算照度应尽量控制在不超过 10% 标准值以下。

6.5.2　光照节能设计的措施

照明设计节能的指导思想是体现以人为本，注重舒适、健康的环境，包括个性化、智能化、健康化、艺术化。而在照明设计过程中，主要是通过采用高效节能照明产品、提高照明质量、优化照明设计等措施，达到照明设计节能的目的。

1. 推广使用高光效光源

（1）各种光源的效率

在各种照明光源的电能转换过程中，其光效由高到低依次为：低压钠灯，主要用于道路照明；高压钠灯，主要用于室外照明；金属卤化物灯，室内外均可应用，一般低功率用于室内建筑层高较矮的房间，大功率用于体育场馆；荧光灯，尤其以三基色荧光灯的光效最高，广泛应用于室内照明；高压汞灯；白炽灯和卤钨灯。

（2）各种光源的经济效益

各种光源由光效较高的光源取代后，在照度相同的条件下可以获得明显的节电效果。

1）普通照明白炽灯由紧凑型荧光灯取代，其效果见表6.6。

表6.6 紧凑型荧光灯取代白炽灯的效果

普通照明白炽灯/W	由紧凑型荧光灯取代/W	节电效果/W	电费节省(%)
100	25	75	75
60	16	44	73
40	10	30	75

2）粗管径荧光灯由细管径荧光灯取代，其效果见表6.7。

表6.7 细管径荧光灯取代粗管径荧光灯的效果

灯管径	镇流器种类	功率/W	光通量/lm	光效/(lm/W)	替换方式	照度提高(%)	节电率或电费节省(%)
T12(38mm)	电感式	40	2850	72			
T8(26mm)三基色	电感式	36	3350	93	T12→T8	17.54	10
T8(26mm)三基色	电子式	32	3200	100	T12→T8	12.28	20
T5(16mm)	电子式	28	2900	104	T12→T5	1.75	30

3）荧光高压汞灯由高压钠灯和金属卤化物灯取代，其效果见表6.8。

表6.8 高压钠灯和金属卤化物灯取代荧光高压汞灯的效果

编号	灯种	功率/W	光通量/lm	光效/(lm/W)	寿命/h	显色指数(R_a)	替换方式	照度提高(%)	节电率或电费节省(%)
1	荧光高压汞灯	400	22000	55	15000	40			
2	高压钠灯	250	22000	88	24000	65	No.1→No.2	0	37.5
3	金属卤化物灯	250	19000	76	20000	69	No.1→No.3	-13.6	37.5
4	金属卤化物灯	400	35000	87.5	20000	69	No.1→No.4	37.1	0

（3）合理选用光源的措施

1）尽量减少白炽灯的使用量。白炽灯因其安装和使用方便，价格低廉，目前在国际上一些国家和我国的生产量和使用量仍占照明电光源的首位，但因其光效低、能耗大、寿命短，应尽量减少其使用量。欧盟已于2007年3月9日闭幕的布鲁塞尔春季首脑会议通过了一项协议：两年内欧盟各国将逐步用节能荧光灯取代能耗高的老式白炽灯。

2）推广使用细管径T8荧光灯和紧凑型荧光灯。荧光灯光效较高，寿命长，节约电能。

目前应重点推广细管径 T8 荧光灯和各种形状的紧凑型荧光灯，以代替粗管径 T12 荧光灯和白炽灯，有条件时，可采用更节能的 T5 荧光灯。美国已于 1992 年禁止销售 40W 粗管径 T12 荧光灯。

3）逐步减少高压汞灯的使用量。高压汞灯光效较低，显色性差，节电效果不明显，特别是不应随意使用能量消耗大的自镇流高压汞灯。

4）积极推广高光效、长寿命的高压钠灯和金属卤化物灯。钠灯的光效可达 120lm/W 以上，寿命达 12000h 以上，而金属卤化物灯的光效可达 87.5lm/W，寿命达 10000h，特别适用于工业厂房照明、道路照明以及大型公共建筑照明。

2. 采用高效率节能灯具

1）选用配光合理的灯具。选择合理的灯具配光可以提高光的利用率，达到最大的节能效果。灯具的配光应符合照明场所的功能和房间体形（RCR）的要求，通常可根据 RCR 选择灯具的配光形式，见表 6.9。

表 6.9　灯具配光的选择

室内空间比	选用灯具的最大允许距高比 S/h	配光种类
1~3	1.5~2.5	宽配光
3~6	0.8~1.5	中配光
6~10	0.5 ~0.8	窄配光

2）选用高效灯具。灯具的效率对照明节能效果影响很大，通常在满足眩光限制要求的条件下，应优先选用开启式直接照明灯具，且荧光灯灯具和高强度气体放电灯灯具的效率不应低于《建筑照明设计标准》（GB 50034—2013）的规定。

3）选用利用系数高的灯具。灯具的利用系数取决于灯具效率、配光形状、房间各表面的反射比及房间的体形。一般情况下，若灯具的配光适应房间的体形（RCR），如在矮而宽（RCR 值小）的房间使用宽配光灯具，多数直射光会落到工作面上，则灯具的利用系数就高。可见，在设计过程中如发现灯具的利用系数太低时，可通过调换不同配光的灯具来提高。

4）选用高光通维持率的灯具。所谓高光通维持率灯具就是在运行期间光通降低较少的灯具，包括光通衰减和灯具氧化、污染引起的反射率下降都比较少的灯具。一般情况下，这类灯具通过采用二氧化硅涂层或活性炭过滤器等措施，来防止灯具的老化和积尘，以提高灯具的反射能力和光通维持率，从而提高灯具的光效。

5）尽量选用不带光学附件的灯具。灯具常用的光学附件主要包括格栅、棱镜、有机玻璃板、乳白玻璃包合罩等。这些光学附件的作用是改变光的方向、减少眩光、加强装饰效果等。但这些附件却会减少光通量的输出，在相同的照度条件下使所需灯具的数量增加，从而增加了照明用电量。因此，在保证照明质量的条件下，应尽量选用无光学附件的灯具。

6）采用空调和照明一体化灯具。由于照明的发热影响着室内的环境温度，室内除了冬季可利用灯具产生的热量外，夏季必须排除该热量，才能获得人们所需的室内气候条件。为此，空调房间可采用综合顶棚单元，将照明灯具与空调风口融为一体，以提高综合效益。例如，夏季若空调系统通过灯具回风，就可有 50%~75% 的"照明热量"被直接排走而不进入房间，空调的制冷量可减少 20%，空调可节电 10%；冬季空调采暖时可改变系统，利用照明灯具散发的热量采暖以减少供热量。由此可见，对于大面积空调设施来说，采用空调和照明一体化灯具的节能方式具有重要的意义。

3. 推广采用节能镇流器

镇流器是一个耗能器件，同时对照明质量和电能质量有很大影响，因此选择镇流器时应掌握以下原则：①运行可靠，使用寿命长；②自身功耗低；③频闪小，噪声低；④谐波含量小，电磁兼容性符合要求；⑤性价比高。

镇流器的主要类型有普通电感镇流器、节能型电感镇流器和电子镇流器。普通电感镇流器性能较好，但功耗大；节能型电感镇流器和电子镇流器的自身功耗比普通电感镇流器小，但价格相对较高。其性能比较见表 6.10（以 T8 型 36W 直管荧光灯为例）。

表 6.10　镇流器性能比较（以 T8 型 36W 直管荧光灯为例）

镇流器类型	镇流器功耗 /W	灯管光效比 （%）	系统能耗 比（%）	重量比 （%）	谐波含量 比（%）	功率 因数	频闪	噪声	调光	使用寿 命（年）	价格
传统电感型	9	100	100	100	<10	0.5	有	有	不可	15~20	低
节能电感型	4.5~5.5	100	92	150	<10	0.5	有	小	不可	15~20	中
电子式（H 级）	3.5~4	110	80	30~40	<40	>0.9	无	无	可	4~5	中
电子式（L 级）	3.5~4	110	80	40~50	<30	>0.95	无	无	可	8~10	高

从表 6.10 可以看出，节能型电感镇流器虽然价格稍高，但寿命长、可靠性高，适合目前我国的经济技术水平，应大力推广使用。但从发展来看，电子镇流器以更好的能效、无频闪、功率因数高等优势将获得更广泛的应用，有条件时应积极推广使用电子镇流器。

4. 合理选择照度标准值和照明方式

为了节约照明用电，应根据照明要求的档次高低合理选择照度标准值，并严格限制照明功率密度 LPD 值，选用合理的照明方式。照度要求高的场所采用混合照明方式，少用一般照明方式，适当采用分区一般照明方式。

思考题与习题

6.1　照明方式和照明种类有哪些？如何选择？

6.2　衡量照明光照设计质量的主要指标有哪些？

6.3　照度标准中的照度值指的是什么照度？选择照度标准值应遵循哪些主要原则？

6.4　试述不舒适眩光与哪些因素有关。

6.5　什么是眩光评价点？什么叫眩光角？

6.6　统一眩光值和眩光值各有何用途？

6.7　什么是直接眩光？如何限制直接眩光？

6.8　什么是光幕反射？如何限制光幕反射？

6.9　安全出口标志灯常设置在哪些场所？其主要设计要求有哪些？

6.10　疏散指示标志灯常设置在哪些场所？其主要设计要求有哪些？

6.11　疏散照明常设置在哪些场所？其主要设计要求有哪些？

6.12　备用照明常设置在哪些场所？其主要设计要求有哪些？

6.13　安全照明常设置在哪些场所？其主要设计要求有哪些？

6.14　简述照明光照节能设计的主要措施。

第7章 照明电气设计

7.1 照明电气设计概述

照明电气设计的任务是确定电光源对电压大小、电能质量的要求，选择合理、方便的控制方式，保证照明装置和个人人身安全，尽量减少电气部分的投资和年运行费用。

7.1.1 照明的负荷等级及对供电的要求

按照照明供电的可靠性、中断照明供电所造成的损失和影响程度，将照明负荷分为3级，即一级负荷、二级负荷和三级负荷。

1）一级负荷。中断供电将造成政治上、经济上重大损失，甚至出现人身伤亡等重大事故的场所的照明。如重要车间的工作照明及大型企业的指挥控制中心的照明，国家、省市等各级政府主要办公室，特大型火车站、国境站、海港客运站等交通设施的候车室照明等。

所有建筑设施中的需要在正常供电中断后使用的备用照明、安全照明及疏散标志照明都作为一级负荷。为确保一级负荷供电，需要两个电源供电，并且两个电源之间没有联系。

2）二级负荷。中断供电将造成政治上、经济上较大损失，严重影响重要单位的正常工作以及造成重要公共场所秩序混乱。如省、市图书馆阅览室照明，三星级宾馆饭店的高级客房、宴会厅、餐厅、娱乐室照明等。

二级负荷要求在变压器故障、线路常见故障时不中断供电，或中断供电后能迅速恢复供电。因此需要用两个回路供电。

3）三级负荷。不属于一、二级负荷的则为三级负荷，三级负荷由单电源供电即可。

7.1.2 照明供电网络的接线、照明装置的控制和保护

1. 照明供电系统的接线

建筑物内照明系统的接地方式应与建筑物供电系统的接地方式统一考虑。一般采用 TN-S、TN-C-S 系统，户外照明采用 TT 接地系统。

对于一级负荷，供电方式可以采用如图 7.1 所示的方式。图 7.1a 所示电源来自两个单变压器的变电所，两个变压器的电源是互相独立的高压电源。图 7.1b 所示电源来自双变压器变电所，两台变压器的电源是独立的，设有联络开关。图 7.1c 所示照明负荷为单台变压器供电，应急照明电源引至蓄电池组、柴油发电机组或邻近单位的第二路电源。图 7.1d 所示是特别重要负荷的供电方式，由两个独立电源变压器供电，低压母线设联络开关并可以自动投入，工作照明与应急照明分别接到不同低压母线上，并应设第三独立电源。此电源可以引至自备发电机组，在电网中有效地独立于正常电源的专门馈电线路或蓄电池。

应急电源应能自动投入，可以根据中断方式选择不同的供电方式。

对于二级负荷，要求有一个电源，至少有两个回路供电，如图 7.1a 和图 7.1b 所示。三

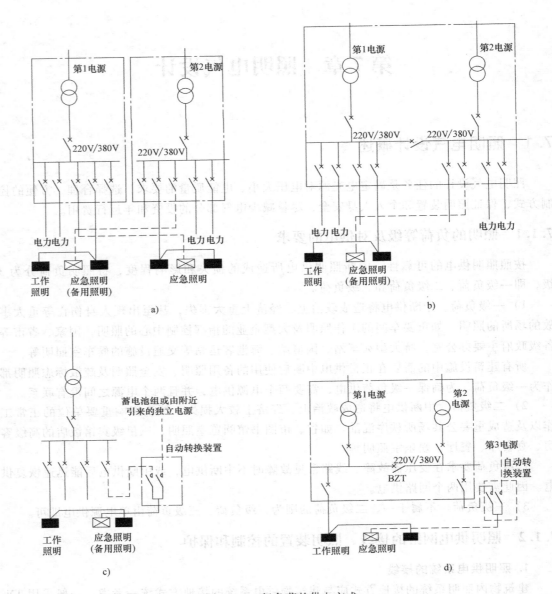

图 7.1 一级负荷的供电方式

a) 单变压器的变电所供电方式 b) 双变压器的变电所供电方式 c) 负荷容量小时的供电方式

d) 特别重要负荷的供电方式

级负荷保证有一个电源即可,如图 7.2 所示。照明供电网络的接线方式主要有放射式、树干式、混合式和链式,如图 7.3 所示。

1)放射式。如图 7.3a 所示,各支路负荷独立受电,线路故障不影响其他支路继续供电,可靠性高。支路电动机起动,对其他支路影响小。缺点是建设费用高,有色金属销量较大。

2)树干式。如图 7.3b 所示,与放射式相比,其优点是建设费用低,但干线故障时影响范围大,因此可靠性差。

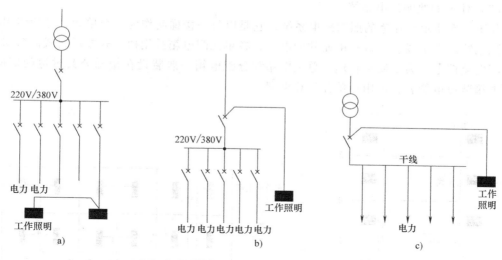

图 7.2　三级负荷的供电方式

a）建筑物内有变电所的供电方式　b）建筑物内无变电所时动力、照明混合供电
c）建筑物内动力采用母干线供电时的照明接线

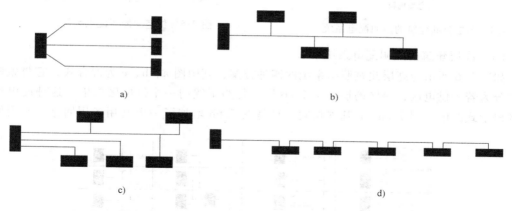

图 7.3　照明供电网络的接线方式

a）放射式　b）树干式　c）混合式　d）链式

3）混合式。如图 7.3c 所示，它综合了放射式和树干式的优缺点，在实际工程应用较广泛。

4）链式。如图 7.3d 所示，它与树干式相似，适用于负荷距离配电所较远，而负荷相互之间距离又较近的不重要的小容量设备，连接的设备一般不超过 3~5 台。

照明配电系统宜采用混合式供电方式。

2. 典型的照明配电系统

（1）多层公共建筑的照明配电系统

如图 7.4 所示为多层公共建筑（如写字楼、教学楼等）的配电系统。其进户线直接进入大楼的配电间的总配电箱，由总配电箱采取干线立管式向各层分配电箱馈电，再经分配电箱引出支线向各房间的照明器和用电设备供电。

（2）住宅的照明配电系统

如图7.5所示为住宅的照明配电系统，它是以每一楼梯间作为一个单元，进户线引至楼的总配电箱。由干线引至每一单元的配电箱，各单元配电箱采用树干式或反射式向各层用户的分配电箱馈电。为了便于管理，总配电箱和分配电箱一般装设在楼梯公共过道的墙面上。分配电箱装设电能表，供用户单独计算电费。

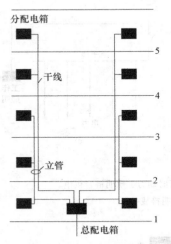

图 7.4　多层公共建筑的照明配电系统

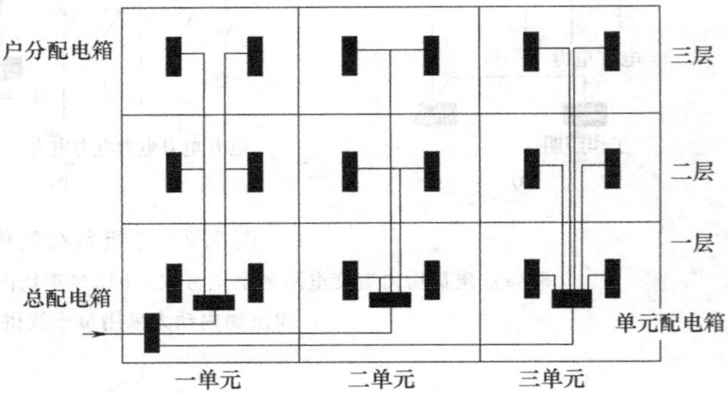

图 7.5　住宅的照明配电系统

（3）高层建筑的照明配电系统

如图7.6所示为高层建筑照明系统的四种方案，其中图a、b、c为混合式，它将整幢楼按层分为若干供电区，每区的层数为2~6层。每路干线向一个供电区配电。这种配电称为分区树干式配电。图7.6a、b基本相同，只是图7.6b增加了一个共用备用回路，共用回路

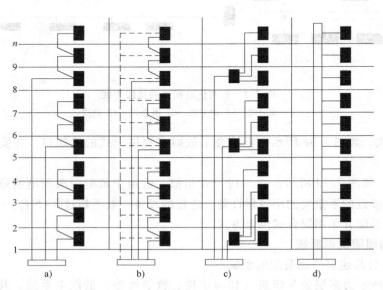

图 7.6　高层建筑的照明配电系统

a)、b)、c) 混合式　d) 树干式

132

采用大树干式配电方式，增加了供电的可靠性。图 7.6c 增加了分区配电箱，它与图 7.6a、b 相比，可靠性较高，但配电级数增加了一级。图 7.6d 采用大树干配电方式，配电干线少，从而大大减少了低压配电屏的数量，安装、维护方便，但供电可靠性和控制的灵活性较差，适用于楼层数量多、负荷较大的大型建筑物。

图 7.7 为某高层住宅的供电系统。

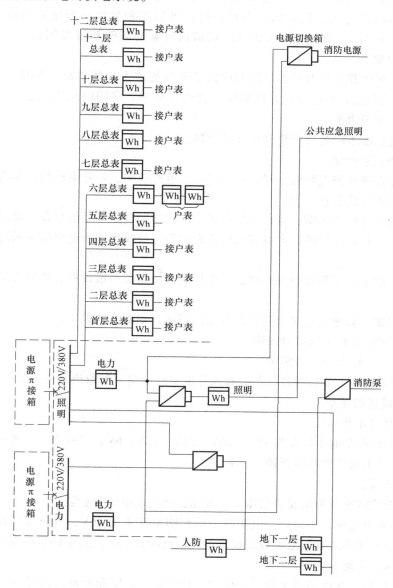

图 7.7　某高层住宅的供电系统

3. 照明装置控制方式

照明控制方式主要满足于安全、节能、便于管理和维护等要求。

（1）室内照明控制

生产厂房内的照明一般按生产组织分组集中在分配电箱上控制，但在出口、入口处应安装部分开关，在分配电箱内可以直接用分路单极开关实现分相控制。照明采用分区域或按房间就地控制时，分配电箱的出线回路可以只装分路保护设备。

大型厂房或车间宜采用带低压断路器的分配电箱，分配电箱应装设在便于维护的地方，并尽量靠近电源侧或所供照明场地的负荷中心。在非昼夜工作的房间中，分配电箱应尽量安装在靠近人员入口处。分配电箱严禁装设在有爆炸危险的场所，可以装设在邻近的非爆炸房间或电气控制室内。不得已时，可以用密封型分配电箱装设在 Q-3 级防爆危险房间内。在 H-1、H-2 级有火灾危险场所内安装的照明箱可以用防尘型；H-3 级场所则可以用保护型。

一般房间照明开关装设在入口处的门把手旁边的墙上。偶尔出入的房间（通风室、储藏室等），开关宜安装在室外，其他房间均宜装在室内。房间内照明器数量为一个以上时，开关数量应不少于两个。

天然采光照度不同的场所照明宜分区控制。

（2）室外照明控制

工业企业室外的警卫照明、露天料场照明、道路照明、户外生产场所照明及高大建筑物的户外灯光装置均应单独控制。

大城市的主要街道照明，可以用集中遥控方式控制高压开关的分合，及通断专用照明变压器以达到分片控制的目的。大城市的次要街道和一般城市的街道照明应采用分片分区的控制方式。

工业企业的道路照明和警卫照明宜集中控制，控制点一般设在有值班人员的变电所或警卫室内。

为节约电能，要求在后半夜切断部分道路照明，切断方式如下：

1）切断间隔灯杆上的部分照明。

2）切断同一杆上的部分照明。

3）大城市主要干道切断自行车道和人行道上的照明，保留快车道上的照明。

4. 照明装置的保护

（1）安全电压和电流

我国规定的安全电压标准为 42V、36V、24V、12V、6V。实验表明，流过人体的电流在 30mA 及以内时不会产生心室纤颤，不致死亡。

（2）电击保护

电击保护的措施是采用安全电压、接零保护和剩余电流保护装置。

1）采用安全电压。手提灯及电缆隧道中照明电压采用 36V，电源变压器（220V/36V）一次、二次绕组间必须有接地屏蔽层或采用双层绝缘；二次回路中的带电部分必须与其他电压回路的导体、大地等绝缘。

2）接地保护。照明装置采用接地保护。我国目前低压配电系统的接地方式通常采用中性点直接接地运行方式，从电源中性点引出中性线 N、保护线 PE 或保护中性线 PEN。中性线 N 的作用是提供单相电气设备相电压和相电流回路，承受三相系统不平衡电流，降低负荷中性点电位偏移。保护线 PE 的作用是保障人身安全，作为防止发生触电事故用的接地线。当发生设备绝缘损坏外露部分带电时，通过 PE 线使外露部分与大地同电位，防止触电事故发生，另一方面通过保护线 PE 与地之间连接，迅速形成单相对地短路，产生较大单相短路电流，使低压保护设备可靠动作，快速切除短路故障。保护中性线 PEN 兼有中性线 N 和保护线 PE 的功能，这种保护线，我国通常称为"零线"或"地线"。

低压配电的 TN 系统如图 7.8 所示，有三相四线制（TN-C 系统）、三相五线制（TN-S 系统）、混合接线（TN-C-S 系统）和 TT 系统（图 7.9）。还有中性点不接地 IT 系统，如图 7.10 所示，将所有电气设备的外露部分通过保护线（PE）接地，当设备发生单相接地故障时外壳电压很低，以保证人身安全。

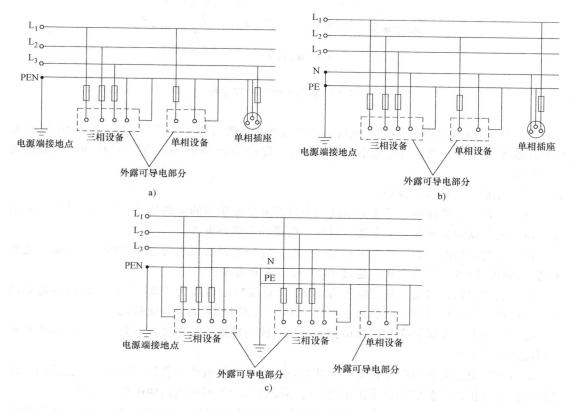

图 7.8　低压配电的 TN 系统
a）TN-C 系统　b）TN-S 系统　c）TN-C-S 系统

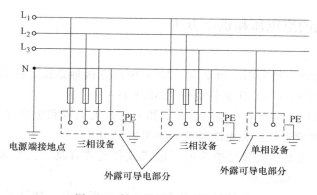

图 7.9　低电压配电的 TT 系统

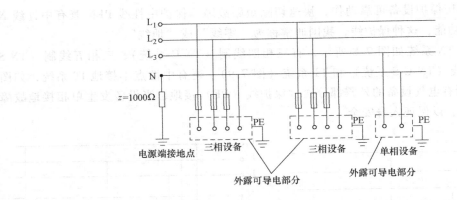

图 7.10　低电压配电的 IT 系统

3）采用剩余电流保护装置。通过剩余电流保护装置（RCD）测量主电路残余电流判断线路绝缘是否损坏，当残余电流小于 30mA 时，保护装置 RCD 不动作，RCD 动作电流整定为 30mA。

（3）保护装置的接零保护

照明装置中需要接零的正常不带电的金属部分是照明器的金属外壳、开关、插座、配电变压器、配电盘的金属外壳、支架、钢管、电缆的金属外皮等。

在不导电的地面，如干燥的实验室、住宅、办公室以及民用的干燥房间，设备交流电压不超过 380V/220V，直流电压不超过 400V 时不需要接零。

在一般房间内，当交流额定电压为 127V 和直流额定电压为 110V 及以下时也不需要接零。有爆炸危险的厂房和屋外装置中交流 127V、直流 110V 的装置应接地。

每个照明器的金属外壳都应以单独的接地支线与接地干线连接，不允许将几个照明器外壳用接地支线串联。

正常时以交流电源供电而在发生事故时以直流电源供电的应急照明线路，不允许用中性线作为接零保护，应急照明应采用单独的接零线或与附近照明线路的中性线连接。

当中性线被用作接零时，中性线的末端应反复接地。为此，中性线末端可以与不同配电箱或不同分支线的中性线连接或与其他接地体连接。在配电箱处，中性线与配电箱一起与接地网连接。

7.1.3　照明配电网络电压和供电方式

1. 照明供电电压

1）照明配电网络一般采用交流 380V/220V 中性点接地系统，灯具电压为 220V（高强度气体放电灯 HID 中镝灯与高压钠灯也有用 380V 的）。

2）在危险厂房内，应有防止触电措施，如采用带玻璃罩和金属保护网的安全灯具，否则应采用 36V。热力管道隧道和电缆隧道内照明采用 36V。

3）容易触及而又无防止触电措施的固定式或移动式灯具，其安装高度距地面为 2.2m 及以下时，使用电压不超过 24V。

4）手提行灯电压一般采用 36V，在不便工作的狭窄地点，如锅炉、金属容器或金属平台上等工作时，手提灯供电电压不超过 12V。

5）由蓄电池供电时，可根据容量大小、电源条件、使用因素，供电电压分别为 220V、36V、24V、12V。

6）室内照明最远一个灯的电压不应低于额定值的 97.5%，外部照明为 96%，采用气体放电时，允许降至 95%，在特殊情况下允许降至 94%。

7）电压为 12~36V 的网络，由降压变压器的低压出线算起，电压损失不应大于额定值的 10%，灯泡承受的最高电压为额定值的 105%。

2. 供电方式

我国照明供电一般采用 380V/220V 三相四线中性点直接接地交流网络供电。照明的供电方式与照明方式和种类有关，分述如下：

（1）正常照明供电方式

1）一般由动力和照明共用电力变压器供电，如动力负荷会引起照明不容许的电压偏移或波动，可采用有载调压电力变压器、调压器或照明专用变压器供电，在照明负荷较大时可采用单独变压器供电。

2）动力采用"变压器干线式"供电而对外又无低压联络线时，照明电源接至变压器低压侧总开关之前；如对外有联络线时，则照明电源宜接至变压器低压侧总开关之后。

当车间变电所的低压侧采用放射式配电系统时，照明电源一般接在低压配电屏的照明专用线上。

3）动力与照明合用供电线路可用于公共和一般的住宅建筑。在多数情况下可用于电力负荷稳定的生产厂房、辅助生产厂房及远离变电所的建筑物，但应在电源进户处将动力和照明线路分开。

4）对一级和二级照明负荷，无第二路电源时，可采用自备快速起动发电机作为备用电源，某些情况下也可采用蓄电池作为备用电源。

（2）应急照明供电方式

1）供继续工作用的备用照明应接于与正常照明不同的电源。

2）人员疏散用的应急照明可按下列情况之一供电：

① 仅装一台变压器时，与正常照明的干线自变电所低压配电屏上或母线上分开。

② 装设两台及以上变压器时，宜与正常照明的干线接于不同的变压器。

③ 建筑内未设变压器时，应与正常照明进户线分开，并不得与正常照明共用一个总开关。

④ 采用带有直流逆变器的应急照明灯（只需装少量应急照明灯）。

（3）局部照明

机床和固定工作台的局部照明可接至动力线路，移动式局部照明应接至正常照明线路，最好接至照明配电箱的专用回路，以便在动力线路检修时仍能继续使用。

（4）室外照明

室外照明线路应与室内照明线路分开供电。道路照明的电源宜接至有人值班的变电所低压配电屏的专用回路上，负荷较小时采用单相、两相供电，负荷较大时采用三相供电。当室外照明电源供电距离较远时，可采用由不同地区的变电所分区供电的方式。露天工作场所、堆场等的照明电源，视具体情况可由邻近车间或线路供电。

7.1.4 配电箱、开关及插座的选择

1) 车间照明的配电箱直接控制。应选用各回路带开关的配电箱。一般选用带单极开关的、实行逐相控制。大型车间宜采用带低压断路器的配电箱。

2) 室内照明支线。一般每一单相回路采用不大于 15A 的熔断器或低压断路器保护，对于大型车间允许增大到 20~30A，每一单相回路的灯数（包括插座）一般不超过 25 个，当采用多管荧光灯时，允许增大到 50 个灯管。

3) 配电箱，局部开关。插座的安装高度一般推荐采用以下数值。

① 配电箱及变压器箱箱中心距地面 1.5m。控制照明不是在配电箱内进行时，则配电箱的安装高度可提高到 2m 或 2m 以上。

② 局部开关（拉线开关除外）距地面 1.3m。

③ 插座：厂房内的插座距地 1m，办公室及生活福利设施的插座距地 1.3m。

7.1.5 选择布线方式

照明供电系统所采用的导线型号及敷设方式依环境特征而定，可参考表 7.1 确定。

表 7.1 常用导线型号及敷设方式

线型号及敷设方式 环境特征		BLV 导线在瓷（塑料）夹或柱上敷设	BLV 导线在瓷瓶上敷设	BLV 导线穿钢（塑料）管明敷设或暗敷设	BLV 导线用卡子固定明敷设
正常		推荐（除顶棚内）	允许（除顶棚内）	允许	推荐
潮湿		禁止	推荐	允许	推荐
多尘		禁止	允许	允许	推荐
高温		禁止	推荐（用BLX）	允许（用BLX）	禁止
有腐蚀性		禁止	允许	推荐（塑料管）	推荐
有火灾危险	H-1	禁止	允许①	允许	推荐
	H-2	禁止	禁止	允许	推荐
	H-3	禁止	允许①	允许	推荐
有爆炸危险	Q-1	禁止	禁止	推荐②	禁止
	Q-2	禁止	禁止	推荐③	允许
	Q-3	禁止	禁止	推荐③	允许
	G-1	禁止	禁止	推荐②	禁止
	G-2	禁止	禁止	推荐③	允许
室外布线		允许（无水淋）	推荐	允许	允许（无曝晒）

① 用于没有机械损伤和远离可燃物处。禁止沿未抹灰的木质顶棚或木质墙壁处敷设。

② 铜线穿焊接钢管。

③ 用焊接钢管，可用大于 2.5mm² 的铝线。

7.2 照明线路的负荷计算

照明线路的负荷计算可采用需用系数法和单位面积耗电量（负荷密度）法。需用系数法所求的计算负荷以该线路连接照明安装容量计入需要系数而得，需用系数是考虑到用电设备不一定同时运行，不一定都在额定功率下工作，设备性质不同，其功率因数也不一定相同，再考虑到线路效率等因素的一个综合用电系数。

计算负荷是确定供配电系统开关电器、保护元件、导线截面的依据。

7.2.1 需用系数法

1. 照明负荷计算

采用需用系数法确定照明设备的计算负荷，即

$$P_c = K_d P_e \tag{7.1}$$

式中　P_c——计算负荷，单位为 W；

　　　P_e——照明设备的安装容量，包括光源和镇流器所消耗的功率，单位为 W；

　　　K_d——需用系数，它表示不同性质的建筑对照明负荷的需要程度。对照明干线见表 7.2，对于照明支线，取 $K_d = 1$。

照明支线的有功计算负荷为

$$P_c = K_d \sum P_N (1+a) \qquad (\text{kW}) \tag{7.2}$$

照明干线的有功计算负荷为

$$P_{c\Sigma} = K_\Sigma \sum P_c \qquad (\text{kW}) \tag{7.3}$$

式中　K_d——需用系数，对于单灯或灯数较少的支线，$K_d = 1$，否则按表 7.2 取值；

　　　K_Σ——照明负荷同时系数，见表 7.3；

　　　a——镇流器及其附件损耗系数，见表 7.4。

照明线路的无功计算负荷为

$$Q_c = P_c \tan\varphi \qquad (\text{kvar}) \tag{7.4}$$

照明线路视在计算负荷为

$$S_c = \sqrt{P_c^2 + Q_c^2} \qquad (\text{kV} \cdot \text{A}) \tag{7.5}$$

式中　$\cos\varphi$——电光源的功率因数，见表 7.5。

2. 线路计算电流

线路计算电流 I_c 为

$$I_c = \frac{P_{cp}}{U_{Np} \cos\varphi} \qquad (\text{A}) \tag{7.6}$$

三相线路的计算电流为

$$I_c = \frac{P_c}{\sqrt{3}\, U_{Nl} \cos\varphi} \qquad (\text{A}) \tag{7.7}$$

式中　P_{cp}、P_c——分别为单相有功功率和三相有功功率，单位为 kW；

　　　U_{Np}、U_{Nl}——分别为单相额定电压及额定线电压，单位为 kV。

当采用两种混合光源时，线路计算电流为

$$I_c = \sqrt{(I_{c1} + I_2 \cos\varphi)^2 + (I_{c2} \sin\varphi)^2} \tag{7.8}$$

式中　I_{c1}——白炽灯（卤钨灯）的负荷电流，单位为 A；

　　　I_{c2}——线路中放电灯负荷电流，单位为 A；

　　　$\cos\varphi$——线路功率因数，无补偿电容的荧光灯取 $\cos\varphi = 0.5$，荧光高压汞灯及金属卤化物灯类取 $\cos\varphi = 0.4 \sim 0.6$。

表 7.2　照明负荷需用系数

建筑类别	K_d	备　注
住宅楼	0.4~0.6	单元或住宅,每户两室,6~8 个插座
单身宿舍	0.5~0.7	标准单间 1~2 灯,2~3 个插座
办公楼	0.7~0.8	标准单间 2 灯,2~3 个插座
教学楼	0.8~0.9	标准教室 6~8 灯,1~2 个插座
商店	0.85~0.95	有举办展销会可能时
餐厅	0.8~0.9	
社会旅馆	0.7~0.8	标准客房 1 灯,2~3 插座
设计室	0.9~0.95	
食堂、礼堂	0.9~0.95	
图书馆、阅览室	0.8	
屋外照明一	1	无投光灯
屋外照明二	0.8	有投光灯
事故照明	1	
局部照明	0.7	检修用
一般照明插座	0.2~0.4	500m² 以下取 0.4,以上取 0.2
变电所、实验室	0.7~0.8	
医务室	0.7~0.8	
屋内配电装置	0.95	
主控室、锅炉房	0.9	
生产厂房(有天然光照明)	0.9~1	
地下室	1	
小型生产建筑物	1	
小型仓库	1	
大跨度组成的生产厂房	0.85	
工厂办公楼、工厂车间生活室	0.9	
实验大楼、学校、医院、托儿所	0.8	
大型仓库、配电所、变电所	0.6	

表 7.3　照明负荷同时系数 K_Σ

工作场所	K_Σ值		工作场所	K_Σ值	
	正常照明	事故照明		正常照明	事故照明
生产车间	0.8~1.0	1.0	道路及警卫照明	1.0	
锅炉房	0.8	1.0	其他露天照明	0.8	
主控制楼	0.8	0.9	礼堂剧院(不包括午后灯光)商店食堂	0.6~0.8	
机械运输	0.7	0.8			
屋内配电装置	0.3		住宅(包括住宅区)	0.5~0.8	
屋外配电装置	0.3		宿舍(单身)	0.6~0.8	
辅助生产建筑物	0.6		旅馆招待所	0.5~0.7	
生产办公楼	0.7		行政办公楼	0.5~0.7	

表7.4 气体放电灯光源镇流元件功率损耗系数 a 值

光源种类	损耗系数 a 值	光源种类	损耗系数 a 值
荧光灯	0.2	金属卤化物灯	0.2~0.8
荧光高压汞灯	0.07~0.3	低压钠灯	0.2~0.8
自镇流荧光高压汞灯	0.14~0.22	高压钠灯	0.12~0.2

表7.5 照明设备的 $\cos\varphi$ 和 $\tan\varphi$

光源类别	$\cos\varphi$	$\tan\varphi$	光源类别	$\cos\varphi$	$\tan\varphi$
白炽灯(卤钨灯)	1	0	高压钠灯	0.45	1.98
荧光灯(无补偿)	0.6	1.33	金属卤化物灯	0.4~0.61	2.29~1.29
荧光灯(有补偿)	0.9~1	0.48~0	镝灯	0.52	1.6
荧光高压汞灯	0.45~0.65	1.98~1.16	氙灯	0.9	0.48

7.2.2 负荷密度法

依据工程设计建筑物的名称,查表7.6得装置单位面积耗电量(负荷密度)的参考值,将此值乘以该建筑物的面积,乘积即为此建筑物的照明供电总计算负荷。

1. 照明负荷计算

用负荷密度法计算总计算负荷,即

$$P_c = \frac{KA}{1000} \tag{7.9}$$

式中　P_c——建筑物的总计算负荷,单位为 kW;

　　　K——单位面积上的负荷需求量(耗电量),单位为 W/m^2;

　　　A——建筑物总面积,单位为 m^2。

表7.6 照明装置单位面积耗电量 K 参考值

建筑物名称	$K/(W/m^2)$	建筑物名称	$K/(W/m^2)$
机械加工车间	7~10	装配车间	8~11
工厂中央实验室	9~12	理化实验室	10~15
计量室	10~13	工厂办公室	10
变电所及配电所	8~12	一般住宅	10~15
锅炉室	7~9	高级住宅	12~18
材料库	4~7	单身宿舍	8~10
汽车库	7~10	办公室、会议室、资料室	10~15
机修厂	8~10	设计室、绘图室、打字室	12~18
发电厂	12~15	手术室	10~13
室外配电装置	1.5~2	医院	9~12
学校	12~15	托儿所	9~12
俱乐部	10~13	汽车道	4~5
浴室更衣所厕所	6~8	人行道	2~3
车站广场	0.5~1	警卫照明	3~4

2. 无功补偿容量的计算

当采用并联电容进行无功补偿时,可采用个别补偿,在配电箱处分组补偿或在变电所集中补偿,其补偿容量为

$$Q_c = P_c(\tan\varphi_1 - \tan\varphi_2) \quad (\text{kvar}) \tag{7.10}$$

式中　$\tan\varphi_1$——补偿前最大负荷时功率因数正切值；

　　　$\tan\varphi_2$——补偿后最大负荷时功率因数正切值；

　　　P_c——三相计算功率或单相计算功率，单位为 kW。

（1）分散个别补偿

采用小容量电容器，其电容量 C 可按下式计算：

$$C = \frac{Q_c}{2\pi f U^2 \, 10^{-3}} \quad (\mu F) \tag{7.11}$$

式中　U——电容器端子上电压，单位为 kV；

　　　f——交流电频率，单位为 Hz；

　　　Q_c——电容器的无功功率，单位为 kvar。

（2）采用集中补偿

可按下式计算：

1）三相接线

$$C = \frac{Q_c \times 10^3}{3U^2 \omega} \quad (\mu F) \tag{7.12}$$

2）星形接线

$$C = \frac{Q_c \times 10^3}{U^2 \omega} \quad (\mu F) \tag{7.13}$$

式中　C——各相中电容器的电容值，单位为 μF；

　　　U——网络电压，单位为 kV；

　　　ω——电源的角频率。

7.2.3　单相负荷的计算

单相负荷计算的准确程度，决定于负荷按三相分配的平衡程度，应尽可能做到将负荷按三相平衡分配。

把线间负荷换算成相负荷的方法如下：

$$a\ 相\quad \left. \begin{array}{l} P_a = P_{ab}p_{(ab)a} + P_{ca}p_{(ca)a} \\ Q_a = Q_{ab}q_{(ab)a} + P_{ca}q_{(ca)a} \end{array} \right\} \tag{7.14}$$

$$b\ 相\quad \left. \begin{array}{l} P_b = P_{bc}p_{(bc)b} + P_{ab}p_{(ab)b} \\ Q_b = Q_{bc}q_{(bc)b} + Q_{ab}q_{(ab)b} \end{array} \right\} \tag{7.15}$$

$$c\ 相\quad \left. \begin{array}{l} P_c = P_{ca}p_{(ca)c} + P_{bc}p_{(bc)c} \\ Q_c = Q_{ca}q_{(ca)c} + Q_{bc}q_{(bc)c} \end{array} \right\} \tag{7.16}$$

式中　P_a、P_b、P_c——换算到 a、b、c 相的有功功率，单位为 kW；

　　　Q_a、Q_b、Q_c——换算到 a、b、c 相的无功功率，单位为 kvar；

　　　P_{ab}、P_{bc}、P_{ca}——换算到 ab、bc、ca 线电压的单相用电设备的有功功率，单位为 kW；

　　　Q_{ab}、Q_{bc}、Q_{ca}——换算到 ab、bc、ca 线电压的单相用电设备的无功功率，单位为 kvar；

　　　$p_{(ab)a}$、$p_{(bc)b}$、$p_{(ca)c}$，$q_{(ab)a}$、$q_{(bc)b}$、$q_{(ca)c}$——分别为有功功率、无功功率换算系数，见表 7.7。

表 7.7　不同功率因数的换算系数

功率换算系数	负荷功率因数 $\cos\varphi$								
	0.35	0.4	0.5	0.6	0.65	0.7	0.9	0.9	1.0
$P_{(ab)a}$、$P_{(bc)b}$、$P_{(ca)c}$	1.27	1.17	1.0	0.89	0.84	0.80	0.72	0.64	0.50
$P_{(ab)b}$、$P_{(bc)c}$、$P_{(ca)a}$	−0.27	−0.17	0.0	0.11	0.16	0.20	0.28	0.36	0.50
$q_{(ab)a}$、$q_{(bc)b}$、$q_{(ca)c}$	1.05	0.86	0.58	0.38	0.30	0.22	0.09	−0.05	−0.29
$q_{(ab)b}$、$q_{(bc)c}$、$q_{(ca)a}$	1.63	1.44	1.16	0.96	0.88	0.80	0.67	0.53	0.29

当单相用电设备总功率大于三相用电设备总功率的 15% 时，且三相有明显不对称时，可按式（7.14）~式（7.16）将其转换成相负荷，选择其中最大相设备功率乘以 3，再同三相设备一起进行三相负荷计算。

7.3　电压损失计算

7.3.1　三相对称线路的电压损失

三相对称线路的电压损失为

$$\Delta U = \sqrt{3}\sum IR\cos\varphi + \sqrt{3}\sum IX\sin\varphi \tag{7.17}$$

当不计电抗，并以线路电压百分数表示时：

$$\Delta U\% = \frac{\sqrt{3}\times 100}{U_N}\sum IR\cos\varphi \tag{7.18}$$

当导线截面材料相同时，有 $R = R_0 L$，$R_0 = \dfrac{1}{rA}$，负荷功率因数均相等，可表示为

$$\Delta U\% = \frac{\sqrt{3}\times 100}{U_N}R_0\cos\varphi\sum IL = \frac{\sqrt{3}\times 100\cos\varphi}{rAU_N}\sum IL \tag{7.19}$$

式中　$\sum IL$——电流矩，单位为 $A\cdot km$。

以负荷矩表示，将 $R_0 = \dfrac{1}{rA}$ 代入式（7.19）得

$$\Delta U\% = \frac{10^5}{U_N^2}R_0\sum PL = \frac{10^5}{rAU_N^2}\sum PL \tag{7.20}$$

式中　PL——负荷矩，单位为 $kW\cdot m$；

　　　　A——导线截面积，单位为 mm^2。

设 $C = \dfrac{rU_N^2}{10^5}$，式（7.20）可以简化为

$$\Delta U\% = \frac{\sum PL}{CA} = \frac{\sum M}{CA} \tag{7.21}$$

式中　$\sum M = \sum PL$——功率矩，单位为 $kW\cdot m$。

7.3.2　单相线路的电压损失

单相线路由于导线一来一回，所以计算电压损失时应乘以 2，得

$$\Delta U\% = \frac{2 \times 100}{rAU_N^2} \Sigma IL \qquad (7.22)$$

或

$$\Delta U\% = \frac{2 \times 10^5}{rAU_N^2} \Sigma PL = \frac{M}{CA} \qquad (7.23)$$

式中 $C = \dfrac{rU_N^2}{2 \times 10^5}$，其他接线方式中 C 值可查表 7.8。

照明配电网络可能由两相分支或单相分支的四线制配电网络组成，在计算配电点至最远负荷处电压损失时，把需要按不同布线的接线系统所构成的各段电压损失相加。以百公数表示电压损失时，可直接相加，否则应进行换算，不同接线方式中的 C 值可查表 7.8。

表 7.8 计算电压损失公式中的系数 C 值

额定电压/V	接线系统	系数表达式	系数 C 值	
			铜导线	铝导线
380/220	三相四线	$\dfrac{rU_N^2}{10^5}$	77	46.2
380/220	两相三线	$\dfrac{rU_N^2}{2.25 \times 10^5}$	34	20.5
220			12.8	7.75
110			3.2	1.9
36	单相或直流	$\dfrac{rU_{NP}^2}{2 \times 10^5}$	0.34	0.21
24			0.153	0.09
12			0.038	0.023

注：1. 环境温度为 25℃。

2. U_N 为额定线电压、U_{NP} 为额定相电压，单位为 V。

3. 导线电导率：铜取 53m/Ω · mm²，铝取 32m/Ω · mm²。

7.3.3 三相四线制线路相负荷不平衡时的电压损失

各相电压损失计算：

$$\left. \begin{aligned} \Delta U_A &= \Delta U_{PA} + \Delta U_{OA} - 0.5(\Delta U_{OB} + \Delta U_{OC}) \\ \Delta U_B &= \Delta U_{PB} + \Delta U_{OB} - 0.5(\Delta U_{OA} + \Delta U_{OC}) \\ \Delta U_C &= \Delta U_{PC} + \Delta U_{OC} - 0.5(\Delta U_{OA} + \Delta U_{OB}) \end{aligned} \right\} \qquad (7.24)$$

式中 ΔU_{PA}、ΔU_{PB}、ΔU_{PC}——各相电流在相导线上引起的电压损失；

ΔU_{OA}、ΔU_{OB}、ΔU_{OC}——各相中性线上引起的电压损失。

各电压损失可用下式求得：

$$\left. \begin{aligned} \Delta U_{PA} &= \frac{\Sigma M_A}{CA_A}, \Delta U_{PB} = \frac{\Sigma M_B}{CA_B}, \Delta U_{PC} = \frac{\Sigma M_C}{CA_C} \\ \Delta U_{OA} &= \frac{\Sigma M_A}{CA_O}, \Delta U_{OB} = \frac{\Sigma M_B}{CA_O}, \Delta U_{OB} = \frac{\Sigma M_B}{CA_O} \end{aligned} \right\} \qquad (7.25)$$

式中 ΣM_A、ΣM_B、ΣM_C——A、B、C 各相负荷力矩总和，$\Sigma M = PL$，单位为 kW · m；

A_A、A_B、A_C、A_O——A、B、C 各相相线的截面积及中性线 O 截面积，单位为 mm²；

144

$$C = rU_{NP}^2/10^5 \text{——接线系数}, U_{NP} \text{为相电压，单位为 V。}$$

例 7.1 现采用 BLX-500 型导线沿建筑物架空敷设一条 220V 单相路灯线路，线路长度和负荷分布如图 7.11 所示，设线路允许电压损失为 3%，试选铝导线截面。

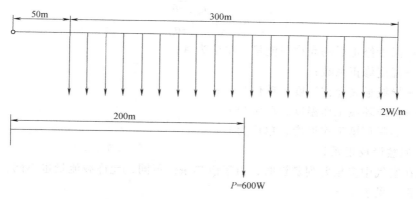

图 7.11 例题 7.1 电气接线图

解：将均匀分布负荷集中于负荷分布线段的中点，即距 220V 导线 200m 处，等效负荷为 $P = 2 \times 300W = 600W = 0.6kW$，因此 $\Sigma M = PL = 0.6 \times 200kW = 120kW \cdot m$，查表 7.8 得 $C = 7.75$。导线截面积为

$$A = \frac{\Sigma M}{C \Delta U_{al}\%} = \frac{120}{7.75 \times 3} mm^2 = 5.2mm^2$$

选 BLX-500-1×6（$S = 6mm^2$）铝芯橡皮线两根。按发热条件校验：

$$I_c = \frac{P}{U} = \frac{600W}{220V} = 2.7A$$

而所选导线截面积 $A = 6mm^2$ 的允许载流量 $I_{al(30°)} = 39A > I_c$，按机械强度校验，求最小截面积，查表 7.12，得最小允许截面积 $A_{min} = 16mm^2$，因此最后改选截面积 $16mm^2$，即采用 BLX-1×16 型铝芯橡皮线两根架空明敷设。

7.4 导线和电缆截面的选择

照明线路导线截面一般可按允许电压损失、机械强度进行选择，按长期允许发热条件进行校验，对于电缆还应进行热稳定校验。

7.4.1 按允许载流量选择导线截面

按允许载流量（允许长期发热）选择导线截面，一般用于支线截面选择或干线长度较短时截面选择。计算公式如下：

$$I_{al} \geqslant I_c \tag{7.26}$$

式中 I_{al} ——导线或电缆的允许载流量，单位为 A；

I_c ——照明线路的计算电流，单位为 A。

各种导线的允许载流量可查附表 D.7~D.13，它是在标准环境温度（25℃）和某种敷设条件下给出的。当环境温度和敷设条件不同时，要进行修正，乘以校正系数。

（1）环境温度校正系数 K_t

$$I'_{al} = K_t I_{al} \tag{7.27}$$

$$K_t = \sqrt{\frac{\theta_{max} - \theta}{\theta_{max} - \theta_0}} \tag{7.28}$$

式中　I'_{al}——温度修正后的允许载流量，单位为 A；

　　　K_t——温度修正系数；

　　　θ_{max}——导线最高允许温度，单位为℃；

　　　θ_0——标准环境工作温度，单位为℃；

　　　θ——实际环境工作温度，单位为℃。

（2）并列敷设校正系数

当电缆在空气中多根并列敷设时，由于散热条件不同，允许载流量也不同，因此要对载流量进行校正，见表 7.9。

表 7.9　电缆在空气中并列敷设时载流量校正系数 K_b 值

电缆中心距离 /mm	电缆根数							
	1	2	3	4	5	6	7	8
d	1.0	0.9	0.85	0.82	0.81	0.80	0.73	0.72
$2d$	1.0	1.0	0.98	0.95	0.93	0.90	0.80	0.79
$3d$	1.0	1.0	1.0	0.98	0.97	0.96	0.85	0.84

注：d 为电缆外径，当外径不同时，可取其平均值。

（3）土壤热阻系数不同的校正系数

对直接埋地电缆，要进行校正，土壤温度用一年中最热月地下 0.8m 的土壤平均温度；土壤热阻系数取 80℃，当土壤热阻系数不同时，按表 7.10 进行校正。

表 7.10　土壤热阻系数不同时的载流量修正系数 K_{tr}

电缆缆芯 截面积/mm²	土壤热阻系数/(℃·m/W)				
	0.60	0.80	1.20	1.60	2.00
2.5~16	1.06	1.0	0.90	0.83	0.77
25~95	1.08	1.0	0.88	0.80	0.73
120~240	1.09	1.0	0.86	0.78	0.71
土壤情况	潮湿土壤：沿海、湖、河畔地带、雨量多的地区，如华东、华南地区等		普通土壤：如东北大平原；夹杂质的黑土和黄土如华北大平原的黄黏土、砂土		干燥土壤：如高原地区，雨量少的山区丘陵干燥地带

7.4.2　按允许电压损失选择导线截面

按允许电压损失选择导线截面，常用于干线长度较长时的截面选择，要求导线上的电压损失 $\Delta u\%$ 低于允许电压损失 $\Delta u_{al}\%$，以满足供电质量要求，室内照明允许电压损失不大于 2.5%，室外不大于 5%。

1）无分支干线或支线导线截面选择的电压损失计算公式为

$$\Delta u\% = \frac{M}{CA} = \frac{\Sigma PL}{CA} \tag{7.29}$$

由式（7.29）可得

$$A = \frac{M}{C\Delta u\%} = \frac{\Sigma PL}{C\Delta u\%} \tag{7.30}$$

式中　M——负荷距，单位为 kW·m，$M = \Sigma PL$；

　　　C——照明网络的接线系数，可查表 7.8 求得；

　　　A——导线计算截面积，单位为 mm^2。

2）有分支（干线和支线截面不同）导线截面的选择，在满足电压损失的条件下，消耗金属量最少的导线截面积计算公式如下：

$$A = \frac{\Sigma M + \Sigma aM'}{C\Delta u\%} \tag{7.31}$$

式中　ΣM——从所求线段开始，沿电能传播方向所有各段有相同导体导线根数的功率矩之和；

　　$\Sigma aM'$——计算线段根数不同所有分支线功率矩之和；

　　　　a——功率矩换算系数，与网络接线方式有关，可查表 7.11 求得；

　　$\Delta u\%$——从计算线路首端至整个线路末端的允许电压损失。

表 7.11　功率矩换算系数 a 的数值

干　线	分支线	换算系数 a	
		代号	数值
三相四线制	单相	a_{4-1}	1.83
三相四线制	两相三线	a_{4-2}	1.37
两相三线	单相	a_{3-1}	1.33
三相三线	两相三线	a_{3-2}	1.15

下面通过例题说明按允许电压损失选择导线截面方法的应用。

例 7.2　按导线材料消耗量最少条件选择图 7.12 所示照明系统各段线路截面，线路电压为 380V/220V，允许电压损失为 2.5%，导线采用 BLV 型铝芯塑料线明敷设，环境温度为 25℃。

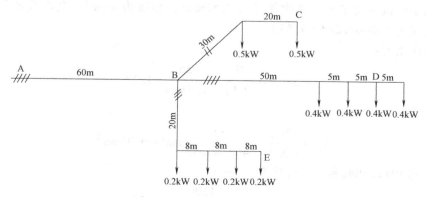

图 7.12　例题 7.2 照明电气接线图

解：1）计算各段线路的功率矩。

AB 段：

$$M_{AB} = \Sigma PL = (0.5 \times 2 + 0.4 \times 3 + 0.2 \times 4) \times 60 \text{kW} \cdot \text{m} = 180 \text{kW} \cdot \text{m}$$

BC 段：

$$M_{BC} = (0.5 \times 30 + 0.5 \times 50) \text{kW} \cdot \text{m} = 40 \text{kW} \cdot \text{m}$$

BD 段：

$$M_{BD} = \Sigma PL = (0.4 \times 50 + 0.4 \times 55 + 0.4 \times 60) \text{kW} \cdot \text{m} = 66 \text{kW} \cdot \text{m}$$

BE 段：

$$M_{BE} = (0.2 \times 20 + 0.2 \times 28 + 0.2 \times 36 + 0.2 \times 44) \text{kW} \cdot \text{m} = 25.6 \text{kW} \cdot \text{m}$$

2）求 AB 段线路截面积。

$$A_{AB} = \frac{\Sigma M + \Sigma aM'}{C\Delta u\%} = \frac{M_{AB} + M_{BD} + a_{4-1}M'_{BC} + a_{4-2}M'_{BE}}{C\Delta u\%}$$

$$= \frac{180 + 66 + 1.83 \times 40 + 1.37 \times 25.6}{46.2 \times 2.5} \text{mm}^2 = 3.1 \text{mm}^2$$

实选 $A = 4.0 \text{mm}^2$，相线 4mm^2，中性线 2.5mm^2（满足机械强度要求），允许载流量 $I_{al} = 34\text{A}$

线路计算电流为 $I_c = \frac{3000}{\sqrt{3} \times 380}\text{A} = 4.6\text{A}$，因为 $I_{al} = 34\text{A}$ 大于计算电流 $I_c = 4.6\text{A}$，所以发热校验合格。

AB 段实际电压损失为

$$\Delta U_{AB}\% = \frac{M_{AB}}{CA_{AB}} = \frac{180}{46.2 \times 4} = 0.974$$

则以下各段允许电压损失为

$$\Delta U_{al}\% = 2.5 - 0.974 = 1.526$$

3）选择 BC、BD、BE 段截面。

① BC 段

$$A_{BC} = \frac{M'_{BC}}{C\Delta u\%} = \frac{40}{7.75 \times 1.53} \text{mm}^2 = 3.37 \text{mm}^2$$

考虑满足机械强度要求，选中性线为 2.55mm^2，相线为 4mm^2，允许载流量 $I_{al} = 34\text{A}$，大于计算电流 $I_c = 1000/220\text{A} = 4.55\text{A}$。

实际电压损失：

$$\Delta u_{BC}\% = \frac{M'_{BC}}{CA_{BC}} = \frac{40}{7.75 \times 4} = 1.29$$

② BD 段

$$A_{BD} = \frac{M_{BD}}{C\Delta u\%} = \frac{66}{46.2 \times 1.53} \text{mm}^2 = 0.93 \text{mm}^2$$

同理，选 BD 段相线和中性线均为 2.5mm^2。

$$I_{al} = 26\text{A} > I_c = \frac{1200}{220}\text{A} = 5.45\text{A}$$

实际电压损失：

$$\Delta u_{BD} \% = \frac{M_{BD}}{CA_{BD}} = \frac{66}{46.2 \times 2.5} = 0.57$$

③ BE 段

$$A_{BE} = \frac{M_{BE}}{C \Delta u \%} = \frac{25.6}{20.5 \times 1.53} \text{mm}^2 = 0.82 \text{mm}^2$$

同理，选 BD 段相线和中性线均为 2.5mm²。

$$I_{al} = 26\text{A} > I_c = \frac{0.82 \times 10^3}{220}\text{A} = 3.7\text{A}$$

实际电压损失：

$$\Delta u_{BD} \% = \frac{M_{BE}}{CA_{BE}} = \frac{25.6}{20.5 \times 2.5} = 0.5$$

④ 校验总电压损失。

$\Delta u_{AC} \% = \Delta u_{AB} \% + \Delta u_{BC} \% = 0.974 + 1.29 = 2.264 < 2.5$

$\Delta u_{AD} \% = \Delta u_{AB} \% + \Delta u_{BD} \% = 0.974 + 0.57 = 1.544 < 2.5$

$\Delta u_{AE} \% = \Delta u_{AB} \% + \Delta u_{BE} \% = 0.974 + 0.5 = 1.474 < 2.5$

由于各段电压损失之和小于允许电压损失，故所选导线截面满足允许电压损失的要求。

7.4.3 按允许机械强度选择导线截面

在正常工作状态下，导线应有足够的机械强度，以防断线，并保证可靠运行，导线按机械强度要求的最小截面积见表 7.12~表 7.14。

表 7.12 架空裸导线的最小允许截面积 （单位：mm²）

导线种类	高压 10kV		低压
	居民区	非居民区	
铝和铝合金线	35	25	16
钢芯铝导线	25	16	16
铜线	16	16	3.2mm(直径)

表 7.13 进户线的最小截面积

电压级别	进户线架设方式	档柜/m	最小截面积/mm²			
			钢绞线	铝绞线	绝缘铜线	绝缘铝线
高压 1kV 及以上	架空 架空	<30 <30	16	25		
低压 1kV 以下	自杆上引下 沿墙敷设	<10 10~25 ≤6			4 2.5	4 6 4

表 7.14　按机械强度允许导线最小截面积

用　途	导线最小截面积/mm²		
	铝线	铜线	铜芯软线
照明用灯头引下线			
民用建筑　屋内	1.5	0.5	
工业建筑　屋内	2.5	0.8	0.5
工业建筑　屋外	2.5	1	1
架设在绝缘支架上的绝缘导线其支点距离			
<1m 屋内	1.5	1	
屋外	2.5	1.5	
1~2m 屋内	2.5	1	
屋外	2.5	1.5	
≤0.6m	4	2.5	
≤12m	6	2.5	
≤2.5m	10	2.5	
固定敷设的护套线	2.5	1	
穿管敷设的绝缘导线	2.5	1	1
移动式用电设备用导线			
生活用			0.2
生产用			1
爆炸场所穿管敷设的绝缘导线			
Q-1、G-1 级场所		2.5	
电力照明控制		2.5	
Q-2 级场所			
电力	4	1.5	
照明	2.5	1.5	
控制		1.5	
Q-3、G-2 级场所			
电力照明	2.5	1.5	
控制		1.5	

注：用链吊或管吊的屋内照明灯具，其灯头引下线为铜芯软线，可适当减小截面积。

7.5　低压断路器和熔断器的选择

对于一般照明，通常采用熔断器作为短路保护，不需要进行过载保护。对于住宅、重要公共建筑物和仓库、其他有爆炸和火灾危险的建筑物内照明，配电线路除短路保护外还应有过负荷保护，可以采用低压断路器进行过负荷保护，因为低压断路器内有防止过载的保护装置。

7.5.1 熔断器的选择

熔断器的选择要满足下列条件：

（1）$U_{NR} \geqslant U_N$

熔断器的额定电压要大于或等于其安装回路的额定电压。

（2）$I_{NR} \geqslant K_m I_c$

熔断器的熔体额定电流必须大于或等于其安装回路的计算电流，并且要躲过电光源的启动电流。K_m 为计算系数，与电光源启动情况和熔断器特性有关，可查表 7.15。

表 7.15　照明线路熔体选择计算系数 K_m 值

熔断器型号	熔体材质	熔体额定电流/A	K_m 值		
			白炽荧光灯、卤钨灯、金属卤化物灯	高压汞灯	高压钠灯
RL1	铜银	≤60	1	1.3~1.7	1.5
RC1A	铅银	≤60	1	1~1.5	1.1

（3）校验熔断器开断电流

$$I_{Rop} > I_{ch} \tag{7.32}$$

式中　I_{Rop}——熔断器开断电流，单位为 A；

　　　I_{ch}——回路短路电流冲击有效值，单位为 A。

若满足式（7.32），熔断器在 0.01s 时熔断。

（4）熔断器与导线截面的配合

要实现短路保护，熔断器熔体电流不应大于电缆或穿管绝缘导线允许载流量的 2.5 倍、明敷设绝缘导线允许载流量的 1.5 倍，即

$$\frac{I_{NR}}{I_{al}} \leqslant \frac{2.5}{1.5}（电缆或穿管线/明敷设绝缘导线）\tag{7.33}$$

（5）校验保护装置的可靠性

照明配电保护装置的作用是，在线路末端发生单相接地短路时，其短路电流能使保护装置迅速可靠动作，为此要满足下式：

$$\frac{I_{k \cdot min}}{I_{NR}} > 4 \tag{7.34}$$

7.5.2 低压断路器的选择

低压断路器既能带负荷通断电路，又能在线路短路、过负荷和低电压等故障时自动跳闸。照明用低压断路器采用过载长延时、短路瞬时动作的保护特性，选择时应满足下列条件：

（1）$U_{Na} \geqslant U_{Nc}$

低压断路器的额定电压必须大于或等于其安装回路额定线电压。

（2）$I_{Na} > I_c$

低压断路器的额定电流必须小于或等于线路计算电流，并应尽量相近。

（3）低压断路器脱扣器整定电流

$$\left.\begin{array}{l} I_{\text{op1}}>K_{k1}I_c \\ I_{\text{op2}}>K_{k2}I_c \end{array}\right\} \tag{7.35}$$

式中 K_{k1}、K_{k2}——照明低压断路器长延时和瞬时脱扣器计算系数，取决于电光源启动状况和低压断路器特性，见表7.16和表7.17；

I_{op1}、I_{op2}——分别为长延时和瞬时脱扣器整定电流，单位为A。

表7.16 照明用低压断路器长延时和瞬时过电流脱扣器计算系数

低压断路器特性	计算系数	白炽灯、荧光灯、卤化物灯	高压汞灯	高压钠灯
带热脱扣器	K_{k1}	1	1.1	1
带电磁脱扣器	K_{k2}	6	6	6

表7.17 照明用低压断路器长延时动作特性

试验电流/A	动作时间	试验电流/A	动作时间
I_{op1}	不动作	$2I_{\text{op1}}$	<4min
$1.3I_{\text{op1}}$	<1h	$6I_{\text{op1}}$	<2s

（4）校验脱扣器整定电流的灵敏度

$$\frac{I_{\text{kmin}}^{(1)}}{I_{\text{op2}}}\geqslant K_L^{(1)} \tag{7.36}$$

式中 $I_{\text{kmin}}^{(1)}$——被保护线路末端单相接地短路电流，单位为A；

I_{op2}——低压断路器瞬时脱扣器整定电流，单位为A；

$K_L^{(1)}$——单相灵敏系数，对ZD型（塑料外壳式低压断路器）取1.5，其他型低压断路器取2。

$$\frac{I_{\text{op1}}}{I_{\text{al}}}<1.1 \tag{7.37}$$

式中 I_{op1}——低压断路器长延时脱扣器整定电流，单位为A；

I_{al}——线路导线电流允许载流量，单位为A。

（5）校验低压断路器的开断电流

对工作时间在0.02s以上的低压断路器（DW型）必须满足：

$$I_{\text{op}}\geqslant I_k \tag{7.38}$$

式中 I_{op}——低压断路器开断电流（周期分量有效值），单位为A；

I_k——回路短路电流周期分量有效值，单位为A。

对于动作时间在0.02s以内的低压断路器（DZ型）必须满足：

$$I_{\text{op}}>I_{\text{ch}} \tag{7.39}$$

式中 I_{op}——低压断路器开断电流（冲击电流有效值），单位为A；

I_{ch}——短路开始第一周期内全电流有效值，单位为A。

7.5.3 熔断器和低压断路器型号的选择

（1）熔断器型号选择

照明用熔断器额定电流不大，一般在50A以下，常选快速熔断的熔断器，常用的有瓷插式熔断器。

RC1A 系列和螺旋式 RL1 系列熔断器，可参考表 7.18 和表 7.19 选择。

表 7.18　RC1A 和 RL1 熔断器熔管额定电流及熔体额定电流

熔断器熔管额定电流/A	熔体额定电流/A（额定电压500V）	
	RC1A	RL1
5	2、5	
10	2、4、6、10	
15	6、10、15	2、4、6、10、15
30	20、25、30	
60	40、50、60	20、25、30、35、40、50、60
100	80、100	60、80、100
200	120、150、200	100、125、150、200

表 7.19　RC1A 瓷插入式熔断器

型号	熔管额定电流/A	极限分断能力		备注
		电路电压为380V时交流周期分量有效值/A	cosφ	
RC1A 瓷插入式熔断器	5			上海金山电器厂数据
	10			
	15			
	30			
	60			
	100、200			
螺旋式熔断器 RL1	15、60	2500	≥0.3	上海金山电器厂数据
	100、200	5000		

照明用低压断路器通常选用具有过载长延时、短路瞬时保护特性的 DZ 系列塑料外壳式低压断路器，可参考表 7.20~表 7.22 选择。

表 7.20　DZ5 型低压断路器基本数据

型号	开关额定电流/A	额定电压/V	极数	脱扣器形式	脱扣器额定电流/A	辅助触头		生产厂家
						形式	额定电流/A	
DZ5-20/330	20	380	3	复式	0.15、0.2	动断触头、动合触头各一个	5	嘉兴电气控制设备厂上海第三开关厂
D25-20/230			2		0.3、0.45			
DZ5-20/320			3	电磁式	0.65、1.0			
DZ5-20/220			2		1.5、2、3、			
DZ5-30/310			3	热脱扣器	4.5、6.5、10			
DZ5-20/210			2		15、20			
DZ5-20/300			3	无脱扣器	—			
DZ5-20/200			2					

表 7.21　DZ15 系列低压断路器基本数据

型　号	开关额定电流/A	额定交流电压/V	极数	脱扣器额定电流/A
DZ15-40/190□		220	1	
DZ15-40/290□	40		2	7、10、15
DZ15-40/390□		380	3	20、30、40
DZ15-40/490□			4	
DZ15-60/190□		220	1	
DZ15-60/290□	60		2	10、15、20
DZ15-60/390□		380	3	30、40、60
DZ15-60/490□			4	

注：表中"□"表示用途，可参照型号含义。

表 7.22　低压断路器在瞬时或短延时过电流脱扣器的通断电流

低压断路器额定电流/A	具有瞬时或短延时过电流脱扣器的低压断路器通断能力							通断时间/min
	交流有效值/kA				直流/kA			
	额定电压/V		额定电压/V		额定电压/V		时间常数/ms	
	380	220	380	220	440	220		
6	0.75	0.3	0.8	0.8				
10	1.0	0.5	0.8	0.8				
20	1.5	1.0	0.8	0.8				
30	2.0	1.5	0.7	0.8				
50	2.5	2.0	0.7	0.8				
100	10	2.5	0.5	0.8	5	12	10	3
200	15		0.5		10	20		
400	20		0.35		15	25		
600	25		0.35		15	25		
1000	30		0.30		20			
1500	40		0.30		20			
2500	50		0.25		30		10	3
4000	70		0.25		40			

注：当过电流脱扣器额定电流小于低压断路器的额定电流，且短延时和瞬时通断能力又低于该低压断路器通断能力时，其通断能力数值在产品技术条件中规定。

（2）低压断路器型号的选择

低压断路器型号含义：

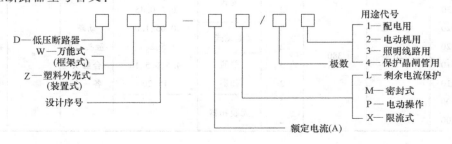

154

7.6 低压刀开关和负荷开关的选择

7.6.1 低压刀开关的选择

低压刀开关按操作方式分为单投和双投，按其极数有单极、双极和三极，按其灭弧结构分，有不带灭弧罩和带灭弧罩两种。

不带灭弧罩的刀开关一般只能在无负荷下操作，作隔离开关使用；带灭弧罩的刀开关能通断一定的负荷电流，其钢栅片灭弧罩能使负荷电流产生的电弧有效地熄灭。刀开关是一种带有刀刃楔形触头、结构较简单的开关。按其结构形式分为：无保护壳的刀开关，如 HD、RS 系列；无保护壳而带有熔断器的刀开关，如 HR 系列；带有熔断器并有保护壳的封闭式负荷开关，如 HH 系列；带有熔丝保护装置并有保护外壳的开启式负荷开关，如 HK9 系列；刀片为组合且具有转换功能的组合开关，如 HZ 系列等。

当前推荐使用 HD11、HD13、HD14 和 HS11、HS13 系列。

刀开关型号含义：

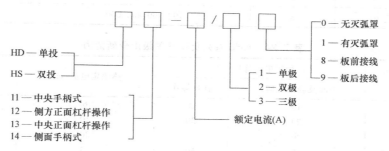

刀开关按线路额定电压、计算电流及遮断电流选择，按短路时动稳定、热稳定进行校验。

1）安装开关的线路额定交流电压不超过 500V，直流电压不超过 440V。

2）按计算电流选择：

$$I_N > I_c \tag{7.40}$$

式中　I_N——开关额定电流，单位为 A；

　　　I_c——线路计算电流，单位为 A。

3）按遮断电流选择：开关遮断的负荷电流不应大于允许的遮断电流值，一般不允许直接用开关切断电路。

$$I_{opL} > I_{opa} \tag{7.41}$$

式中　I_{opL}、I_{opa}——分别为开关遮断负荷电流和遮断电流。

4）按短路时的动稳定、热稳定校验：

$$\left.\begin{array}{l} I_t^2 t > I_\infty^2 t_j \\ i_{max} \geqslant i_{ch} \end{array}\right\} \tag{7.42}$$

式中　I_t、I_∞——分别为开关在 t 秒的热稳定电流和短路电流周期分量有效值，单位为 A；

　　　i_{max}、i_{ch}——分别为开关动稳定电流和短路第一周内全电流有效值，单位为 A。

表 7.23 和表 7.24 为常用刀开关技术数据。

表 7.23　HD、HS 系列刀开关技术数据

型　号	极　数	额定电流 I_N/A	380V,$\cos\varphi=0.7$
HD11-□/□8	1、2、3	100、200、400	分断电流(A) 用于电路中无 电流时切断电源
HD11-□/□9	1、2、3	100、200、400、600、1000	
HD11-□/□	1、2、3	100、200、400、600、1000	
HD12-□/□1 HS12-□/□1	2、3 2、3	100、200、400、600、1000	I_N
HD12-□/□0 HS12-□/□0	2、3 2、3	100、200、400、600、1000	$0.3I_N$
HD13-□/□1 HS13-□/□1	2、3 2、3	100、200、400、600、1000	I_N
HD13-□/□0 HS13-□/□0	2、3 2、3	100、200、400、600、1000、1500 100、200、400、600、1000	$0.3I_N$
HD14-□/□31	3	100、200、400、600	I_N
HD14-□/□30	3	100、200、400、600	$0.3I_N$

表 7.24　HH3 系列负荷开关极限分断能力

刀开关额定电流 /A	动稳定电流峰值/kA		热稳定电流/mA	电寿命/次
	中间及侧面手柄式	杠杆操作		
100	15	20	6	1000
200	20	30	10	1000
400	30	40	20	1000
600	40	50	25	500
1000	50	60	30	500
1500	—	80	40	—

7.6.2　低压负荷开关的选择

负荷开关有开启式和封闭式两类，由带灭弧罩开关和熔断器构成，后者外装封闭金属外壳（又称为封闭式开关熔断器组）。它能有效进行短路保护，造价低廉，使用方便，在负荷不大的低电压系统中得到广泛应用。

封闭式负荷开关推荐使用全国统一设计的 HH10、HH11 系列，前者特点是管式和管插式两种熔断器都可以装在同一底座上，后者是容量负荷开关，采用管式熔断器，分断能力达 50kA。

封闭式负荷开关型号的含义如下：

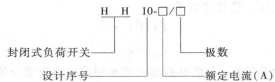

负荷开关选择方法如下：

$$U_N > U_W \qquad\qquad (7.43)$$

式中 U_N、U_W——封闭式负荷开关额定电压及开关工作电压，单位为 V。

$$I_N > I_W \qquad\qquad (7.44)$$

式中 I_N、I_W——封闭式负荷开关额定工作电流及开关工作电流，单位为 A。

低压负荷开关技术数据见表 7.25~表 7.27。

表 7.25　HH3 系列负荷开关的分类

开关形式	额定电压/V	极　数	额定电流/A
钢板壳开关	440（交流）、500（直流）	3 或 3+中性线插座	10、15、20、30、60、100、200
	250（交流）、250（直流）	2	
铸铁壳开关	440（交流）、500（直流）	3 或 3+中性线插座	60
	250（交流）、250（直流）	2	

表 7.26　HH3 系列负荷开关极限分断能力

额定电流/A	接通与分断电流/A				熔断器极限分断能力			
	交流 440/V		直流 500V $L/R = 0.006 \sim 0.008\mathrm{s}$		交流 440V		直流 500V $L/R = 0.006 \sim 0.008\mathrm{s}$	
	分断电流/A	$\cos\varphi$			分断电流/A	$\cos\varphi$		
15	60	0.4	22.5		1000	0.8	500	
30	120	0.4	45		2000	0.8	2000	
60	240	0.4	90		4000	0.8	4000	
100	250	0.8	150		5000	0.4	5000	
200	300	0.8	300		5000	0.4	5000	

表 7.27　HH11 系列封闭式负荷开关基本数据

负荷开关额定电流/A	额定电压/V	熔体额定电流/A	接通与分断参数			极限分断能力		
			电流/A	$\cos\varphi$	次数	电流/A	$\cos\varphi$	次数
100		60、80、100	300	0.8	3	50	0.25	3
200								
300	交流 380	100、150、200	600	0.8	3	50	0.25	3
		200、250、300	900	0.8				
400		300、350、400	1200	0.8				

7.6.3　开启式负荷开关

HK 系列开启式负荷开关是带熔断器装置的开关中最简单的一种，价格低廉，但保护性差，一般仅用于小容量的照明负荷或作为电源隔离的明显断点。熔断部分主要起短路保护作用，在一定范围内可起到过载保护作用。

HK1 系列开关的熔丝胶盖开启方便，HK2 系列开关的接线端子较坚固。

HK 系列负荷开关的型号含义如下：

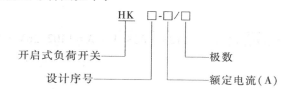

HK 系列开启式负荷开关技术数据见表 7.28。

表 7.28 HK 系列开启式负荷开关技术数据

型号	额定电压 /V	接通与分断参数		装最大熔体时		功率因数
		电流/A	次数	极限分析能力/A	次数	
HK1-15/2 HK2-15/3	220 380	30	10	500	2	
HK1-30/2 HK2-30/3	220 380	60	10	1000	2	0.5~0.6
HK1-60/2 HK1-60/3	220 380	90	10	1500	2	
HK2-15/2 HK2-15/3	220 380	30				
HK2-10/2	220	20				
HK2-30/2 HK2-30/3	220 380	60	100			0.6
HK2-60/2 HK2-60/3	220 380	90	1500			

例 7.3 某住宅照明楼用 380V/220V 三相四线制进线，干线采用单相放射式配电，如图 7.13 所示，每单元每条线路负荷都相同，即白炽灯 40W、10 只，荧光灯 40W、10 只，插座 20 只，每只插座按 50W 选择（功率因数 $\cos\varphi = 0.5$）。

（1）试计算各支线计算负荷和计算电流、干线计算负荷和计算电流、进线计算负荷和计算电流。

（2）已知支线采用二芯 BLV 塑料绝缘导线穿硬塑管敷设，干线和进户线采用 BLV 塑料导线穿钢管敷设，试选择导线截面及熔断器和低压断路器。

解：（1）已知白炽灯插座损耗系数 $a = 0$，荧光灯查表 7.4，$a = 0.2$，查表 7.2，住宅需用系数 $K_d = 0.4 \sim 0.6$，取 $K_d = 0.6$，查表 7.5，荧光灯 $\cos\varphi = 0.6$，$\tan\varphi = 1.33$，插座按 $\cos\varphi = 0.8$，$\tan\varphi = 0.75$。

支线有功计算负荷：

$$P_{c1} = K_d \Sigma P_N (1+a)$$
$$= 0.6 \times [40 \times 10 + 40 \times (1+0.2) \times 10 + 20 \times 50] W = 1128W$$

支线无功计算负荷：

$$Q_{c1} = K_d \Sigma P_N (1+a) \tan\varphi$$
$$= 0.6 \times [40 \times (1+0.2) \times 1.33 \times 10 + 50 \times 0.75 \times 20] var$$
$$= 833.04var$$

支线视在功率为

$$S_{c1} = \sqrt{P_{c1}^2 + Q_{c1}^2} = \sqrt{1128^2 + 833^2} V \cdot A = 1402.26V \cdot A$$

支线计算电流为

$$I_{c1} = \frac{S_c}{U_{NP}} = \frac{1402}{220}A = 6.37A$$

每条干线三条支线供电，各支线负荷相同，查表7.3，住宅同时系数 $K_\Sigma = 0.5 \sim 0.8$，取 $K_\Sigma = 0.7$。

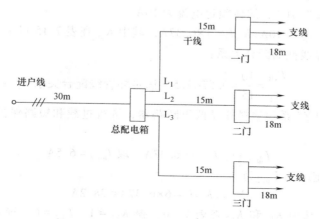

图7.13 例7.3照明干线配电方式

干线计算负荷如下。

有功计算负荷：

$$P_{c2} = K_\Sigma \sum_{i=1}^{3} P_{c1} = K_\Sigma \times 3P_c = 0.7 \times 3 \times 1128W = 2368.8W$$

无功计算负荷：

$$Q_{c2} = K_\Sigma \sum_{i=1}^{3} Q_{c1} = K_\Sigma \times 3Q_c = 0.7 \times 3 \times 833var = 1749.3var$$

视在容量：
$$S_{c2} = \sqrt{P_{c2}^2 + Q_{c2}^2} = 2944.8V \cdot A$$

计算电流：

$$I_{c2} = \frac{S_{c2}}{U_{NP}} = \frac{2944.8}{220}A = 13.39A$$

进户线计算负荷：

$$P_{c3} = 3P_{c2} = 3 \times 2368.8W = 7106.4W$$

$$Q_{c3} = 3Q_{c2} = 3 \times 1749.4var = 5248.2var$$

$$S_{c3} = \sqrt{7106^2 + 5248^2} V \cdot A = 8833.8V \cdot A$$

$$I_{c3} = \frac{S_{c3}}{\sqrt{3} U_{nl}} = \frac{8834}{\sqrt{3} \times 380}A = 13.42A$$

（2）按允许发热条件选择导线截面，按允许电压损失和机械强度进行校验，然后确定穿管管径。

1）支线截面选择。

查附表D.10，支线二铝芯穿塑料管敷设，初选 $A = 2.5mm^2$，$I_{al} = 16A > I_{c1} = 6.37A$，考虑到要满足机械强度要求，查表7.13取 $S = 2.5mm^2$，$I_{al} = 18A$。

检验电压损失，按允许电压损失 $\Delta U_{al}\% = 2.5$ 计算。C 值查表 7.8，单相交流导线 $C = 7.75$。

$$\Delta U\% = \frac{M}{CA} = \frac{P_{c1}L_1}{CA} = \frac{1.128 \times 18}{7.75 \times 2.5} = 1 < \Delta U_{al}\% = 2.5$$

满足电压损失要求。查附表 D.10 穿塑料管径 15mm。查表 7.18，选瓷插入式 RC1A 系列熔断器，熔管电流选 10A，熔体额定电流为 10A。

$$I_{NR} = 10A > K_m I_c = 1 \times 6.37A，其中 K_m 查表 7.15 得 1$$

校验熔断器与导线截面配合关系：

$$\frac{I_{NR}}{I_{al}} = \frac{10}{15} = 0.67 < 2.5，满足穿管线配合关系$$

查表 7.20，选 DZ5 系列塑料外壳低压断路器，进行过载和短路保护。热脱扣器整定电流 $I_{op.1}$ 为

$$I_{op.1} > K_{k1}I_c = 1 \times 6.37A，取 I_{op.1} = 6.5A$$

电磁脱扣器整定电流 $I_{op.2}$ 为

$$I_{op.2} > K_{k2}I_c = 6 \times 6.37A = 38.2A$$

取 $I_{op.2} = 40A$。其中 K_{k1} 和 K_{k2} 查表 7.16，得 $K_{k1} = 1$、$K_{k2} = 6$。选择 DZ5-20 型低压断路器。

2）干线截面选择。

查附表 D.8，按允许发热选干线二铝芯塑料绝缘线穿铜管敷设，选择截面积 $A = 2.5\text{mm}^2$，$I_{al} = 20A > 13.44A$，满足长期发热和机械强度要求。

3）校验电压损失。

$$\Delta U\% = \frac{P_{c2}L_2}{CA} = \frac{2.369 \times 15}{7.75 \times 2.5} = 1.83 < \Delta U_{al}\% = 2.5，满足允许电压损失的要求，查附表 D.9 得$$

穿钢管径为 15mm。

选 RC1A 系列熔断器，熔管电流为 15A，选熔体额定电流 $I_{NR} = 15A > I_c = 13.4A$。导线截面与熔断器配合关系：

$$\frac{I_{NR}}{I_{al}} = \frac{15}{20} = 0.75 < 2.5$$

满足导线截面和熔断器的配合关系。

选择 DZ5-15/1 型低压断路器，额定电流为 15A。长延时热脱扣器额定电流 $I_{dz1} = 15A$，电磁式脱扣器整定电流取 $K_{k2}I_c = 6 \times 6.37A = 80.4A$，取 $I_{dz2} = 80A$。

（3）进户线选择

电源进线采用 380V/220V 三相四线制供电，并采用绝缘架空穿钢管进线，查附表 D.9，按允许发热选铜芯橡胶绝缘线穿钢管敷设，导线截面积 $A = 2.5\text{mm}^2$，$I_{al} = 23A > I_c = 13.4A$，查表 7.13，满足机械强度要求，档距 25m 以内，$A \geqslant 4\text{mm}^2$，故选 BV 型 $A = 4\text{mm}^2$ 导线，$I_{al} = 30A$。查附表 D.9 得穿钢管管径为 15mm。

选 RC1A 型熔断器，熔管电流为 30A，熔体电流 20A$ > I_c = 13.4A$，校验熔断器与导线截面配合关系：

$$\frac{I_{NR}}{I_{al}} = \frac{20}{30} = 0.67 < 2.5$$

满足熔断器与导线截面配合关系，可实现过载和短路保护。

校验电压损失：

$$\Delta U\% = \frac{M}{CS} = \frac{P_{c3}L_3}{CS} = \frac{7.1 \times 30}{77 \times 4} = 0.69 < \Delta U_{al}\% = 2.5 \text{（满足电压损失要求）}$$

选择 DZ5-20/330 型低压断路器，额定电流为 20A，长延时热脱扣器整定电流取 $I_{op.2}$ = 15A，电磁脱扣器整定电流取 $I_{op.2} = 6 \times 13.4A = 80A$

导线和熔断器选择结果见表 7.29。

表 7.29　导线和熔断器选择结果

导线用途	计算电流/A	导线					RC1A 型熔断器		DZ5 型塑料外壳低压断路器		
		导线型号	穿管直径/mm	截面积/mm²	允许电流/A	电压损失（%）	熔管额定电流/A	熔体额定电流/A	额定电流/A	热脱扣器整定电流/A	电磁脱扣器整定电流/A
支线	6.37	BLV	塑管15	2.5	18	1	10	10	10	6.5	40
干线	13.4	BW	钢管15	2.5	20	1.83	15	15	15	15	80
电源进线	13.4	BV	钢管15	4	30	0.6S	30	20	20	15	80

7.7　照明线路保护和电气安全

当照明配电线路和设备运行电流超过允许值时，将使导线和设备的温度升高，使绝缘加速老化，甚至引起火灾，因此，必须采取有效的保护方式和安全措施，装设相应的保护装置。

7.7.1　保护的配置

1. 保护配置原则

照明线路保护主要有短路保护和过负荷保护。一般所有照明线路均应装设短路保护，对于住宅、重要的仓库、公共建筑、商店、工业企业办公室及生活用房，有火灾危险的房间及有爆炸危险场所的线路，以及有易燃外层的绝缘导线明敷设，在易燃体或易燃的建筑结构上还应装设过负荷保护。

在下列位置装设保护装置：

1）分配电箱和其他配电装置的出线处。

2）无人值班变电所供电的建筑物进线处。

3）220V/12~36V 变压器的高低压侧。

4）线路截面减小的始端。

装设保护装置时应注意的问题：

1）零线上一般不装保护和断开设备，但对有爆炸危险场所的二线制单相网络中的相线和零线均应装设短路保护，使用双极开关同时切断相线和零线。

2）住宅和其他一般房间，配电盘上的保护只应装在相线上。

3）在中性线直接接地供电系统中，对两相和三相线路保护采用单极保护装置，只有同时切断所有相线时，才要求装设双极或三极保护装置。

2. 保护措施和各级保护之间的配合

低压配电线路的主要保护包括短路保护、过负荷保护、接地保护和过电压保护。

1）短路保护。所有低压配电线路都应装设由熔断器或低压断路器构成的短路保护。采用熔断器作短路保护时，熔体额定电流应小于或等于电缆或穿管绝缘导线允许载流量的2.5倍；对于明敷设导线，由于绝缘等级偏低、绝缘容易老化等原因，熔体额定电流应小于或等于导线允许载流量的1.5倍；当采用低压断路器作短路保护时，由于其过电流脱扣器具有延时性并且可调，可以避开线路短时过负荷电流，所以，过电流脱扣器的整定电流一般小于或等于绝缘导线允许载流量的1.1倍。

考虑到线路末端短路时保护装置的灵敏性，当上述保护装置作为配电线路短路保护时，要求在被保护线路末端发生单相接地短路或两相接地短路，其短路电流值应大于或等于熔断器熔体额定电流的4倍；如用低压断路器保护，则应大于或等于低压断路器过电流脱扣器整定电流的1.5倍。

2）过负荷保护。所有低压配电线路都应装设过负荷保护。过负荷保护由熔断器或低压断路器构成，熔断器熔体的额定电流或低压断路器过电流脱扣器的额定电流应不大于或等于导线允许载流量的0.8倍。

3）过电压保护。为防止某些低压供电线路有时意外过电压，如高压线断落在低压线路上、三相四线制供电系统的零线断落引起低压供电系统中性点偏移，以及雷击低压线路等，都可能使低压线路上用电设备因电压过高而损坏。为此，在低压配电线路上采取适当分级装设过电压保护措施，如在用户配电盘上装设带过电压保护功能的剩余电流保护开关和电涌保护器。

4）接地故障保护。接地故障是指相线对地或与地有联系的导体之间的短路，它包括相线与大地，PE线、PEN线、配电设备和照明器的金属外壳、穿线管、槽、建筑物金属构件、水管、暖气管以及金属屋面之间的短路。接地故障具有较大的危害性，故障电压可以使人遭受电击，也可能因对地电弧和火花引起火灾或爆炸，造成严重的生命财产损失。一般接地故障电流较小，接地故障的保护比较复杂。

3. 接地保护配置原则

1）切除故障时间。根据系统接地方式和用电设备具体情况确定，最长时限为5s。

2）应设置总等电位联结。将电气线路上PE干线或PEN干线与建筑物金属构件和金属管道等导电体进行可靠连接。

TN系统的接地故障保护要满足下式：

$$Z_S I_S \leq U_0 \tag{7.45}$$

式中　Z_S——接地故障回路阻抗，单位为 Ω；

　　　I_S——保证保护电器在规定时间内自动切断故障回路的动作电流值，单位为A；

　　　U_0——对地标称电压，单位为V。

切断故障回路时间：对于配电干线和供电给固定灯具及电器的线路不大于5s；对于手

提灯、移动式灯具的线路和插座回路不大于 0.4s。

TT 系统接地故障应满足

$$R_A I_a \leqslant 50V \tag{7.46}$$

式中　R_A——设备外露导电部分接地电阻和接地线（PE 线）电阻，单位为 Ω；

　　　I_a——保证保护电路切断故障回路的动作电流，单位为 A。

对 I_a 值的要求：

① 当采用熔断器或低压断路器长延时脱扣器时，为在 5s 内切断故障回路的动作电流。

② 当采用断路器瞬时过电流脱扣器时，为保证瞬时动作的最小电流。

③ 当采用剩余电流保护时，为剩余电流保护器的额定动作电流。

4. 上下级保护之间的配合

在低压配电线路上，应能保证上、下级保护之间的配合关系，以保证动作的选择性。

1）当上下级均采用熔断器保护时，一般要求上一级熔断器熔体的额定电流比下一级熔体的额定电流大 2～3 级。

2）当上下级保护均采用低压断路器时，应使上级低压断路器脱扣器的额定电流大于下一级脱扣器额定电流；上一级低压断路器脱扣器瞬时动作的整定电流一定要大于下一级低压断路器脱扣器瞬时动作的整定电流，一般大于 1.2 倍。

3）当电源侧采用低压断路器、负载侧采用熔断器时，应满足熔断器在考虑误差后的熔断特性曲线在低压断路器考虑了误差后的保护特性曲线之上。

4）当电源侧采用熔断器、负载侧采用低压断路器时，应满足熔断器在考虑了负误差后的熔断特性曲线在低压断路器考虑了正误差后的保护特性曲线之上。

5）剩余电流保护器。选择剩余电流保护器时，剩余电流断路器的动作电流要大于线路及电气设备正常运行的泄漏电流。选择剩余电流保护器的经验公式为

单相回路：$I_{op} = I_C / 200$

三相回路：$I_{op} = I_C / 100$

式中　I_{op}——剩余电流断路器的动作电流，单位为 A；

　　　I_C——线路计算电流，单位为 A。

根据经验，对于额定电压 220V 的城镇居民住宅插座回路，一般选择 DZ18L/2-20A 剩余电流断路器，额定电流为 20A，剩余电流断路器动作电流为 30mA，分断时间小于 0.18s；进户总开关选择 DZ18/2-40A 开关，相应的计量电能表选用 DD862-10（40）A，即可以满足一般家庭用电要求。

7.7.2　照明系统电气安全

电气安全包括线路安全和设备安全。

1. 设备接地

1）在 TN 系统中，所有设备外露导电部分均接公共保护线（PE）或公共保护中性线（PEN）。

2）在 TT 系统中中性线直接接地，系统中所有设备的外露导电部分均各自经保护线（PE）单独接地。

3）IT 系统中性点不接地或经 1000Ω 电阻接地，不引出中性线，系统中所有外露导电部

分也各自经保护线（PE）单独接地、成组接地或集中接地。

2. 预防触电的保护措施

（1）安全电流和安全电压

人体触电有两种情况：一种是雷击或高压触电，较大安培数量级电流通过人体时会产生热、化学和机械效应，使人的肌肉遭受严重电灼伤，组织碳化坏死及造成其他难以恢复的永久性伤害，后果严重。另一种是低压触电，在数十至数百毫安电流作用下，人的肌体产生病理反应，轻者有针刺痛感或呼吸停止、血压升高、心律不齐以至昏迷等暂时性功能失常，重者可以引起呼吸停止、心脏骤停、心室纤维性颤动，严重的可以导致死亡。

安全电流是人体触电后的最大摆脱电流。我国取 30mA（50Hz），要求触电时间不超过 1s，称为 30mA·s。

实验表明：通过人体的电流在 30mA 及以下时不会产生心室颤动。在正常环境下，人体总阻抗在 1000Ω 以上，在潮湿环境中，则在 1000Ω 以下。根据这个平均值，国际电工委员会（IEC）规定了允许长期接触电压最大值（称为通用接触电压极限值）U_{max}；对于 15～100Hz 交流电在正常环境下为 50V，在潮湿环境下为 25V；对于脉冲值不超过 10% 的直流，则应为 120V 和 60V。我国规定的安全电压标准为 42V、36V、24V、12V、6V。

（2）直接触电和间接触电

人体触电有两种形式，一种是直接触电，即人体与带电体直接接触而触电；另一种是间接触电，即人体与正常不带电而在异常时带电的金属结构部分接触而触电。

1）预防直接触电的措施如下：

① 采用安全电压。

② 严格执行安全规程，保证人身与带电体的安全距离。

③ 利用电气隔离措施或选用具有加强绝缘的照明器。

2）预防间接触电的措施如下：

① 采用接零保护并在照明网络中采用等电位联结。

② 整定低压断路器或熔断器的动作电流，在发生接地故障时自动、迅速切断故障电路。

③ 采用剩余电流保护器实现剩余电流自动保护功能。

④ 照明装置的金属外壳应与单独的保护线和保护中性线相连，不允许将照明装置外壳与工作中性线连接，几个照明器的保护线不允许串联连接。

⑤ 照明装置及线路的外露可导电部分必须与保护线或保护中性线连接。

7.8 照明节能与经济比较

7.8.1 照明节能措施

在进行照明设计时要考虑照明节能，在保证不降低照明质量的条件下减少照明系统中的光能损失，最有效地使用照明装置。

节能措施可以归纳为照度选择合适、提高电光源和灯具的效率、布置灯具合理、采用节能镇流器、充分利用自然光、照明线路布线合理、控制方案合理等。具体措施如下：

（1）减少开灯时间

对于办公室午休时要关灯，对于室外照明天亮时要关灯，白天可关掉窗附近一些灯，人不常去的地方要关灯或采用局部照明。以上可采用多装开关、使用自动开关定时器的方法实现。

（2）减少配电线路损耗

配电线路损耗与接线方式有关，常见的几种接线方式损耗比较见表 7.30。

表 7.30　不同接线方式的损耗比较

接线方式	接线图	损耗公式	损耗比	配电线路总长度比
单相两线式		照明负荷 $S = UI \times 10^3 \mathrm{kV \cdot A}$ 线路损耗 $P_L = I^2 \times 2LR_0 = \dfrac{2S^2 LR_0}{U^2} \times 10^6 (\mathrm{W})$ 式中，$R_0(\Omega/\mathrm{m})$ 为单位长度导线电阻	100	100
两相三线式		$\dfrac{S}{2} = UI \times 10^{-3} (\mathrm{kV \cdot A})$ $P_L = 2I^2 LR_0 = \dfrac{S^2 LR_0}{2U^2} \times 10^6 (\mathrm{W})$	25	150
三相三线式		$\dfrac{S}{3} = \dfrac{UI}{\sqrt{3}} \times 10^{-3} (\mathrm{kV \cdot A})$ $P_L = 3I^2 LR_0 = \dfrac{S^2 LR_0}{U^2} \times 10^6 (\mathrm{W})$	50	150
三相四线式		$\dfrac{S}{3} = UI \times 10^{-3} (\mathrm{kV \cdot A})$ $P_L = 3I^2 LR_0 = \dfrac{S^2 LR_0}{3U^2} \times 10^6 (\mathrm{W})$	16.7	200

注：1. 为简化计算，忽略配电线路电压损失。

　　2. 损耗比是在假设线路导线规格相同、负荷一定、电压相同的条件下得出的。

由表 7.30 可知，单相两线式接线损耗比最大，但线路长度最短；而三相四线式损耗比最小，但线路总长度最长。这说明运行时电能损耗小，则所需投资要大。选择配电方式时要对二者综合考虑选择比较而定。

减少配电线路损耗还可以采用提高配电电压、采用功率因数高的镇流器或恒功率镇流器。

（3）降低照度

设计时采用照度值是根据《建筑电气设计技术规程》的规定确定的，但从节电方面考虑，在不妨碍工作和学习的条件下适当降低照度是可行的，可采取改善自然采光、采用调光型镇流器、进行分级调光、控制灯的数目等措施。

（4）提高利用系数

采用效率高的灯具，采用光束效率高的投光灯，但要注意克服眩光。

（5）提高维护系数

为使照明效率不降低，首先选用灯具效率逐年降低较小的灯具，其次是定期清扫灯具和更换灯泡。

（6）采用高效光源

在满足显色性要求的条件下选用高效光源，如金属卤化物灯、高压钠灯、荧光灯。高压钠灯可用作工厂一般照明，但初期投资较高。对于要求显色性较高的场合，可采用高压汞灯和高压钠灯混合光源。

（7）减少镇流器消耗

镇流器由扼流线圈、漏磁变压器等构成，属于感性负荷，会使电流滞后，产生无功损耗，荧光灯照明的镇流器损耗占 20%～35%，其功率因数约为 $\cos\varphi = 0.5$，可以采用电容器进行无功补偿，以提高功率因数。因此，照明条件许可时可采用效率高、功率因数高的电子镇流器。

7.8.2 照明方案的技术经济比较

照明设计宜做多方案比较，比较项目有工作面照度水平、初投资、年运行费用和电能消耗指标（W/m²100lx）。

（1）工作面上的照度水平

根据既行照度标准确定作业面照度。

（2）光源经济性比较

$$C = \frac{PC_L}{\varphi_s T} \tag{7.47}$$

式中　C_L——灯泡的单价，单位为元；

　　　φ_s——光源光通量，单位为 lm；

　　　T——灯泡的平均寿命，单位为 h；

　　　P——灯泡寿命期间所消耗的电费；

　　　C——光源在它的寿命期间内，其平均单位时间和单位光通所需的照明费用，单位为元/lm·h。

$$P = P_1(W_t + W_z)T \times 10^{-3} \tag{7.48}$$

式中　W_t——灯泡输入功率，单位为 W；

　　　W_z——镇流器损耗，单位为 W；

　　　P_1——电费单价，单位为元/kW·h。

（3）初投资额

照明设备的投资 I（元）为

$$I = N(C_f + C_i + nC_1) \tag{7.49}$$

式中　C_f——照明器及附件（镇流器、启动器）单价，单位为元；

C_i——照明设备安装费用（包括线路、开关等设备材料费，人工费等），单位为元；

N——每个照明器内灯泡个数，单位为个；

n——建筑设施内的总照明器个数，单位为个。

进行工厂照明工程投资估算时，可利用有关电气工程综合核算指标计算。即

$$I = KA \qquad (7.50)$$

式中　K——电气照明室内工程概算指标，查表7.31得到；

　　　A——室内面积，单位为 m^2。

表7.31　机械厂电气照明室内工程概算指标

车间名称	主要灯型	指标/（元/m^2）				钢材/（kg/m^2）	
		合价	其中			管材	型钢
			灯具	安装	工资		
机械加工	混光灯	17.9	11.8	4.4	0.6	0.4	0.2
	混光灯、配照灯	11.2	5.6	4.0	3.7	0.5	0.2
	配照灯	10.2	2.8	5.1	1.1	0.5	0.3
装配	混光灯	19.9	13.1	5.0	0.6	0.4	0.2
	混光灯、荧光打	13.6	6.5	5.8	0.5	0.4	0.2
	混光灯、配照灯	12.5	5.6	5.3	0.7	0.5	0.2
铸造	混光灯、配照灯	10.0	4.5	3.9	0.7	0.6	0.3
	配照灯	11.1	3.2	5.5	1.1	0.6	0.3
焊接冲压	混光灯	17.7	11.8	4.2	0.6	0.4	0.2
	混光灯、探照灯	15.4	9.8	4.0	0.6	0.4	0.2
	配照灯	9.7	2.6	5.0	1.0	0.5	0.3
热冲压	混光灯、配照灯	17.8	9.8	6.0	0.8	0.4	0.2
	探照灯	11.3	3.5	6.0	0.8	0.4	0.2
锻造	探照灯、配照灯	8.5	2.5	4.2	0.9	0.4	0.3
热处理	混光灯、防尘灯	16.7	11.0	4.0	0.6	0.5	0.2
	配照灯、防尘灯	11.9	3.0	6.5	1.1	0.7	0.3
表面处理镀铝	防尘灯、荧光灯	14.1	4.2	7.3	1.2	0.9	0.4
	探照灯、配照灯	8.5	2.5	4.2	0.9	0.4	0.3
涂漆	防爆荧光灯 配照灯	24.2	9.6	12.4	0.8	0.4	0.2
厂附属车间	荧光灯、配照灯	14.0	3.6	7.3	1.5	0.9	0.4
汽车库	配照灯	15.8	3.8	8.6	1.6	1.0	0.4
一般仓库	配照灯	8.2	2.2	4.5	0.7	0.5	0.7

（4）年运行费用

照明年运行费用包括电力费、年维护费、年折旧费，用下式计算：

$$R = E + D + P + F \qquad (7.51)$$

式中　R——照明装置年运行费用；

　　　E——年换灯泡费；

D——年清扫费；

P——年电力费（包括镇流器及线路损耗费）；

F——年折旧费用（即折旧系数与设备初投资的乘积）。

（5）电能消耗指标（W/m² · 100lx）

同类建筑物不同照明方案用节能效益比（ER）衡量节能效益。公式如下：

$$ER = 目标效能值/实际效能值$$

当 ER>1 时，方案是节能的。目标效能值见表7.32。

（6）年耗电量

照明节能也可用年耗电量 W（kW · h/年）进行比较。其计算公式如下：

$$W = pt = \frac{EAt}{KU\eta_s} \times 10^{-3} \tag{7.52}$$

式中　E——平均照度，单位为 lx；

A——房间面积，单位为 m²；

K——维护系数；

η_s——光源发光效率，单位为 lm/W；

U——利用系数（从灯具利用系数表查出）；

t——年点灯时间，单位为 h。

表7.32　室内照明目标效能值　（单位：W/m² · 100lx）

| RCR | 灯具摆高 4m 以上车间 | | | | | | 摆高 4m 以下车间 | 辅助建筑 | |
	KNG	ZJD	NGX	G GGY+NG KNG+NGX	KNG+NG ZJD+NGX	JRT+NGX ZJD+NG	荧光灯	荧光灯	玻璃建筑 白炽灯
1	3.48	3.05	2.57	3.26	3.05	2.71	4.41	5.06	25.82
2	3.83	3.36	2.83	3.59	3.36	2.97	4.94	5.41	32.89
3	4.32	3.78	3.19	4.04	3.78	3.35	5.56	5.81	37.52
4	4.26	3.73	3.15	3.99	3.73	3.31	6.45	6.21	42.88
5	4.55	3.98	3.35	4.25	3.98	3.52	7.06	6.58	49.00
6	4.73	3.14	3.49	4.43	4.14	3.66	7.95	6.92	54.57
7	4.37	3.82	3.22	4.09	3.82	3.39	8.90	7.59	61.56
8	4.60	3.03	3.40	4.31	4.03	3.57	8.40	6.83	68.60
9	4.86	4.25	3.59	4.55	4.25	3.77	9.49	6.19	75.03
10	5.40	4.72	3.99	5.05	4.72	4.18	10.11	7.92	82.79

注：1. 本表数据包括镇流器损耗功率。

2. 维护系数均为 0.7。

3. KNG—镝灯；GGY—荧光高压汞灯；ZJD—高光效金属卤化物灯。

4. 本表适用较大功率灯泡，使用小功率灯泡时需乘以修正系数。NG、DDG、NGX、GGY-NG 修正系数为 1～1.33，其他均为 1～1.17。

思考题与习题

7.1　照明配电网络有哪些电压等级？

7.2　照明负荷对供电电压的质量要求是什么？改善电压质量的措施是什么？

7.3　照明配电网络的供电方式和种类有哪些？

7.4 简述照明线路的负荷计算方法和适用条件。

7.5 为什么要进行无功补偿？有哪些补偿方法？

7.6 如何计算单相负荷？

7.7 如何计算线路的电压损失？

7.8 导线和电缆截面选择有哪些方法？

7.9 选择导线型号要考虑哪些因素？

7.10 低压配电线路应装设哪些保护？各应符合什么要求？

7.11 低压配电系统，采用接地方式 TN-C、TN-S、TN-C-S 和 TT 各有什么特点？

7.12 照明配电设计时，为何要限制分支回路的电流值和所接灯数？

7.13 主要供给气体放电灯的三相配电线路，其中性线截面如何选择？

7.14 如何选择低压断路器和熔断器？

7.15 照明节能有哪些措施？

7.16 试计算图 7.14 所示单相 220V 供电网络的电压损失。主干线 AB 长 80m，截面积为 2.5mm²；三个分支线 BC、BD、BE 的截面积均为 4mm²；照明负荷均为白炽灯，所有线路均为铝导线。

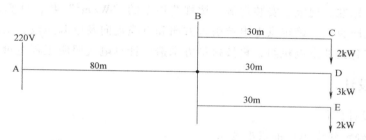

图 7.14 题 7.16 接线图

7.17 已知一照明线路电压为 220V/380V，全长 90m。现采用 BLV-500（3×16+1×10）四根导线明敷设，在距线路首端 30m 处接有 20kW 的电阻性负荷，在线路末端接有 35kW 的电阻性负荷。试计算线路电压损失百分值。若负荷接线端允许电压损失为 4%，判断其是否符合要求。若不能满足要求，试按电压损失另选该线路导线截面。

7.18 某照明干线采用三相四线制（220V/380V）电源供电，线路长度为 120m，采用铝导线，已知线路负荷为 12kW，电压损失要求不超过 2%，试选择该线路的导线截面。

7.19 某车间的 220V/380V 三相四线制照明线路上接有 250W 高压钠灯（$\cos\varphi = 0.5$）和白炽灯两种光源，各相负荷的分配情况：A 相 250W 高压钠灯 4 盏，白炽灯 2kW；B 相 250W 高压钠灯 8 盏，白炽灯 0.5kW；C 相 250W 高压钠灯 2 盏，白炽灯 3kW。求线路的工作电流和功率因数。

第8章　电气照明施工图设计和电气照明工程识图基础

8.1　电气照明施工图设计

电气照明工程设计通常分为方案设计、初步设计和施工图设计3个阶段，大型工程严格按照这3个阶段进行，小型工程也可以将方案设计和初步设计合二为一。

8.1.1　方案设计

在方案设计中，根据基础资料如建筑物类别、建筑总平面图、层数、总高度、用途、类型、建筑物总面积、绝对标高点、相对标高点、位置和方向等各项技术参数和国家现行的建筑电气工程设计标准、规范、安装定额，按规范规定的"W/m²"数，计算出照明用电总功率，确定供电电压级别，确定供电电源引入方向和电缆走向及电源路数、变配电所位置，并考虑是否设置应急柴油发电机组，再按每平方米造价计算电气照明工程造价。

8.1.2　初步设计

（1）初步设计的任务

1）了解和确定建设单位的供电要求。

2）联系供电部门协调落实供电电源和配电方案。

3）确定工程的设计项目和内容。

4）进行系统方案设计和计算。

5）编制出初步设计文件。

6）估算各项技术和经济指标。

7）解决好专业之间的配合问题。

（2）对初步设计文件的要求

1）可以确定初步设计方案。

2）满足主要设备及材料的订货。

3）可以确定工程概算，控制工程投资。

4）可以进行施工图的设计。

8.1.3　施工图设计

（1）主要任务

1）进行具体的设备布置（如照明配电箱、灯具、开关等的平面布置）、线路敷设和必要的计算（如照度计算、电气负荷计算、电压损失计算等）。

2）确定电气设备的型号、规格以及具体的安装工艺。

3）编制出施工图设计文件（包括照明平面图、照明系统图、设计说明书、计算书）。

4）考虑各专业密切配合，避免盲目布置、无功而返。

（2）设计文件基本要求

1）编制施工图的预算。

2）确定材料、设备的订货和非标准设备操作。

3）可以进行施工和安装。

8.2 电气照明施工图

8.2.1 国家规定的制图标准

1. 设计图样要符合国家规定的制图标准

我国发布的 GB/T 4728《电气简图用图形符号》系列标准的第二版，标准的电气简图用图形符号已完全和发达国家一致，计算机绘图的图形符号也统一于国际标准。

电气制图要遵循《电气信息结构文件编制》系列标准。图中文字符号必须遵守《电气技术文字符号制定通则》（GB/T 7159—1987）的规定。

设计图样的图面布局要合理，技术制图按比例绘制，应按表 8.1 选取比例。

表 8.1　技术制图采用比例

类　　别	推荐的比例		
放大比例	50 : 1	20 : 1	10 : 1
	5 : 1	2 : 1	
原尺寸			1 : 1
缩小比例	1 : 2	1 : 5	1 : 10
	1 : 20	1 : 50	1 : 100
	1 : 200	1 : 500	1 : 1000
	1 : 2000	1 : 5000	1 : 10000

在图样或相当媒体（如制图胶片）上编制的正式文件应与规定的图样幅面相一致。标题栏、图框、图幅分区中，规定的尺寸必须采用规定的图样幅面。在图样或相当媒体上编制的正式文件应采用表 8.2 所规定的图样幅面值。

表 8.2　图样幅面尺寸标准

尺寸/mm	图 幅 代 号				
	A0	A1	A2	A3	A4
$B \times L$	841×1189	594×841	420×595	297×420	210×297
c	10			5	
a	25				

尺寸/mm	图 幅 代 号				
	A0	A1	A2	A3	A4
图幅布置	A0～A3 横式布置				
	A0～A3Y 型垂直布置			A4Y 型垂直布置		

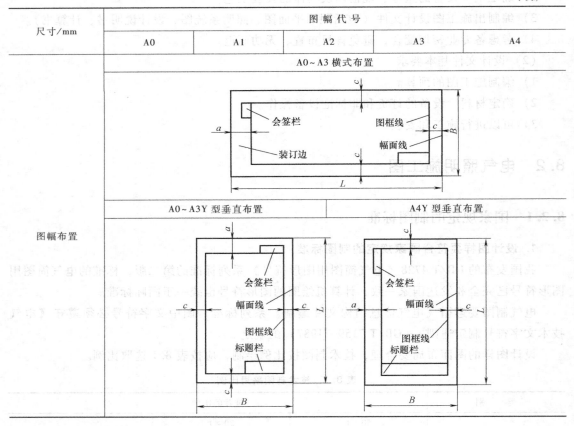

2. 标题栏标识内容及图线和字体

（1）标题栏标识内容

标题栏的观看方向应与图的观看方向一致，标题栏的标识区应在标题栏按正常观看方向的右下角，其最大长度为170mm。标题栏中包括的所需信息应分别填入标题栏中相应的长方形区域中：①标识区；②一个或多个补充信息区。补充信息区可以放在标识区的上边或左边。标题栏可参考图8.1a、b所示。

标题栏	特殊信息检索代号		语言标记
图拥有者	图别	修改标记	日期
	图名	修改标记	张次号
	图号		后续张次号

a）

北华大学电气信息工程学院 电气工程及其自动化专业电气照明课程设计				检索代号	日期
				=A1. B2. C3	2018. 2. 15
班级	电1301	图别	电施	修改标记	张次号
姓名	孟蒙	图名	变压器保护	修改标记	3
学号	8	图号	3、4、6	后续张次号	
					4

b）

图 8.1 标题栏标识内容示例

标识区应给出以下基本信息：①登记号或标识号；②图的标题；③图样法定拥有者的名字。标识区应位于标题栏右下角，根据图拥有者的决定，登记号或识别号放在标识区的右下角。

图幅分区：图幅分格数应为偶数，并应按图的复杂性选取，组成分区的长方形的任何边长应为25~75mm，分区都沿着一边用大写字母，另一边用数字作记号，标记的顺序可以从标题栏相对的一角开始。图8.2所示是从右上角为起始位置的分区编写，也允许从右下角开始分区编号。

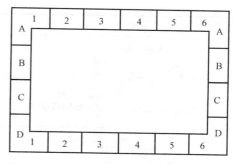

图8.2　图幅分区的标记顺序和分格数示例

（2）图线和字体

1）图线形式。各种图样的图线形式和宽度应满足表8.3。

表8.3　制图用图线形式和宽度

序号	线　形	说　明	适用范围
1		粗实线	(1)可见轮廓线 (2)可见棱边
2		细实线（直线或曲线）	(1)相交假想线 (2)尺寸线 (3)投影线 (4)指引线 (5)剖面线 (6)在原旋转部分的轮廓线 (7)短中心线
3		徒手画细实线 带锯齿波的细实线	局部的或断开的视图或剖面图的界限
4		粗虚线 细虚线	(1)虚轮廓线 (2)虚棱边线
5		细点画线	(1)中心线 (2)对称线 (3)轨迹线
6		可调节性，一般符号按箭头方向的单向力、单向直线运动。单向传递（流动），如能量、信号、信息流传播方向	
7		端点变粗，并且方向改变的细点画线	剖切平面
8		粗点画线	表示有特殊要求的图线或图面
9		双点画线	(1)相邻零件的轮廓线 (2)可动零件另一个位置或极限位置 (3)重心线 (4)成型前的初始轮廓线 (5)位于剖切面前的零件

序号	线　形	说　明	适 用 范 围
10	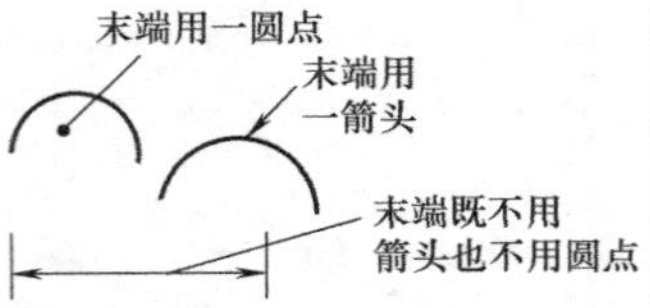 末端用一圆点　末端用一箭头　末端既不用箭头也不用圆点	指引线端接方式	（1）用于被注释处在某一物体轮廓线内 （2）用于被注释处某一轮廓线上
11	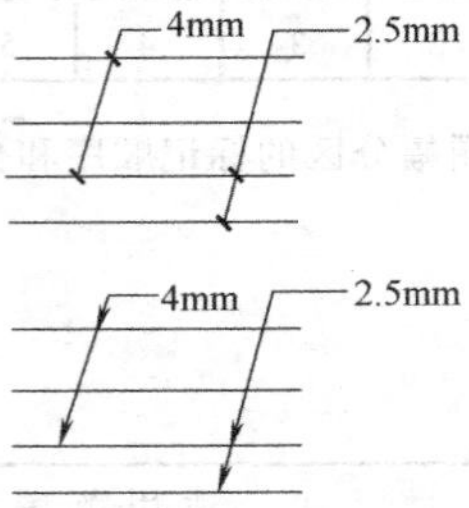 4mm—2.5mm 4mm—2.5mm	与连接线相接的指引线	与连接线相接的指引线
12		尺寸线终点和起点的表示	用短线在 15°～90°之间以方便的角度画成倒钩形箭头，箭头可以是开口的、封闭的或封闭涂黑的 在一张图上只能采用一种形式的箭头，但是在空间太小不宜画箭头的地方，可用斜画线或圆点代替箭头
13	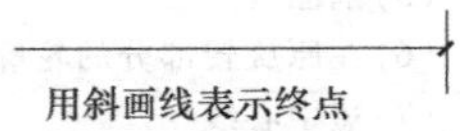 用斜画线表示终点	尺寸线	用短线倾斜 45°画的斜画线，表示终点
14	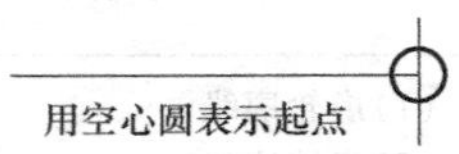 用空心圆表示起点	尺寸线	（1）用一个直径为 3mm 的空心圆作起点标记 （2）用一个直径为尺寸线宽度 10 倍左右、最小不小于 3mm 的小空心圆作起点标记

2）图线的宽度。在图样或相当媒体上任何正式文件的图线宽度不应小于 0.18mm，线宽应从下列范围内选取：0.18mm、0.25mm、0.35mm、0.5mm、0.7mm、1.0mm、1.4mm、2.0mm。图线如果采用两种或两种以上宽度，粗线对细线宽度之比不小于 2：1，或者说，任何两种宽度的比至少为 2：1。

缩微文件的图线宽度，对于 A0 和 A1 幅面的文件采用 0.35mm 的最小图线宽度。在任何其他媒体上的正式文件的图线必须满足与该媒体相适应的宽度要求。

3）图线间距。平行图线的边缘间距应至少为两条图线较粗一条图线宽度的两倍。当两条平行图线宽度相等时，其中心间距应至少为每条图线宽度的 3 倍，最少不少于 0.7mm。对简图中的平行连接线，其中心间距至少为字体的高度。对于有附加信息的连接线，例如信号标识代号，其间距至少为字体高度的两倍。

（3）字体和字体取向

1）字体。电气技术图样或简图通常采用直体字母。字体高度，包括用于构成字母的图线宽度，至少 10 倍于构成字母的图线宽度。不同图样幅面尺寸的文字最小高度见表 8.4。

表 8.4　文字的最小高度　　　　　　　　　　（单位：mm）

3098/1 字母写法	A0	A1	A2	A3	A4
A（$h = 14d$）	5	5	3.5	3.5	3.5
B（$h = 10d$）	3.5	3.5	2.5	2.5	2.5

注：1. h 为大写字母和数字高度。

　　2. d 为图线宽度。

2）字体取向。文件上的字体（边框内图示的实际设备的标记或标识除外）采用从文件底部和从右面两个方向来读。

3）会签栏。会签栏主要供相关专业（如建筑、结构、排水、电气、采暖通风、工艺等专业）设计人员会审时签名用。

8.2.2　电气施工图面的一般规定

1. 比例和方位

电气施工图常用比例有 1∶200、1∶150、1∶50。安装施工中需要确定电气设备安装位置的尺寸或导线长度时，可以直接用比例尺量出，所有比例尺的比例与图样上标明的比例相同。

图样中方位按上北下南、左西右东的方向。有时为使图面布局合理，也可以采用其他方位，但必须标明指北针。

2. 图线

电气图上所用图线见表 8.5。

表 8.5　图线的形式及应用

图线名称	图线形式	应　用
粗实线	——————————	电气线路、一次线路、图框线等
实线	——————————	二次线路、干线、分支线等
虚线	— — — — — —	屏蔽线路、事故照明线等
点画线	— · — · — · —	控制线、信号线、轴线、中心线等
双点画线	— ·· — ·· —	50V 及其以下电力及照明线路

图线宽度有 0.25mm、0.35mm、0.7mm、1.0mm、1.4mm 等，通常只选两种宽度的图线，且粗线的宽度为细线的两倍。若需要两种以上宽度的图线，线宽应以 2 的倍数依次递增。

3. 标高

在电气平面图中，电气设备和线路的安装高度是用相对标高表示的，相对标高是指选定某一参考面为零点而确定的高度尺寸。建筑工程上一般将 ±0.00m 设定在建筑物首层室内平面，往上为正值，往下为负值。

在电气图样中，设备安装高度等是以各层楼面为基准的，一般称为安装标高。

4. 平面图定位轴线

照明平面图通常是在建筑平面图上完成的，这类图上一般标有建筑物定位线，以便于了解照明灯具、电气设备等的具体安装位置，计算电气管线的长度等。凡建筑物的承重墙、柱子、主梁及房架等主要承重构件所在位置都应设置定位轴线。定位轴线编号的基本原则是：在水平方向，从左起用顺序的阿拉伯数字表示；而在垂直方向，用大写英文字母自下而上标注（I、O、Z不用），数字和字母分别用点画线引出，轴线间距由建筑物结构尺寸确定。

5. 详图

为了详细表示电气设备中某些零部件、连接点等的结构、做法和工艺要求，有时需要将这部分单独放大，详细表示，这种图称为详图。详图可以画在一张图样上，也可以画在另外的图样上，用标志将它们联系起来。标注在总图位置上的标记称为详图索引标志，如图8.3a所示。标注在详图位置上的标记称为详图标志，如图8.3b所示。

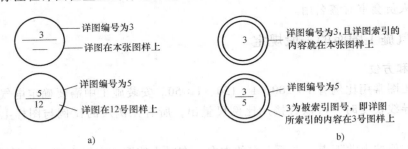

图 8.3 详图标注方法
a) 详图索引标志　b) 详图标志

8.3　照明及动力工程图的组成

在进行照明设计时要用到照明及动力工程图，因此需要读懂照明及动力工程图，为此要了解照明及动力工程图的组成。

8.3.1　动力及照明电气系统图

动力及照明工程图由动力及电气照明系统图、平面图、动力图及照明配电箱安装接线图等图样组成。

动力及照明电气系统图表示建筑物内外的动力、照明，其中包括电风扇、插座和其他用电器等供电与配电的基本情况的图样。在电气系统图上，集中反映了动力及照明的安装容量、计算容量、计算电流、配电方式、导线及电缆的型号和截面积、导线与电缆的基本敷设方式和穿管管径、开关与熔断器的型号规格等。

在一般建筑物中，为避免照明与动力互相影响（这种影响主要表现在照明负荷与照明线路故障较多，三相负荷不易平衡，而动力设备在起动时电压明显下降），以便于分别管理，动力系统与照明系统是分开的，但在一些较小的工程内，动力系统和照明系统可以合在一起。

普通照明工作电压一般在220V，属于单相负荷，当照明负荷电流小于30A，即计算负荷 $P_c \leqslant 220 \times 30W \approx 7kW$ 时，可以采用单相供电，如图8.4所示，其中SA为控制开关，FU为熔断器，P_1、P_2、P_3 为各相负荷。

176

也可采用两相供电，如图 8.5 所示，P_1、P_2 为 A、B 两相负荷。当单相负荷超过 30A（即 7kW）时，应采用三相四线制供电，如图 8.6 所示，在三相四线制照明系统中，三相负荷分布尽量平衡，各相负荷的不平衡度一般不要超过 15%。在电气系统图中要表明 a、b、c 三相负荷的分配情况，如 P_1、P_2、P_3，图中 P_M 表示三相负荷，如三相插座、三相电动机之类对称负荷。

动力负荷一般是指三相电动机，可采用三相三线制供电系统，如存在单相负荷可采用三相四线制供电系统。

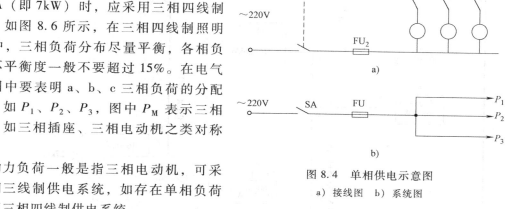

图 8.4　单相供电示意图

a）接线图　b）系统图

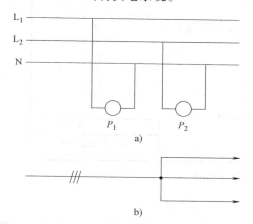

图 8.5　两相三线供电示意图

a）接线图　b）系统图

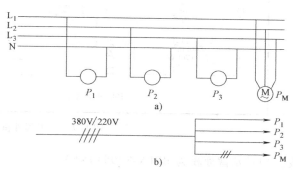

图 8.6　三相四线动力和照明供电示意图

a）接线图　b）系统图

8.3.2　配电装置总平面图

配电装置总平面图是表示某一建筑物外接供电电源布置情况的图样，表明变电所与线路的平面布置情况。它包括以下内容：

高压架空线路或电力电缆线路进线方向。如变压器的台数、容量，变电所的形式（如 10kV 变电所的落地式、台墩式、柱上式等），配电线路的走向及负荷分配，各建筑物的平面面积组成的主要平面尺寸及其负荷大小，架空线路的电杆形式、编号、电缆沟的规格，导线型号截面积及每回路线路的根数，各种建筑物、道路的平面布置以及主要地形地物概况，其他说明等。

下面以图 8.7 所示的某工程外供电总平面图为例来说明。图中，电源进线为 10kV 架空线路，采用 LJ-25 型钢芯铝绞线，截面积为 25mm²，10kV 变电所为户外式变电所，变压器型号为 SL7，变电所容量为 2×250kV·A，由变电所引三回线，380V 架空线至各建筑物。

第一回线供 1 号建筑物内用电，建筑面积为 8200m²，计算负荷为 176kW，采用铝芯橡

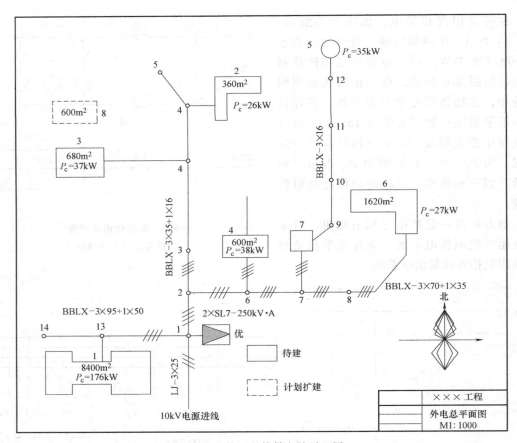

图 8.7 某工程外供电总平面图

皮，型号及截面积为 BBLX-3×95+1×50。

第二回线供 2、3 号建筑和计算扩建的 8 号建筑物内用电，建筑物面积为 1140m²，计算负荷为（28+37）kW=65kW，采用导线型号及截面积为 BBLX-3×35+1×16。

第三回线供 4、5、6、7 号建筑物用电，建筑面积为 2500m²，计算负荷为（18+27+33）kW＝78kW。采用 BBLX-3×70+1×35 型导线，去 5 号建筑物（位于山坡上）的导线在 7 号电杆分支，采用 BBLX-3×16 型导线。

8.3.3 动力及照明平面图

表示建筑内动力、照明设备和线路平面布置的图样称为动力及照明平面图，这些图是按建筑物不同标高的楼层分别画出的，并且动力与照明通常是分开的。

动力及照明平面图主要表示动力及照明线路的敷设位置、敷设形式、导线和穿线管种类、线管管径、导线截面及导线根数，同时还要标出各种用电设备，如照明灯、电动机、电风扇、插座等，以及各种配电箱、控制开关等的安装数量、型号及相对位置。在动力及照明平面图上的导线和设备并不完全按比例画出它们的形状和外形尺寸，通常采用图例表示。导线与设备间的垂直距离及空间位置一般也不另用立面图表示，而是标注安装标高以及附加必要的施工说明来表明。为了更明确地表示出设备的安装方法和安装位置，动力及照明平面图一般是在简化了的土建平面图上绘出的，与动力及照明线路和设备有关的土建部分，如墙体材料、门窗位置、楼梯、房间布置、必要的采暖通风、给水排水管线、建筑物轴线等也一一标画出来，但图样表现的是电气部分，所以电气部分用中实线表示，土建部分用细实线表示。

1. 动力及照明配电箱的安装与接线

动力及照明配电箱是动力设备、照明主要设备之一，它有标准产品和非标准产品两大类。标准产品是国家统一设计的产品，型号、规格是统一的；非标准产品是在标准产品外形尺寸的基础上改变了部分设备和出线回数的产品。动力及照明配电箱的安装方式通常采用明装、暗装（即嵌入墙体内）以及立式安装（与开关柜、配电屏安装方式相同）等几种形式。

动力及照明配电箱的安装接线包括配电箱设备的布置及其接线图，如果为标准产品往往只绘出其电气系统图。

2. 动力及照明配电箱的型号

常用的照明配电箱主要用于 500V 及以下的三相四线制照明系统中，作为非频繁地操作控制照明线路用，它对所控制的线路能分别起到过载与短路保护作用。

表 8.6 列出了照明配电箱 XM（R）-7 的分类及线路方案。

表 8.6　照明配电箱 XM（R）-7 的分类及线路方案

线路方案	型号	进线开关		出线开关		熔断器		备件 RL$_1$-15 熔芯	
		型号	数量	型号	数量	型号	数量	额定电流/A	数量
1	XM（R）-7-3/1 XM（R）-7-6/1 XM（R）-7-9/1 XM（R）-7-12/1	HZ$_1$-25/3 HZ$_1$-60/3 HZ$_1$-100/3 HZ$_1$-100/3	1			RL$_1$-15/15	12	15	1 1 2
2	XM（R）-7-3/0 XM（R）-7-6/0 XM（R）-7-9/0 XM（R）-7-12/0			HZ$_1$-10/1	3 6 9 12	RL$_1$-15/10	3 6 9 12	10	1 i 2
3	XM-7-2 XM-7-4 XM-7-6			HZ$_1$-25/3	2 4 6	RL$_1$-15/15	6 12 18	15	1 2 2
4	XM（R）-7-3/OA XM（R）-7-6/OA XM（R）-7-9/OA XM（R）-7-12/OA					RL$_1$-15/10	3 6 9 12	10	1 1 2 2

注：型号带有 R 为嵌入式，不带 R 为悬挂式。

常用的照明配电箱的基本型号如下：

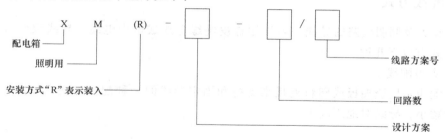

179

如 XM（R）-7-3/1 照明配电箱，为嵌入式配电箱，第 7 设计序号，共有三路出线，线路方案为 1。从有关手册可查得，其电气系统图如图 8.8 所示，其主要设备有：进线采用 25A 的三相组合开关（HZ₁-25/3），出线用熔断器控制，熔断器为螺旋式，型号为 RL₁-15/15。

常用的动力配电箱主要用于工矿企业中交流 500V 及以下的三相三线系统作动力配电用，配电箱中一般装有刀开关、低压断路器、熔断器、交流接触器、热继电器等，对所有控制线路与设备有过载、短路、失电压等保护作用。

动力配电箱型号如下：

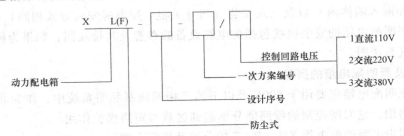

例如 XL-21-01 动力配电箱，由有关手册查得该动力配电箱电气系统图如图 8.9 所示，其内部设备有 HD 型刀开关 1 个、DZ 型低压断路器 4 个，分别控制 4 路出线。

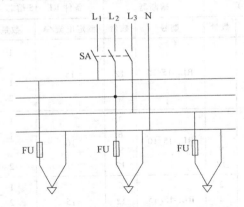

图 8.8　XM（R）-7-3/1 配电箱电气系统图

SA—组合开关（HZ₁-25/3）　FU—螺旋式熔断器（RL₁-15/15）

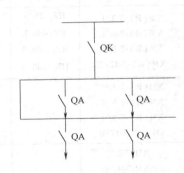

图 8.9　XL-21-01 电气系统动力配电箱

QK—刀闸（HD-400/31）　QA—低压断路器（DZ-250/3）

8.4　动力及照明线路在平面图上的表示方法

8.4.1　配线方式

室内动力及照明线路的导线一般采用橡皮绝缘电线或电力电缆，导线敷设（又称为配线）的方式有以下几种。

（1）夹板配线

夹板配线是用瓷夹板或塑料夹板来支持和固定导线的一种配线方式，如图 8.10 所示。夹板比较矮小，导线对地距离小。

（2）瓷瓶配线

瓷瓶配线是用瓷瓶或瓷珠来支持和固定导线的一种配线方式，如图 8.11a 所示。瓷瓶较夹板的体积大，机械强度高，所以这种配线方式适宜于导线截面积较大且比较潮湿的场所。

（3）槽板配线

这种配线是将导线敷设在线槽内，上面封盖，如图 8.11b 所示，常用槽板有木槽板和塑料槽板，这种配线方式只适用于比较干燥的场所。

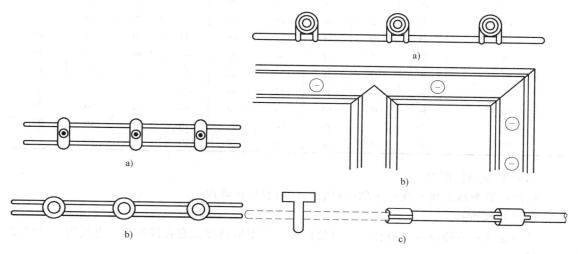

图 8.10　夹板配线

a）瓷夹板配线　b）塑料夹板配线

图 8.11　瓷瓶配线、槽板配线、铝卡片配线

a）瓷瓶配线　b）槽板配线　c）铝卡片配线

（4）线管配线

这种配线是将导线或电缆穿在线管内，常用线管在图纸上的文字符号见表 8.7。

表 8.7　线管的种类及其文字标准

线管种类	符号	管径标准	线管种类	符号	管径标准
普通水、煤气钢管	G	内径	软塑料管	RVG	外径
电线管（薄壁钢管）	DG	外径	玻璃管	BG	外径
硬塑料管	VG	外径			

在工程图上，穿线管直径连同导线型号规格一并标出。线管管径的选择原则是：多根导线穿管时，线管内径不小于导线截面积（包括绝缘层）总和的 2.5 倍；单根穿管时，线管径不小于导线外径的 1.4～1.5 倍；电缆穿管时，线管内径不小于电缆外径的 1.5 倍。

常用绝缘导线与穿管管径的配合见表 8.8。

（5）铝卡片配线

铝卡片配线是用铝卡片（又称钢精扎头）将塑料护套线（BLVV、BVV 型）直接固定在墙面、楼板、顶棚上，如图 8.11c 所示。

（6）钢索配线

钢索配线是将导线（一般为橡皮软电缆）悬吊在预先拉紧的钢索下，导线可沿钢索收紧或放松。

表 8.8 　绝缘导线与线管的配合

导线截面积 /mm²	最小管径/mm								
	DG	G	VG	DG	G	VG	DG	G	VG
	2 根			3 根			4 根		
1.5	15	15	15	20	15	20	25	20	20
2.5	15	15	15	20	15	20	25	20	25
4.0	20	15	20	25	20	20	25	20	25
6.0	20	15	20	25	20	25	25	25	25
10	25	20	25	32	25	32	40	32	40
16	32	25	32	40	32	40	40	32	40
25	40	32	32	50	32	40	50	40	50
35	40	32	40	50	40	50	50	50	50
50	50	40	50	50	50	50	70	50	70
70	70	50	70	80	70	70	80	80	80
95	70	70	70	80	70	80	80		

（7）软塑料管配线

软塑料管配线是将导线穿入软塑料管内，暗敷设在墙内。

（8）电缆配线

这种配线不需要绝缘支持件，可直接敷设，常用敷设方式有直接埋地，电缆沟、沿墙支架敷设。

上述各种配线方式可归纳为两大类，即明配和暗配。将导线敷设在建筑物的表面，裸露于外，可以看到导线的配线方式称为明配；将导线敷设在建筑物墙体内、楼板内、地面以下，或穿在线管中，外部看不到导线的配线方式称为暗配。夹板配线、瓷瓶配线、铝卡片配线等属于明配，穿管配线属于暗配，但对明敷设的穿管配线属于明配。

8.4.2　动力及照明线路的表示方法

动力及照明线路在平面图上采用线条与文字相结合的方法表示线路的走向，导线型号、规格、根数，线路配线方式，线路用途等。

照明供电系统图中常用导线敷设方式和敷设部位的标注见表 8.9。

表 8.9　照明供电系统图中常用导线敷设方式和敷设部位的标注

序号	导线敷设方式的标注			序号	导线敷设方式的标注		
	名称	旧符号	新符号		名称	旧符号	新符号
1	用瓷瓶或磁柱敷设	CP	K	8	穿阻燃聚氯乙烯半硬质管敷设	ZVG	FPC
2	用塑料线槽敷设	XC	PR	9	穿聚氯乙烯塑料波纹电线管	ZDG	KPC
3	用钢线槽敷设		SR	10	用电缆桥架敷设		CT
4	穿水煤气管敷设		RC	11	用磁夹敷设	CJ	PL
5	穿焊接钢管敷设	G	SC	12	用塑料夹敷设	VJ	PCL
6	穿电线管敷设	DG	TC	13	穿金属软管敷设	SPG	CP
7	穿聚氯乙烯硬质管敷设	VG	PC	14	沿钢索敷设	S	SR

序号	导线敷设方式的标注			序号	导线敷设方式的标注		
	名称	旧符号	新符号		名称	旧符号	新符号
15	沿屋架或跨屋架敷设	LM	BE	29	吊线器式	X3	CP3
16	沿柱或跨柱敷设	ZM	CLE	30	链吊式	L	Ch
17	沿墙面敷设	QM	WE	31	管吊式	G	P
18	沿顶棚或顶棚面敷设	PM	CE	32	壁装式	B	W
19	在能进入的吊顶内敷设	PCM	ACE	33	吸顶或直附式	D	S
20	暗敷设在墙内	LA	BC	34	嵌入式	R	R
21	暗敷设在柱内	ZA	CLC	35	顶棚内安装	DR	CR
22	暗敷设在墙内	QA	WC	36	墙壁内安装	BR	WR
23	暗敷设在地面内	DA	FC	37	台上安装	T	T
24	暗敷设在顶棚内	PA	CC	38	支架上安装	J	SP
25	暗敷设在不能进入的吊顶内	PNA	ACC	39	柱上安装	Z	CL
26	线吊式	X	CP	40	座装	ZH	HM
27	自在器线吊式	X1	CP1	41	固定线吊式	X1	CP1
28	防水线吊式	X2	CP2	42			

照明供电系统图和照明平面图上标注的电气设备的文字符号见表 8.10。

表 8.10 照明供电系统图和照明平面图上标注的电气设备的文字符号

名　称	文字符号	名　称	文字符号
高压开关柜	AH	控制屏	AC
低压配电屏	AA	信号屏	AS
动力配电箱	AP	并联电容器屏	ACP
电源自动切换箱	AT	继电器屏	AR
多种电源配电箱	AM	刀开关箱	AK
照明配电箱	AL	低压负荷开关箱	AF
应急照明配电箱	ALE	电能表箱	AW
应急电力配电箱	APE	插座箱	AX

表达线路用途的文字符号见表 8.11。

表 8.11 表达线路用途的文字符号

名　称	文字符号	名　称	文字符号
配电干线	PG	照明分干线	MFG
动力干线	LG	照明干线	MG
配电分干线	PFG	控制线	KZ
动力分干线	LFG		

　　同一条线路导线根数的表示方法：同一条动力线路或照明线路，只要走向相同，无论导线根数多少，在平面图上均可以用一根线表示，其根数利用短斜线表示，如图 8.12 所示。两根线应用最普遍，就不用短斜线表示了，当根数超过 4 根时，可以用一根斜线，在斜线旁

注明根数（图 8.12 中用 n 表示）。

综上所述，动力线路和照明线路在电气平面图上的表示方法是画一根线条，在线旁标注一定的文字符号表示，文字符号的基本格式如下：

$$a\text{-}b(c\times d)e\text{-}f$$

式中　a——线路编号或线路用途符号；

　　　b——导线型号；

　　　c——导线根数；

　　　d——导线截面积，单位为 mm^2，不同截面积分布标注；

　　　e——配电方式的符号及穿线管线的管直径，单位为 mm；

　　　f——敷设部位的符号。

下面用图 8.13 说明动力和照明线路在电气平面图上的表示方法。图中有 4 条线路，各条线路所标注的文字符号的基本含义如下：

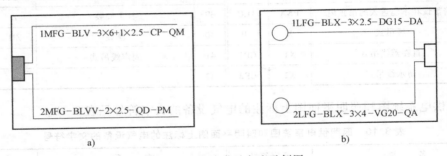

图中文字：
1MFG-BLV-3×6+1×2.5-CP-QM
2MFG-BLVV-2×2.5-QD-PM
a)

1LFG-BLX-3×2.5-DG15-DA
2LFG-BLX-3×4-VG20-QA
b)

图 8.13　线路表示方法示例图

1MFG-BLV-3×6+1×2.5-CP-QM

表示 1 号照明线路分干线；导线型号为 BLV（铝芯塑料绝缘线）；共有 4 根线，其中 3 根相线截面积为 6mm^2，1 根中性线截面积为 2.5mm^2；配线方式为瓷瓶配线（CP），沿墙敷设（QM）。

2MFG-BLVV-2×2.5-QD-PM

表示 2 号照明线路分干线；导线型号为 BLVV（铝芯塑料绝缘线）；导线有 2 根，导线截面积为 2.5mm^2；配线方式采用卡钉配线（QD），沿顶棚敷设（PM）。

1LFG-BLX-3×2.5-DG15-DA

表示 1 号动力分干线；导线型号为 BLX，共有 3 根导线，其截面积均为 2.5mm^2，采用直径 15mm 的电线钢管（DG）穿管配线，暗敷在地下（DA）。

2LFG-BLX-3×4-VG20-QA

表示 2 号动力分干线；导线型号为 BLX，共有 3 根导线，其截面积均为 4mm^2，采用直径 20mm 的塑料（VG）穿管配线，暗敷在墙体内（QA）。

8.4.3　照明设备在平面图上的表示方法

电气照明设备主要包括灯泡、灯管、灯具以及各种开关设备，品种繁多的日用电器，如空调器、电风扇、电铃和各种插座等。各种电器要在照明平面图上表示出来。这些设备的表示方法一般也是采用图形符号和文字符号相结合的方式表示。

常用电光源的种类及标准方法如下。

（1）白炽灯

这种灯结构简单，使用方便，适用于照度要求较低、开关频繁的室内外场所照明，其接线如图 8.14 所示。

（2）卤钨灯

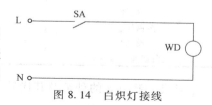

图 8.14　白炽灯接线

SA—控制开关　WD——白炽灯

在钨丝灯管中加入卤素（如碘、溴）而制成的灯叫作卤钨灯，常用的是碘钨灯。适用照度要求较高、悬挂高度较高、屋内外大面积照明的场所，其电气接线图同白炽灯。

（3）荧光灯

荧光灯由灯管、辉光启动器、镇流器等组成，为改善功率因数可并接电容器。这种灯应用比较普遍，接线如图 8.15 所示。

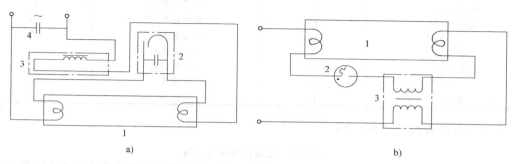

图 8.15　荧光灯接线

a）带普通镇流器　b）带辅助绕组镇流器

1—灯管　2—辉光启动器　3—镇流器　4—电容器

（4）高压汞灯

高压汞灯的发光原理同荧光灯，其接线如图 8.16 所示。

常用电光源在照明工程图上的代号见表 8.12。

表 8.12　常用电光源代号

种类	白炽灯	荧光灯	卤钨灯	高压汞灯	钠灯	金属卤化物灯
代号	B	Y	L	G	N	J

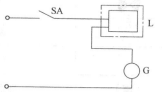

图 8.16　带镇流器的高压汞灯接线

G—高压汞灯　L—镇流器

8.4.4　灯具类型与安装方式的标注方法

1. 灯具的类型

灯具类型很多，在图样上往往结合图形符号标注其文字符号，灯具文字符号有的是比较固定的、适用的，有的则是设计者根据需要、按汉语拼音自行标注的。属于前者时，图样上不需要做说明；属于后者时，图样上应加以说明。常用灯具代号见表 8.13。

表 8.13　常用灯具代号

灯具名称	代号	灯具名称	代号
普通吊灯	P	工厂一般灯具	G
壁灯	B	荧光灯	Y
花灯	H	隔爆灯	G 或专用代号
吸顶灯	D	水晶底罩灯	J
柱灯	Z	防水防尘灯	F
卤钨控制灯	L	搪瓷伞罩灯	S
投光灯	T	无磨砂玻璃罩万能型灯	WW
乳白玻璃平盘罩灯	P	碗形罩灯	W

灯具安装方式的种类及其代号见表8.14。

表 8.14　灯具安装方式的种类及其代号

安装方式	代号	安装方式	代号
自在器线吊式	X	弯式	W
固定线吊式	X1	台上安装式	T
防水线吊式	X2	吸顶嵌入式	DR
人字线吊式	X3	墙壁嵌入式	BR
链吊式	L	支架安装式	J
管吊式	G	柱上安装式	Z
壁装式	B	座装式	ZH
吸顶式	D		

常用灯具图形符号见表8.15。

表 8.15　常用灯具图形符号

图例	说明	图例	说明
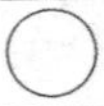 ○	灯具一般符号	 ◑	壁灯
 ⊗	一般照明灯	●	球形灯
 ✪	指示灯	 ◖●	局部照明灯
 ⊘	深照灯	 ◖○	隔爆灯
 △	广照灯	 ⊗	投光灯
 ⊙	防水防尘灯	 ◉	扁形灯
 ⊗	花灯	 ⊗↗	泛光灯
⬤	顶棚灯	 ⌂	斜照型灯
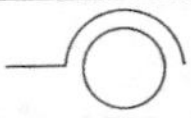 ◡	弯灯	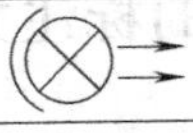 ⊗→	聚光灯
 ▶	壁装座灯	 ✕	顶棚吸顶灯
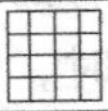 ▦	方格栅吸顶灯	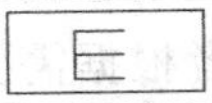 [E]	安全出口标志灯
 ⊢——⊣	荧光灯一般符号	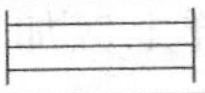 ☰	三管荧光灯

186

2. 电气照明器在平面图上的标注方法

电气照明器包括光源与灯具两大部分，在平面图上采用图形符号和文字符号相结合的方法表示。照明器图形符号见表8.15。文字标注主要说明照明器的种类、灯泡功率、安装方式、安装高度等，一般格式如下：

$$a\text{-}b\,\frac{c\times d}{e}f$$

式中　a——某场所同类型灯具（照明器）的个数；

　　　b——灯具类型代号；

　　　c——照明器内安装灯泡（或灯管）的数量；

　　　d——每个灯泡或灯管的灯率，单位为W；

　　　e——照明器底部至地面或楼面的安装高度，单位为m；

　　　f——安装方式代号。

例如，$6\text{-}S\,\dfrac{1\times100}{2.5}L$ 说明其含义为：该场所安装6盏这种类型灯具，灯具的类型是搪瓷伞罩（铁盘罩）灯（S）；每个灯具内安装一个100W的白炽灯泡；安装高度为2.5m，采用链吊式（L）方法安装。

又如 $4\text{-}YG\,\dfrac{2\times40}{-}$ 的含义为：该场所安装4盏简式荧光灯（YG），双管2×40W，吸顶安装，安装高度不表示，即用符号"–"表示。

3. 照明附件及其他

照明附件有开关、插座等。照明器开关主要有拉线开关和扳钮开关（亦称翘板开关）、普通式开关和防护式开关（防水、防尘）、明装开关和暗装开关等。照明器开关在平面图上的图形符号见表8.16。

插座主要用来插接照明器和其他用电器，也常用来插接小容量的三相用电设备。插座的种类有单相插座和三相插座，有带接地接零线孔的和不带接地接零线孔的，有明装和暗装的，有普通式和防护式的。插座往往标注在照明平面图上，插座的标准接线如图8.17所示，在平面图上的图形符号见表8.17。在照明平面图上还将电风扇、空调器、电钟、电铃等一些固定安装方式的常用电器表示出来，这些常用电器的图形符号见表8.17。

表8.16　照明器开关图形符号及说明

图形符号	名称及说明	图形符号	名称及说明
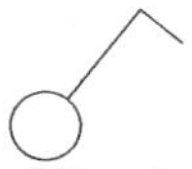	明装单极开关(翘板开关)	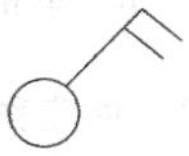	明装双极开关(翘板开关)
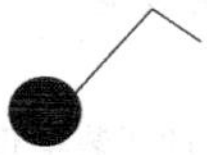	暗装	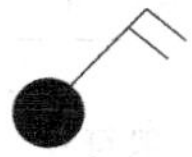	暗装
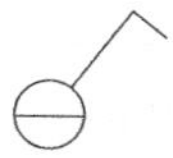	密闭	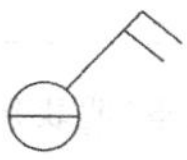	密闭

图形符号	名称及说明	图形符号	名称及说明
	防爆		防爆
	明装三极开关（跷板开关）		具有指示灯的开关
	暗装		多位开关（用于不同照明）
	密闭		中间开关
	防爆		调光器开关
	单极拉线开关		风扇调整开关
	双控开关		限时装置
	单极限时开关		钥匙开关

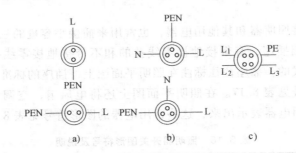

a)　　　　　　　　　　b)　　　　　　　　c)

图 8.17　插座标准接线图

a）单相插座　b）单相带接地孔插座　c）三相带接地孔插座

表 8.17　插座图形符号和常用电器符号及说明

图形符号	名称及说明	图形符号	名称及说明
	插座一般符号		带接地插孔的明装单相插座
	单相插座（明装）		暗装

图形符号	名称及说明	图形符号	名称及说明
	暗装		密闭
	密闭		防爆
	带接地插孔三相插座（明装）		插座箱
	暗装		多个插座（示出 3 个）
	防爆		具有防护板的插座
	具有单极开关的插座		电铃
	带熔断器的插座		蜂鸣器
	照明灯一般符号		换气扇
	电信插座		吊扇
	明装配电箱		剩余电流断路器
	暗装配电箱		低压断路器

8.5 照明控制接线

8.5.1 照明控制接线图的分类

对照明设备进行控制和保护的电路称为控制接线图，照明控制接线图分为原理图和安装接线图。原理图清楚地表明开关、照明器的连接和控制关系，但不能具体表示照明器与线路的实际位置；在电气照明平面图上表示的照明设备连接关系图都是安装接线图，安装接线图清楚地表明了照明器、开关、线路的具体位置和安装方法，但对同一方向同一标高的导线只用一根线表示。

照明器、插座等通常都是并联于电源进线两端，相线经开关至灯头，零线直接接灯头，保护地线与灯具金属外壳连接。在一个建筑物内，灯具、插座等很多，它们通常采用两种方法连接，一种是直接接线法，另一种是共头接线法。各种照明器、插座、开关等直接从电源干线上引接，导线中间允许有接头的安装接线法，称为直接接线法。导线连接只能通过开关、设备的接线端子引线，导线中间不允许有接头的安装接线法，称为共头接线法。共头接线法虽然耗用导线较多，但接线可靠，因此被广泛采用。

无论采用哪种接线方法，在电气照明平面图上导线都很多，显然，在图面上不可能一一表达清楚，为读图带来了一定困难。为读懂电气照明平面图，作为一个读图过程可以另外画出照明器、开关、插座等的实际连接示意图，这种图称为斜视图，也称为透视图。斜视图画起来虽然麻烦一些，但对初读者很有帮助。

8.5.2 控制接线图的种类及其表示方法

（1）一只开关控制一盏灯

一只开关控制一盏灯是一种最简单的照明控制接线图，原理图如图 8.18a 所示，在平面图上的安装接线图如图 8.18b 所示，其斜视图则如图 8.18c 所示，由斜视图可知，电源进线、开关线、灯头线等都是两根线，所以在图 8.18b 中表示的导线根数均为两根（标注根数）。对这种一灯一开关的接线，采用共头接线法与直接接线法接线，在平面图上的导线根数是一致的。

（2）多个开关控制多盏灯

由图 8.19a 所示，开关 S_1、S_2、S_3 分别控制 EL_1、EL_2、EL_3。图 8.19b 是这三盏灯及其线路、开关的照明平面图，在这个平面图上可以看出灯具、开关、线路的具体布置情况。在左侧较大一间房里装了两盏灯，由安装在进线一侧的两只开关（S_1 和 S_2）控制，在右侧一间房里装了一盏灯，由灯的图形符号和文字符号可知这三盏灯都是搪瓷伞罩灯（S），灯泡功率为 60W、线吊式安装，安装高度为 2.5m，3 只开关为普通翘板开关，明装。室内照明布线为 BLV 型塑料绝缘导线，截面积均为 2.5mm^2，采用瓷瓶配线（CP）暗藏于顶棚内敷设（PA）。

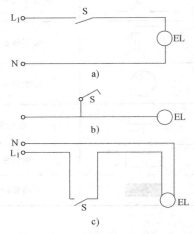

图 8.18　灯控制接线示意图
a）原理图　b）平面安装图　c）斜视图

由此平面图知，在其中两盏灯（EL_1、EL_2）之间及这两盏灯至这两只开关（S_1、S_2）之间采用 3 根导线，其余均为 2 根导线。为了搞清布线根数可画出斜视图，如图 8.19c 所示。显然，导线根数是与采用哪种接线方法有关。本图采用直接接线法，由电源引来一根相线 A 和一根零线 N，其中零线分别从干线上分支，直接与各线连接，从两灯之间干线引一根相线至开关 S_1、S_2，经过两个开关分别接至 EL_1、EL_2。由此可清晰看出 EL_1 与开关 S_1、S_2 之间的 3 根线分别是一根相线、一根零线及一根开关线；S_1、S_2 与 EL_1 之间也是这种情况；照明干线与开关 S_1、S_2 之间是一根相线、两根开关线。图 8.17c 中 3 根虚线所关联的 3 根线与平面图 b 是一一对应的。

如将图 8.19a 中的接线改为共头接线法，则在平面安装图上表示各段导线数要相应增加，其平面图与斜视图如图 8.19a 和 8.19b 所示。

（3）用两只双联开关在两处控制一盏灯

在很多情况下，如楼梯上的灯需要在楼上、楼下同时控制，走廊中的灯需要在走廊两端进行控制，等等。通常采用两只双联开关控制，其原理如图 8.20a 所示，在图示开关位置状态下，灯不亮，这时，无论扳动开关 S_1 还是 S_2，即 S_1 扳向"1"或 S_2 扳向"2"，灯便亮。这种接线的平面图、斜视图如图 8.20b、c 所示。

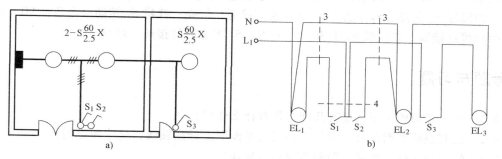

图 8.19　多个开关控制多盏灯共头接线法示意图

a）平面安装图　b）斜视图

注：图 8.19a 平面图上所表示的导线根数与图 8.19b 中虚线间连的导线的根数是一一对应的。显然，
　此平面图是按照共头接线法绘制的。若为直接接线法配线，导线根数会有所减少。

（4）用两只双联开关和一只三联开关在三处控制一盏灯

这种线路的工作原理及其应用场所与两只双联开关控制一盏灯的情况类似，其原理图、平面图、斜视图如图 8.21 所示。

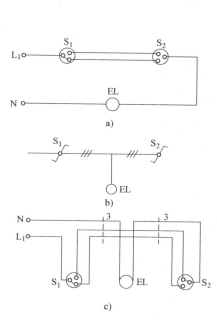

图 8.20　用两只双联开关控制一盏灯

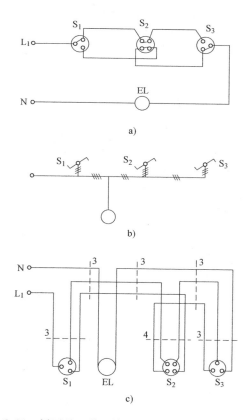

图 8.21　用两只双联开关和一只三联开关控制一盏灯

a）原理接线图　b）平面安装图　c）斜视图

在原理图所示位置，灯不亮，这时扳动 3 个开关中的任意一个，改变其位置灯便能亮。具体说明如下：将 S_2 扳向上，相线经开关 S_1、S_2 及 S_3 的上方与灯接通，灯亮；或将 S_1 扳向下，相线经 S_1 下方、S_2 下方、S_3 下方与灯接通，灯亮；或将 S_2 转动一个角度 $90°$，S_2 的左右两对接点接通，相线经 S_1 上方、S_2 左方、S_3 下方与灯接通，灯亮。

思考题与习题

8.1　电气照明施工图主要有几种？各有什么作用？

8.2　绘制照明平面图时，为何要在建筑平面图上标注轴线、尺寸和比例？

8.3　绘制照明施工图时，照明线路如何标注？

8.4　绘制照明施工图时，照明灯具如何标注？

8.5　绘制照明施工图时，低压断路器和熔断器如何标注？

8.6　阅读照明供电系统图应掌握哪些基本内容？

8.7　阅读照明平面图应掌握哪些基本内容？

第9章 电气照明设计示例

9.1 实验办公楼照明设计

9.1.1 办公楼照明设计要点

根据《建筑照明设计标准》（GB 50034—2013）规定，普通办公室、会议室、接待室等房间 0.75m 的水平面照度标准值为 300lx；高档办公室及设计室 0.75m 的水平面照度准确值为 500lx。

推荐采用色温在 4000～4600K、显色指数在 80 左右、蝙蝠翼式配光的细管径直管型高效荧光灯具，宜将灯具布置在工作台的两侧，并使荧光灯纵轴与水平线视线平行。不能确定工作位置时宜采用与外窗平行布灯，并宜采用双向蝙蝠翼式配光灯具。

每普通开间设 2～3 组电源插座，且照明与插座回路应分开配电，插座回路应装设剩余电流保护。

宜将办公区与公共区域分开。

本节以实验办公楼为例，说明设计步骤和过程。根据设计题目所给的原始条件进行光照设计和电气设计。

在办公楼一层有危险品仓库、化学实验室、物理实验室、分析室、浴室、更衣室和厕所等。以化学实验室光照设计为例说明光照设计的步骤及要求，其他各房间光照设计可按照化学实验室光照设计进行。

9.1.2 办公楼电气照明设计实例

1. 光照设计

（1）照度校验

已知要求实验室照度推荐值为 75～150lx，现确定照度（平均照度）标准值为 E_{avp} = 100lx。查附表 A.44 配照型灯具选最小照度系数 $Z = 1.3$，则最小照度 $E_{min} = E_{av}/Z = 100/1.3lx = 76lx$。房间照度均匀度 $D = E_{min}/E_{av} = 76/100 = 0.76$，满足 CIE 的要求。

（2）光源和灯具选择

考虑是化学实验室，选用隔爆灯（G），光源采用白炽灯，灯泡功率取 100～500W。选择隔爆灯 B3C-200 型。

（3）应用单位容量法进行照明器容量估算

室内面积 $A = LW = 6 \times 8mm^2 = 48mm^2$，查附表 C.8 实验室照明功率密度值为 9W/mm²，则实验室的安装功率 $P = p_0 A = 9 \times 48W = 432W$。估算灯具个数 $N = P/P_1 = \dfrac{432}{200} = 2.16$，选择 $N = 4$ 盏。

（4）灯具布置

采用管吊式安装（G），查附表 A.39，隔爆型灯具适宜的悬挂高度为 2.5～5m，选安装高度为 3.5m。采用两个明装防爆式单极开关控制，另外，装设两个带接地线孔的防爆式三相插座，每个插座为 500W，$\cos\varphi = 0.8$。

灯具表示为

$$4\text{-}G\ \frac{1\times200}{3.5}G$$

（5）照度检验

用利用系数法检验平均照度。查附表 A.41，确定顶棚、墙壁、地板的反射系数分别为 $\rho_c = 70\%$，$\rho_w = 50\%$，$\rho_f = 30\%$。取工作面高度为 0.8m，则计算高度 $h = (3.5-0.8)\text{m} = 2.7\text{m}$，求得室形系数 i 为

$$i = LW/h(L+W) = 6\times8/2.7(6+8) = 1.27$$

查附表 A.23 搪瓷配照型灯利用系数 $U = 0.57$，查表 5.1 得维护系数 $K = 0.8$。

确定一个光源的光通量为

$$\phi = \frac{E_{av}A}{KNU} = \frac{100\times48\times0.8}{0.8\times4\times0.57}\text{lm} = 2105\text{lm}$$

查附表 B.1 得 PZ220-200 灯泡光通量为 2920lm，大于计算的一个光源的光通量 2105lm，说明灯泡功率选得合适。这时平均照度值为

$$E_{av} = \frac{KNU\phi}{A} = \frac{0.8\times4\times0.57\times2920}{48}\text{lx} = 111\text{lx}$$

因为 $E_{av} = 111\text{lx} > E_{avp} = 100\text{lx}$，合格。

（6）用逐点法检验最低照度

灯具布置如图 9.1 所示，图中线框内为假设的工作区域，取工作区域的边线 A 点为检验点，取 $S_1 = 4$，$S_2 = 2$，则 $S = \sqrt{S_1 S_2} = \sqrt{4\times2} = 2.83$，$S/h = 2.83/2.7 = 1.05$，允许最大距高比为 1.8，合格。

将工作区域距房间中心最远点 A 作为最低照度检验点，由 $h = 2.5\text{m}$，$d_1 = \sqrt{1^2+3^2}\text{m} = 3.2\text{m}$，查附图 A.20 搪瓷配照型灯等照度曲线，得 $\varepsilon_1 = 6\text{lx}$，同理 $d_2 = \sqrt{5^2+3^2}\text{m} = 5.8\text{m}$，得 $\varepsilon_2 = 1.2\text{lx}$；$d_3 = \sqrt{1^2+1^2}\text{m} = 1.4\text{m}$，$\varepsilon_3 = 20\text{lx}$；$d_4 = \sqrt{1^2+5^2}\text{m} = 5.1\text{m}$，$\varepsilon_4 = 1.8\text{lx}$。

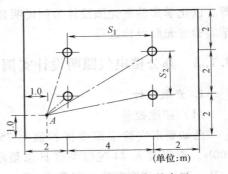

图 9.1 化学实验室灯具布置

$$\sum\varepsilon = \varepsilon_1 + \varepsilon_2 + \varepsilon_3 + \varepsilon_4 = (6+1.2+20+1.8)\text{lx} = 29\text{lx}。$$

查附图 A.20，本灯具属于余弦配光，查附表 A.38，由 $S/h = 1.05$，查得照度附加系数 $\mu = 1.47$，查表 5.1 得维护系数 $K = 0.8$。则 A 点照度为

$$E_{min} = \frac{\mu K\phi\sum\varepsilon}{1000} = \frac{1.47\times0.8\times2920\times29}{1000}\text{lx} = 99.6\text{lx}$$

由于 $E_{min} = 95.8\text{lx}$ 大于标准最低照度 $E_{min\ p} = 76\text{lx}$，所以最低照度检验合格。

同理进行其他房间和走廊的光照设计，并将设计结果用表格表达出来，见表 9.1。

表 9.1 办公楼各房间光照设计成果表

序号	设计步骤　房间分类	化学实验室
1	房间高度及面积、工作面高度	$H=4\mathrm{m}$　$A=LW=8\times6\mathrm{mm}^2=48\mathrm{mm}^2$　$h_2=0.8\mathrm{m}$
2	确定标准照度	确定平均照度标准值 $E_{\mathrm{avp}}=100\mathrm{lx}$ 查附表 A.44 得最小照度系数 $Z=1.3$,确定最低水平照度 $E_{\mathrm{min\ p}}=76\mathrm{lx}$
3	确定照明方式	采用一般照明
4	选择光源及灯具	选用白炽灯光源,灯具采用管吊式安装的 B3C 型防爆灯 灯具悬挂高度 $h_1=3.5\mathrm{m}$
5	用单位容量法估算灯具容量及个数	查附表 C.8,功率密度值 $P_0=9\mathrm{W/m}^2$,实验室安装功率 $P=P_0A=9\times48\mathrm{W}=432\mathrm{W}$。估算灯具个数 $N=432/200=2.4$,实取 $N=4$ 盏
6	用利用系数法检验平均照度 E_{av}	查附表 A.41,确定顶棚空间、墙壁、地板空间反射系数分别为 $$\rho_c=70\%,\rho_w=50\%,\rho_f=30\%$$ 计算高度　$h=h_1-h_2=(3.5-0.8)\mathrm{m}=2.7\mathrm{m}$ 室形系数　$i=LW/H(L+W)=1.27$ 查附表 A.23 得利用系数 $U=0.57$,查表 5.1 得维护系数 $K=0.8$,确定一个灯具光源的光通量为 $$\phi=\frac{E_{\mathrm{av}}A}{KNU}=\frac{100\times48}{0.8\times4\times0.57}\mathrm{lm}=2105\mathrm{lm}$$ 查附表 B.1,选普通白炽电灯 PZ330-200,灯泡功率为 200W,光通量为 2920lm,大于计算光通量 2105lm。这时平均照度值为 $$E_{\mathrm{av}}=\frac{KN\phi U}{A}=\frac{0.8\times4\times0.57\times2920}{48}\mathrm{lx}=111\mathrm{lx}$$ $$E_{\mathrm{av}}=111\mathrm{lx}>E_{\mathrm{avp}}=100\mathrm{lx}\quad(合格)$$
7	灯具布置 $4\text{-}G\dfrac{1\times200}{3.5}G$	灯具布置如图 9.1 所示。$S_1=4\mathrm{m},S_2=2\mathrm{m}$,则 $$S=\sqrt{S_1S_2}=\sqrt{4\times2}\mathrm{m}=2.83\mathrm{m},S/h=2.83/2.7=1.05\mathrm{m}$$ 查附表 A.37 得 $S/h=1.8\sim2.5$(最大允许距高比),实际距高比 $S/h=1.05$ 小于最大允许距高比 $S/h=1.8$(合格)
8	用逐点法检验房间最低照度 E_{min}	确定最低照度检验点 A(见图 9.1),计算点光源至计算点 A 的距离 $$d_1=\sqrt{1^2+3^2}\mathrm{m}=3.2\mathrm{m},d_2=\sqrt{5^2+3^2}\mathrm{m}=5.8\mathrm{m},d_3=\sqrt{1^2+1^2}\mathrm{m}=1.4\mathrm{m},$$ $$d_4=\sqrt{1^2+5^2}\mathrm{m}=5.1\mathrm{m}$$ 由 $h=2.7\mathrm{m}$ 和各灯距离,查附图 A.20 搪瓷配照灯空间等照度曲线(光源为 1000lm,$K=1$)得各灯具在 A 点产生的水平照度为 $$\varepsilon_1=6\mathrm{lx},\varepsilon_2=1.2\mathrm{lx},\varepsilon_3=20\mathrm{lx},\varepsilon_4=1.8\mathrm{lx}$$ $$\sum\varepsilon=\varepsilon_1+\varepsilon_2+\varepsilon_3+\varepsilon_4=(6+1.2+20+1.8)\mathrm{lx}=29\mathrm{lx}$$ 查附图 A.20,本灯具属于余弦配光,距高比 $S/h=1.05$,查附表 A.38 得附加照度系数 $\mu=1.47$,查表 5.1 得 $K=0.8$,则 A 点最低水平照度为 $$E_{\mathrm{min}}=\frac{K\mu\phi\sum\varepsilon}{1000}=\frac{0.8\times1.47\times2920\times29}{1000}\mathrm{lx}=99.6\mathrm{lx}\geqslant76\mathrm{lx}$$ 所以最低照度检验合格,化学实验室光照设计完成

2. 电气设计

各房间灯具布置完成后，画出电气平面安装草图，将所有灯具和插座及其用电设备分成若干回路。可按用电器类别不同分，如三相插座属于三相四线制接线；可按灯距相近分，如二层西侧分一个回路，二层东侧分一个回路；可按灯的控制需要分，如一层和二层的走廊灯具分一个回路，等等。

分好回路后，按回路进行线路负荷计算。

（1）负荷计算

如图 9.2 所示，以 N_4 回路为例说明分支线和干线的负荷计算，以回路平面安装图作为计算依据。

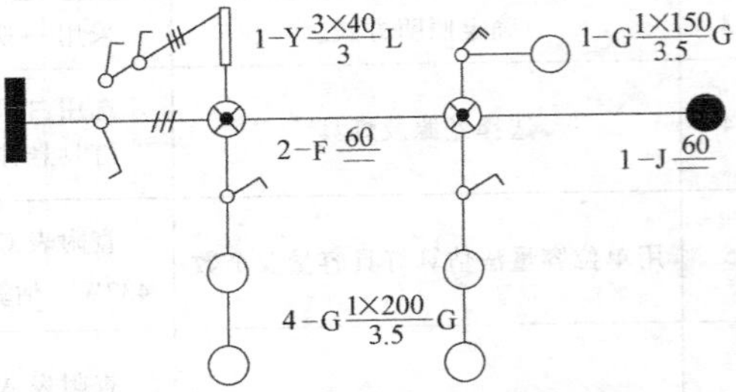

白炽灯：$P_B = (4 \times 200 + 1 \times 150 + 2 \times 60 + 1 \times 60)W = 1130W$

荧光灯：$P_L = 3 \times (40 + 40 \times 0.23)W = 147.6W$

图 9.2　N_4 回路平面安装接线图

$$Q_L = P_L \times \tan\varphi = 147.6 \times 1.73 \text{var} = 255.3 \text{var}$$

这里 40×0.23 是考虑到镇流功率损耗荧光灯无补偿时，功率因数取 $\cos\varphi = 0.5$，$\tan\varphi = 1.73$。

$$S_L = \sqrt{P_L^2 + Q_L^2} = \sqrt{147.3^2 + 255.3^2} \text{ V} \cdot \text{A} = 295 \text{V} \cdot \text{A}$$

$$S_L = \frac{P_L}{\cos\varphi} = 147.6/0.5 \text{ V} \cdot \text{A} = 295 \text{V} \cdot \text{A}$$

N_4 回路安装容量为

$$P_4 = P_B + P_L = (1130 + 147.6)W = 1277.6W; \quad Q_4 = Q_L = 255.3\text{var}$$

$$S_4 = \sqrt{P_4^2 + Q_4^2} = 1302 \text{V} \cdot \text{A}, \quad \cos\varphi = \frac{P_4}{S_4} = 1277.6/1302 = 0.981 > 0.9$$

满足电网要求，功率因数合格。

N_4 回路计算负荷：

$$P_c = K_d P_4 = 0.9 \times 1277.6W = 1149.8W$$

$$Q_c = P_c \tan\varphi = 1149.8 \times 0.208 \text{var} = 239.2\text{var}$$

$$S_c = \sqrt{P_c^2 + Q_c^2} = 1174.4 \text{V} \cdot \text{A}$$

$$I_c = S_c / U_N = 1174.4/220 \text{A} = 5.34\text{A}$$

有功计算电流：

$$I_{ca} = I_c \cos\varphi = 5.34 \times 0.981 \text{A} = 5.23\text{A}$$

无功计算电流：

$$I_{cr} = I_c \sin\varphi = 5.34 \times 0.194 \text{A} = 1.04\text{A}$$

同理可计算出其他回路的照明器安装容量及计算容量，并将计算结果列表表达，见表 9.2。

表9.2 负荷统计及开关选择

回路编号	相别	灯具数/个	插座数/个	吊扇数/个	安装容量			计算电流			开关
					P/W	Q/var	$S/V \cdot A$	I_c/A	I_{ca}/A	I_{cr}/A	型号-额定电流/整定电流/A
N_1	A										
N_2	B		6		3000						DZ1-50/15
N_3	C										
N_4	A	9			1277	255	1302	5.34	5.23	1.09	DZ1-50/8
N_5	B	8			700						DZ1-50/6
N_6	A	14			1360						DZ1-50/8
N_7	C				500						DZ1-50/6
N_8	B	12	3	5	1665						DZ1-50/10
N_9	C	14	2	1	1865						DZ1-50/10
N_{10}											备用
合计		57	11	6	10367	255	10371	14.1	14.1	0	

（2）导线（型号及截面）选择及敷设

首先确定导线型号及敷设方式。查附表D.9，考虑化学腐蚀作用，决定选用BV铜芯塑料线穿钢管沿墙明敷设（QM），按允许发热选择导线截面。

1）查附表D.9，4根铜芯塑料线穿钢管敷设，选择截面积为1.5mm²，允许截流量为 $I_{al} = 16A > I_c = 5.13A$。

如果环境温度不是标准环境温度25℃，还要进行温度修正，$I'_{al} = K_t I_{al}$，其中 K_t 为温度修正系数。可查表或按下式计算：

$$K_t = \sqrt{\frac{\theta_{max} - \theta}{\theta_{max} - \theta_0}}$$

式中 θ_{max}——导线允许最高工作温度；

θ_0——标准环境工作温度，长期发热取25℃；

θ——实际环境工作温度。

2）对导线做机械强度和允许电压损失检验。

查表7.14，穿管铜线最小截面积为1.0mm²，所选截面积为1.5mm²，满足机械强度要求，即 $S = 1.5mm² > S_{min} = 1.0mm²$。

对 N_4 回路做允许电压损失校验，首先绘出负荷分布图，如图9.3所示。由于导线长度短，线路电抗可忽略不计，又因为 $\cos\varphi$ 近似为1，可忽略无功负荷对电压损失的影响，采用负荷矩公式计算。

$P_1 = (2 \times 200 + 60 + 147.6)W = 607.6W = 0.6076kW$

$Q_1 = 255.3var = 0.2553kvar$

$P_2 = (2 \times 200 + 60 + 150)W = 610W = 0.61kW$

$Q_2 = 0$

$P_3 = 60W = 0.06kW$

$Q_3 = 0$

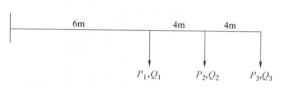

图9.3 N_4 回路接线图

利用 $\Delta U\% = \dfrac{\sum PL}{CS}$ 公式计算电压损失，C 值查表 7.8，单相线路，C 值取 12.8，代入上式

计算：

$$\Delta U\% = \frac{\sum PL}{CS} = \frac{0.6076 \times 6 + 0.61 \times 10 + 0.06 \times 14}{12.8 \times 1.5}$$

$$= 10.59/19.2 = 0.55 < \Delta U_{al}\% = 2.5，合格$$

电压损失实际值为

$$\Delta U = \frac{\Delta U\%}{100} U_N = \frac{0.55}{100} \times 220V = 1.21V$$

同理，确定各回路导线截面，选择校验合格后列表表达，见表 9.3。

表 9.3　各个回路导线选择和校验

回路编号	导线型号及敷设方式	截面积 /mm²	长度 /m	管径 /mm	允许发热校验 I_{al} /A	允许发热校验 I_c /A	允许发热校验 结果	允许电压损失校验 $\sum M$ /kW·m	允许电压损失校验 $\Delta U(\%)$	允许电压损失校验 ΔU_{al} (%)	允许电压损失校验 结果
N_1											
N_2	BLVV-1.5-G40-QA										
N_3											
N_4	BV-2.5-G15-QA	1.5	14	15	16	5.3	合格	10.59	0.55	2.5	合格
N_5											
N_6											
N_7	BLVV-1.5-G15-QA										
N_8											
N_9											
N_{10}											

（3）确定照明供电系统

如图 9.4 所示，该建筑物供电共分 9 个单相回路出线，其中 N_1、N_2、N_3 向三相插座供电，三相插座按每只 500W、$\cos\varphi = 0.8$ 计。N_7 供给一台照明变压器，其余各回路供照明、吊扇及单相插座，单相插座按每只 50W、$\cos\varphi = 0.8$ 计，吊扇每只按 85W 计。各回路负荷如图 9.4 所示。

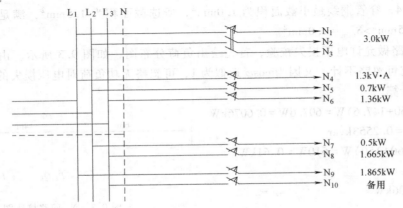

图 9.4　照明供电系统图

由表 9.2 可知各相负荷如下：

A 相：$P_A = (3000/3+1277+1360)W = 3637W$

B 相：$P_B = (3000/3+700+1665)W = 3365W$

C 相：$P_C = (3000/3+500+1865)W = 3365W$

三相不平衡度为

$$\Delta P\% = [(P_A-P_B)/(P_A+P_B+P_C)/3]\times 100$$
$$= [(3637-3365)/(3637+3365+3365)/3]\times 100 = 7.87 < 10，合格$$

建筑物设备容量为

$P_\Sigma = 10367W$、$Q_\Sigma = 255var$、$\cos\varphi = P_\Sigma/S_\Sigma = 10367/10371 = 0.99 \approx 1$、$\varphi \approx 0°$。

计算容量为

$$P_c = K_d P = 0.9\times 10367W = 9330.3W$$

$$Q_c = P_c \tan\varphi = 0$$

$$I_c = \frac{P_c}{\sqrt{3}\,U} = \frac{9330.3}{\sqrt{3}\times 380}A = 14.2A$$

（4）电源进线及配电箱的选择

确定本建筑物的进线电源为 380V/220V，三相四线制，电源进线按允许发热选择，查附表 D.9，选橡皮绝缘铝芯电线四根单芯穿管敷设。考虑到允许机械强度要求，选择截面积 $S = 2.5mm^2$，允许 $I_{al} = 68A$，允许载流量 $I_{al} = 68A > I_c = 14.2A$，满足允许发热要求。最后确定选择结果如下：

$$MG\text{-}BLX\text{-}500\text{-}3\times 25+1\times 16\text{-}G40\text{-}LA$$

进线选额定电压 500V，3 根截面积 $25mm^2$、1 根 $16mm^2$ 的铝芯橡皮线，至室外架空线上引下穿入管径 40mm 的钢管，引自一楼设置的照明配电箱。

配电箱选择型号为 XM（R）-42-13，其内部接线如图 9.5 所示。该配电箱有 7 个单相低压断路器（DZ1-50/110）和一个三相低压断路器（DZ1-50/310），即可以引出 7 路 220V 单相、一路 380V 三相线路。本建筑物照明供电使用一路三相（N_1、N_2、N_3）、6 路单相（N_4-N_{10}），其中一路为备用线路（N_{10}）。

（5）绘制电气接线图

画出各房间（按回路也可以）灯具原理接线图、电气平面安装图及斜视图。化学实验室的上述三种图如图 9.6 所示。

（6）各回路的配电设计

各回路的配电设计如图 9.7 所示，下面仅对 N_4 回路和 N_9 回路用斜视图分析各段导线根数。

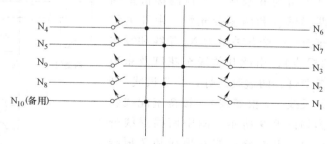

图 9.5 照明供电系统图

1）N_4 回路相线与零线从配电箱引出，沿轴线③（见相应的电气平面图）向南行至走廊，再往西，在拐角处加一根开关线，共 3 根，引向走廊西部第一盏防尘灯，再由此分 3 路，一路往北至分析室，一路往南至化学实验室，一路往西至危险品仓库与两侧门厅。其斜视图如图 9.8 所示，从图中可以看出，往北的 N_4 相线和零线引向由 3 只灯管组成的荧光灯，

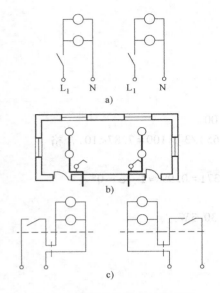

图 9.6 化学实验室电气接线图

　　a）化学实验室原理接线图

　　b）平面安装图　c）斜视图

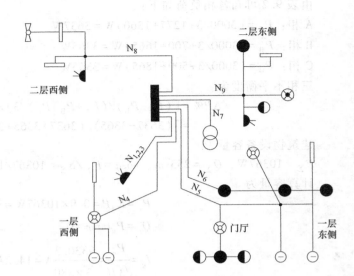

图 9.7　各个回路配电示意图

从该荧光灯引向分析室门旁开关，此处有 3 根线，一根相线，两根开关控制线，其中右边一个开关控制中间一只灯管，左边一个开关控制左右两只灯管。往南的两根线为开关线（相线）和零线，引向化学实验室的两盏隔爆灯。往西的 3 根线为 N_4 相线、零线及走廊另一盏防尘灯的开关线。并在灯座中分出 3 路，分别引向危险品仓库一盏隔爆灯、化学实验室西边的两盏隔爆灯和西侧门灯。

　　2）二层接待室的灯具与插座较多，其电源进线由 N_9 相线、零线左轴线④与 B 交叉处（见相应的电气平面图）引入接待室。进入接待室后向东至开关组为 6 根线，以控制接待室西边两盏壁灯和两盏荧光灯。由开关组向东至另一个开关组为 N_9 相线和零线（两根线），由此开关线至花灯及东边两盏壁灯、两盏荧光灯，共 7 根线（6根开关线，1 根零线）。接待室配线斜视图如图 9.9 所示，图中两根虚线分别标出了上面分析的 6 根线和 7 根线的位置。

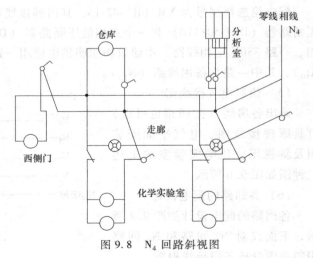

图 9.8　N_4 回路斜视图

　　其他房间（回路）的斜视图这里不再介绍，其布线安排可看本建筑物一层和二层电气照明平面图。

　　（7）绘制照明平面图

　　各房间的电气照明平面图画好后再汇总，按回路画出建筑物（按层）的照明平面图。

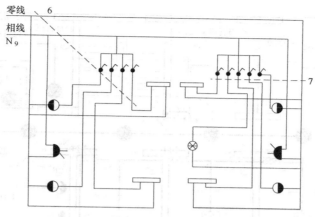

图 9.9 接待室照明配线斜视图

本建筑物的照明平面图如图 9.10 所示。

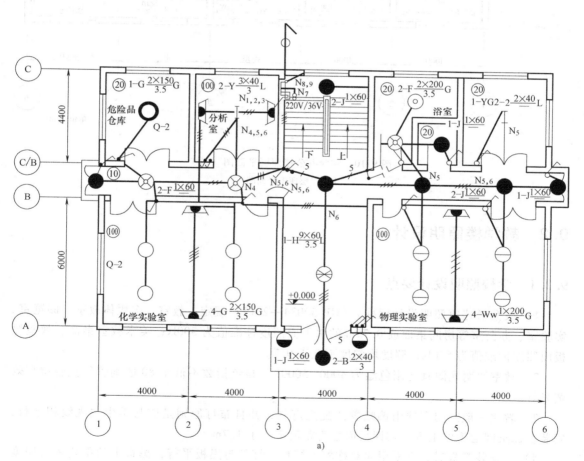

a)

图 9.10 实验办公楼照明平面图

a) 一层照明平面图

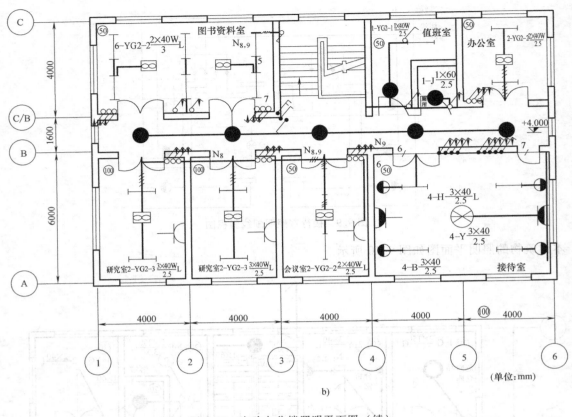

图 9.10　实验办公楼照明平面图（续）

b）二层照明平面图

9.2　教学楼照明设计

9.2.1　学校照明设计要点

1）根据《建筑照明设计标准》（GB 50034—2013）规定，教室、多媒体教室、阅览室、实验室、办公室等房间桌面或 0.75m 的水平面照度标准值为 300lx；美术教室桌面、教室黑板面照度标准值为 500lx；照度均匀度不低于 0.7。

2）教室照明光源宜选用色温为 4000~5000K、显色指数不低于 80 的细管径直管型高效荧光灯。

3）教室一般照明宜选用蝙蝠翼式配光灯具，并且布灯原则是应与学生主视线相平行，安装在课桌间通道的上方，与课桌面垂直距离不小于 1.7m。

4）当安装黑板时，宜采用非对称配光灯具，灯具与黑板平行，黑板上的平均垂直照度应高于教室的平均水平照度。黑板照明不应对教师产生直接眩光，也不应对学生产生反射眩光。设计时，灯具布置位置和布灯数量应满足表 9.4 和表 9.5 的规定。

表 9.4　黑板照明灯具的位置

地面至光源的距离 h/m	2.6	2.7	2.8	2.9	3.0	3.2	3.4	3.6
光源距装黑板的墙的距离 l/m	0.6	0.7	0.8	0.9	0.9	1.1	1.2	1.3

表 9.5　黑板照明灯具的数量

黑板宽度/m	36W、40W 单管专用荧光灯	黑板宽度/m	36W、40W 单管专用荧光灯
3~3.6	2	4~5	3

5）为满足照度均匀度的要求，教室布灯时，灯具的距高比不宜超过所选灯具的最大允许距高比。

6）普通教室前后墙各应设 1~2 组电源插座，插座宜单独回路配电，且应装设剩余电流保护器。

7）教室宜安装吊扇及调速开关，宜在楼梯附近装设电铃。

8）每栋楼及每层均应设置电源开关，每一照明分支回路，其配电范围不宜超过 3 个普通小教室。

9.2.2　教学楼的电气照明设计实例

原始资料：

1）某一小学教学楼，其建筑平面图如图 9.11 所示，要求每间教室和办公室安装单相插座 2 只，已知教学楼层高为 3.5m，请进行照明设计。

2）本工程电源为 380V/220V 三相四线制 TN-C 系统接线方式，从户外路边电线杆引入，进线方式采用从电线杆上 BLXF 型导线穿管埋地进入一楼内侧外墙上，然后分层穿管敷设。

1. 光照设计

（1）确定照明方式和种类，选择合理照度

这里设计对象为教学楼，对教室和办公室、厕所可采用一般照明，对教室黑板还应采用专用局部照明，以提高黑板的垂直照度（一般为水平照度的 1.5 倍，且不小于 150lx），走廊和门厅可采用一般照明加局部照明方式。

（2）照度选择

查附表 C.3 和附表 C.6，教室、办公室取平均照度 $E_{av} = 150lx$；厕所、楼梯可取 10lx，走道取平均照度 20lx。查附表 A.44 取最小照度系数 $Z = 1.3$，换算成最小照度 E_{min}。

办公室、教室：$E_{min} = E_{av}/Z = 150/1.3lx = 115.4lx$，走道：$E_{min} = E_{av}/Z = 20/1.3lx = 15.4lx$

厕所、楼梯间：$E_{min} = E_{av}/Z = 10/1.3lx = 7.69lx$。黑板局部照明垂直照度取 $E_v = 200lx$。

（3）选择光源、照明器形式，确定型号

为提高教室课桌及黑板的照度及其均匀度，并考虑到节约电能，可采用发光效率高的荧光灯具，最好选用蝙蝠翼配光的照明器，可完全避免光幕反射，限制眩光，提高照度均匀度，并可获得如左侧窗投入的天然光的良好效果。

办公室和教室选用 YG2-1 型 1×40W 荧光灯，走道、厕所采用光源为白炽灯（JWD5-2 型吸顶灯）。雨篷采用防水 JWD45 型吸顶灯。

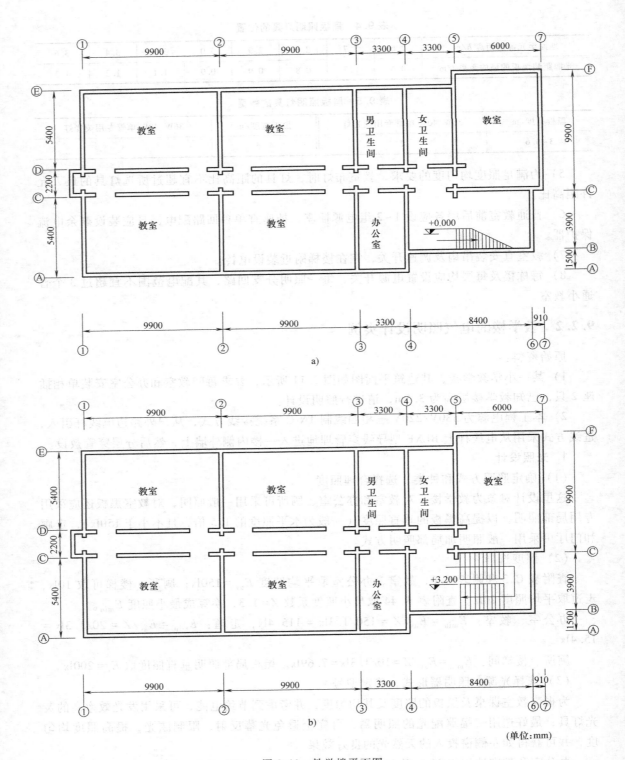

图 9.11　教学楼平面图

a）一层平面图　　b）二层平面图

（单位：mm）

204

2. 应用单位容量法进行照明器安装容量计算

（1）面积计算

教室：$A_1 = 9.9 \times 6 \text{m}^2 = 59.4 \text{m}^2$

$A_2 = 9.9 \times 5.4 \text{m}^2 = 53.46 \text{m}^2$

办公室和厕所：$A_3 = 3.3 \times 5.4 \text{m}^2 = 17.82 \text{m}^2$

雨篷门厅：$A_4 = 3.3 \times 3.6 \text{m}^2 = 11.88 \text{m}^2$

走廊：$A_5 = 23.1 \times 2.2 \text{m}^2 = 50.82 \text{m}^2$

楼梯间：$A_6 = 5.1 \times 3.9 \text{m}^2 = 19.9 \text{m}^2$

（2）单位面积安装功率

查附表 C.7 和附表 C.8，选取教室单位面积安装功率为 $W_1 = 10.2 \text{W/m}^2$，办公室 $W_2 = 13.4 \text{W/m}^2$。

查附表 C.10 和附表 C.11，选取楼梯间、厕所 $W_3 = 7.5 \text{W/m}^2$，门厅 $W_4 = 8.8 \text{W/m}^2$，走廊 $W_5 = 10.7 \text{W/m}^2$。

3. 计算总安装容量

教室：$P_1 = W_1 A_1 = 10.2 \times 59.4 \text{W} = 605.9 \text{W}$

$P_2 = W_2 A_2 = 10.2 \times 53.46 \text{W} = 545.29 \text{W}$

办公室：$P_3 = W_2 A_3 = 13.4 \times 17.82 \text{W} = 238.8 \text{W}$

厕所：$P_4 = W_3 A_3 = 7.5 \times 17.82 \text{W} = 133.7 \text{W}$

门厅：$P_5 = W_4 A_4 = 8.8 \times 11.88 \text{W} = 104.5 \text{W}$

走廊：$P_6 = W_5 A_5 = 10.7 \times 50.82 \text{W} = 543.8 \text{W}$

楼梯间：$P_7 = W_3 A_6 = 7.5 \times 19.9 \text{W} = 149 \text{W}$

4. 灯具布置

荧光灯安装采用链吊式安装（L），安装高度吊高 3m。吸顶灯（D）安装在顶棚上，安装高度为 3.5m。

（1）估算灯具数量

教室和办公室采用 YG2-1 型 40W 荧光灯。

教室：$N_1 = \dfrac{P_1}{P} = \dfrac{605.9}{40} = 15.1$，取 14 套

$N_2 = \dfrac{P_2}{P} = \dfrac{543.3}{40} = 13.6$，取 14 套

办公室：$N_3 = \dfrac{P_3}{P} = \dfrac{238.8}{40} = 5.97$，取 6 套

厕所、走廊、楼梯间采用 JXD5-2 吸顶灯，雨篷、门厅选 JXD45 型吸顶灯，光源为白炽灯，灯泡额定容量为 100W。

厕所灯具数量 $N_4 = \dfrac{P_4}{P} = \dfrac{133.7}{100} = 1.337$，取 1 套

门厅灯具数量 $N_5 = \dfrac{P_5}{P} = \dfrac{104}{100} = 1.04$，取 1 套

走廊灯具数量 $N_6 = \dfrac{P_6}{P} = \dfrac{543}{100} = 5.43$，取 5 套

楼梯间灯具数量 $N_7 = \dfrac{P_7}{P} = \dfrac{148}{100} = 1.48$，取 1 套

（2）灯具布置

办公室采用均匀布置。教室采用均匀布置构成一般照明，而黑板采用局部照明。走廊等也都采用均匀布置。教室灯具布置如图 9.12 和图 9.13 所示，办公室灯具布置如图 9.14 所示。

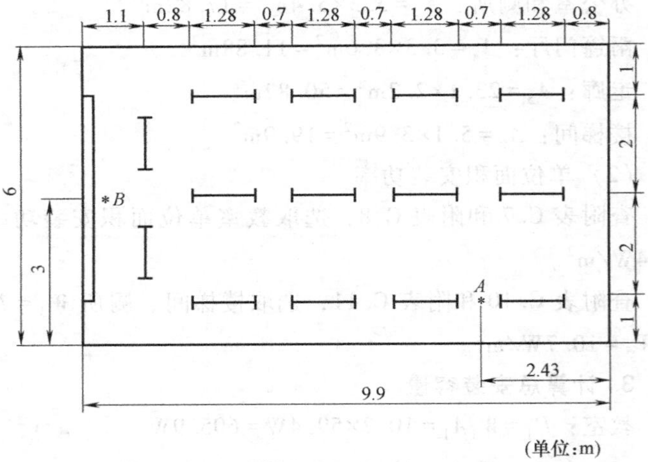

5. 照度计算

采用利用系数法计算各房间平均照度，再用逐点法检验室空间是否满足最小照度的要求。

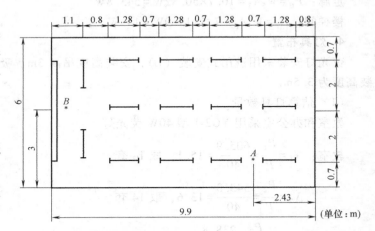

（单位：m）

图 9.12 教室 1 灯具布置

（1）教室照度计算

教室灯具布置如图 9.12 和图 9.13 所示。YG2-1 型荧光灯最大允许距高比 S/h：A—A 为 1.46，B—B 为 1.28。计算高度：教室和办公室 $h = (3-0.8)\text{m} = 2.2\text{m}$，走道、雨棚、厕所 $h = 3\text{m}$。

教室黑板局部照明灯具悬挂高度为 3m，黑板至光源距离为 1.1m，一般照明横向距高比为 1.46，则灯距间最大允许距离 $S_1 = 1.46 \times 2.2\text{m} = 3.2\text{m}$，纵向距高比为 1.28，灯距间最大允许距离 $S_2 = 1.28 \times 2.2\text{m} = 2.8\text{m}$。按图 9.12 和图 9.13 布置，灯具横向和纵向距高比均小于最大允许距高比。

图 9.13 教室 2 灯具布置

1）计算平均照度。

查附表 A.41，确定顶棚、墙壁、地板的反射系数分别为 $\rho_c = 70\%$，$\rho_w = 50\%$，$\rho_f = 30\%$。

计算室空间系数

$$RCR = \frac{5h(L+W)}{LW} = \frac{5 \times 2.2 \times (9.9+6)}{9.9 \times 6} = 2.94$$

由 $RCR = 2.94$ 及 ρ_c、ρ_w、ρ_f 值，查附表 A.9 得利用系数为 $U = 0.7$，再查附表 A.36 得修正系数为 $K = 1.048$。

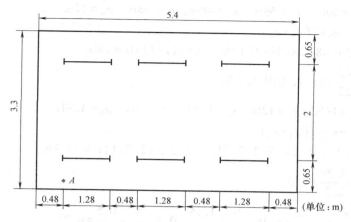

图 9.14 办公室灯具布置

$$E_{av} = \frac{\phi NUK}{A_1} = \frac{2000 \times 14 \times 0.7 \times 1.048 \times 0.7}{59.4} lx = 242 lx$$

用逐点法检验最小照度,确定 A 点为最低照度检验点。

查附图 A.7 线光源等照度曲线,将教室灯具分成 4 条光带计算。光带值都相同,如图 9.15 和图 9.16 所示。

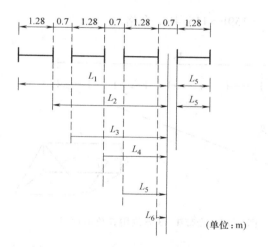

图 9.15 光带 1、2、3 的 L 值示意图　　　图 9.16 光带 4 的 L 值示意图

$\dfrac{L_1}{h} = \dfrac{5.99}{2.2} = 2.54$;　　$\dfrac{L_2}{h} = \dfrac{4.31}{2.2} = 1.96$;　　$\dfrac{L_3}{h} = \dfrac{3.61}{2.2} = 1.54$;　$\dfrac{L_4}{h} = \dfrac{1.63}{2.2} = 0.74$;　　$\dfrac{L_6}{h} = \dfrac{0.35}{2.2} = 0.16$

光带 1:$\dfrac{d}{h} = \dfrac{0.5}{2.2} = 0.23$,查附图 A.7 给出的 YG2-1 线光源等照度曲线得

$\varepsilon_1 = 140lx$、$\varepsilon_2 = 140lx$、$\varepsilon_3 = 140lx$、$\varepsilon_4 = 125lx$、$\varepsilon_5 = 105lx$、$\varepsilon_6 = 35lx$

$\varepsilon = \varepsilon_1 - \varepsilon_2 + \varepsilon_3 - \varepsilon_4 + 2(\varepsilon_5 - \varepsilon_6)$

$\quad = [140 - 140 + 140 - 125 + 2 \times (105 - 35)] lx = (15 + 2 \times 70) lx = 155 lx$

光带 2:$\dfrac{d}{h} = \dfrac{75}{22} = 1.14$,查附图 A.7 得

$$\varepsilon_1 = 75lx 、 \varepsilon_2 = 60lx 、 \varepsilon_3 = 59lx 、 \varepsilon_4 = 48lx 、 \varepsilon_5 = 38lx 、 \varepsilon_6 = 12lx$$

$$\varepsilon = \varepsilon_1 + \varepsilon_2 + \varepsilon_3 - \varepsilon_4 + 2(\varepsilon_5 - \varepsilon_6)$$
$$= [75 - 60 + 59 - 48 + 2 \times (38 - 12)]lx = (15 + 11 + 52)lx = 78lx$$

光带 3：$\dfrac{d}{h} = \dfrac{45}{22} = 2$，查附图 A. 7 得

$$\varepsilon_1 = 15lx 、 \varepsilon_2 = 14lx 、 \varepsilon_3 = 12lx 、 \varepsilon_4 = 8.5lx 、 \varepsilon_5 = 7lx 、 \varepsilon_6 = 1.9lx$$

$$\varepsilon = \varepsilon_1 - \varepsilon_2 + \varepsilon_3 - \varepsilon_4 + 2(\varepsilon_5 - \varepsilon_6)$$
$$= [15 - 14 + 12 - 8.5 + 2 \times (7 - 1.9)]lx = (1 + 3.5 + 2 \times 5.1)lx = 14.7lx$$

光带 4：$\dfrac{d}{h} = \dfrac{6.39}{2.2} = 2.9$

$$\dfrac{L_1}{h} = \dfrac{4.5}{2.2} = 2 ；\dfrac{L_2}{h} = \dfrac{3.22}{2.2} = 1.46 ；\dfrac{L_3}{h} = \dfrac{1.78}{2.2} = 0.8 ；\dfrac{L_4}{h} = \dfrac{0.5}{2.2} = 0.23$$

查附图 A. 7 得

$$\varepsilon_1 = 3.5lx 、 \varepsilon_2 = 3lx 、 \varepsilon_3 = 1.8lx 、 \varepsilon_4 = 0$$

$$\varepsilon_{A4} = \varepsilon_1 - \varepsilon_2 + \varepsilon_3 - \varepsilon_4 = (3.5 - 3 + 1.8 - 0)lx = 2.3lx$$

所以 $\varepsilon_A = (155 + 78 + 14.7 + 2.3)lx = 250lx$

查验最低照度 A 的水平直射照度为

$$E = \frac{\phi \varepsilon_A K}{1000h} = \frac{2000 \times 250 \times 0.7}{1000 \times 2.2}lx = 159lx > 115.4lx，合格$$

2）检验黑板的垂直照度。

先计算光带 1、2、3 对 B 点产生的垂直照度，再计算光带 4 对 B 点产生的垂直照度，然后二者相加求出 B 点的垂直照度。

① 计算光带 1 和 3 对 B 点产生的垂直照度，计算点 B 所在垂直面与光带轴线垂直，如图 9.17 所示。

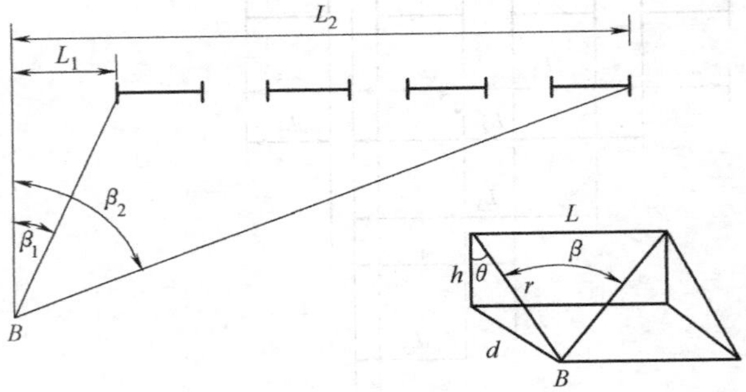

图 9.17　光带 1、3 方位用 β 角示意图

$$\beta = \arctan \frac{L}{r}$$

方位角　$\beta_1 = \arctan \dfrac{1.9}{2.97} = \arctan 0.64 = 32.6°$

$$\beta_2 = \arctan \frac{9.1}{2.97} = \arctan 3.06 = 72°$$

查图 5.11 得 YG2-1 荧光灯管纵向光强分布接近于 B 类理论曲线，得方位系数 $F_{XV_1} = 0.1385$，$F_{XV_2} = 0.387$。

$$F_{X1,3} = \frac{2I_{\theta 0}}{Lr}(F_{XV_2} - F_{XV_1}) ；\theta = \arctan \frac{h}{d} = \arctan \frac{2}{2.2} = \arctan 0.909 = 42.3°$$

$$L = 1.28，r = \sqrt{d^2 + h^2} = \sqrt{2^2 + 2.2^2} = 2.97$$

查附表 A.8 得 $I_{\theta0}=241$

$$F_{X1,3}=\frac{2\times241}{1.28\times2.97}(0.387-0.139)\text{lx}=\frac{119.5}{3.8}\text{lx}=31.46\text{lx}$$

② 计算光带 2 对 B 点产生的垂直照度。

光带的 $d=0$，$r=h$，$\theta=0°$

$$\beta_1=\arctan\frac{1.9}{2.2}=\arctan0.864=40.8°$$

$$\beta_2=\arctan\frac{9.1}{2.2}=\arctan4.14=76.4°$$

查附表 A.8 得 $I_{\theta0}=241$。

查图 5.15 得垂直方位系数 $F_{XV_1}=0.203$，$F_{XV_2}=0.40$

$$F_{X2}=\frac{I_{\theta0}}{Lh}(F_{XV_2}-F_{XV_1})=\frac{269}{1.28\times2.2}(0.40-0.203)\text{lx}=\frac{269\times0.2}{1.28\times2.2}\text{lx}=19.1\text{lx}$$

③ 计算光带 4 对 B 点产生的垂直照度。

由于计算点 B 所在垂直面与光带 4 轴线平行（见图 9.18），故可先求 B 点水平照度，再换算成垂直照度。

光带 4 的 $d=1.1$，$r=\sqrt{d^2+h^2}=\sqrt{1.1^2+2.2^2}=2.46$，$\cos\theta=\frac{h}{r}=\frac{2.2}{2.46}=0.894$，$\theta=26.6°$

查附表 A.8 得 $I_{\theta0}=262$。

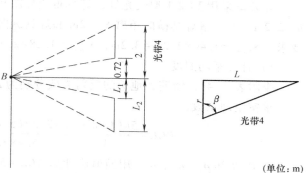

（单位：m）

图 9.18 光带 4 的 L 值示意图

方位角 $\beta_1=\arctan\frac{L}{h}=\arctan\frac{0.72}{2.46}=\arctan0.293=16.3°$

$$\beta_2=\arctan\frac{2}{2.46}=\arctan0.813=39°$$

查图 5.13 得水平方位系数 $F_{X_1}=0.27$，$F_{X_2}=0.565$

水平照度 $F_{X2}=\frac{2I_{\theta0}}{Lh}\cos^2\theta(F_{X_2}-F_{X_1})$

$$=\frac{2\times262\times0.894^2}{1.28\times2.2}(0.565-0.27)\text{lx}=\frac{418.8\times0.295}{2.816}\text{lx}=43.87\text{lx}$$

垂直照度 $E_V=E_h\frac{P}{h}=43.87\times\frac{1.1}{2.2}\text{lx}=21.94\text{lx}$

B 点总的垂直照度

$$E_{BV}=\frac{\mu\phi K}{1000}\sum E=\frac{1.1\times2000\times0.8}{1000}(31.46+19.1+21.94)\text{lx}$$

$$=1.76\times72.5\text{lx}=127.6\text{lx}$$

由于黑板上垂直照度小于 150lx，故加强局部照明，采用双管荧光灯（YG2-2 型 2×

40W）作为局部照明，布置方式不变，则光带 4 的垂直照度为

$$E_{V4} = \frac{\mu\phi K E_V}{1000} = \frac{1.1 \times 2 \times 2000 \times 0.8}{1000} \times 21.94 \text{lx} = 77.23 \text{lx}$$

光带 1、2、3 产生的垂直照度为

$$E_{V1,2,3} = \frac{\mu\phi K \sum\limits_1^3 E}{1000} = \frac{1.1 \times 2000 \times 0.8}{1000} \times (31.46 + 19.1) \text{lx} = 1.76 \times 50.56 \text{lx} = 88.98 \text{lx}$$

黑板 B 点总的垂直照度为

$$E_{VB} = E_{V4} + E_{V1,2,3} = (77.23 + 88.98)\text{lx} = 166.2 \text{lx} > 150 \text{lx}$$

黑板垂直照度平均值满足设计需要（大于 150lx），合格。

教室 2 灯具布置如图 9.13 所示，由于布置方式及位置与教室 1 相同，且教室 2 面积与教室 1 相近，所以不必再进行照度计算和检验最低照度。

（2）**办公室照度计算**

办公室采用 YG2-1 型荧光灯，灯具布置如图 9.14 所示，灯具悬挂高度为 3m，计算高度 $h = 2.2$m。办公室灯具横向距离 $S_1 = 2$m 和灯具纵向距离 $S_2 = 1.58$m，均满足灯具允许距高比要求（$S_{1max} = 1.46 \times 2.2$m $= 3.2$m，$S_{2max} = 1.28 \times 2.2$m $= 2.8$m）。

1）计算平均照度。

查附表 A.41，墙壁、地板的反射系数分别为 $\rho_c = 70\%$，$\rho_w = 50\%$，$\rho_f = 20\%$。

求室空间系数：

$$RCR = \frac{5h(L+W)}{LW} = \frac{5 \times 2.2 \times (5.4 + 3.3)}{5.4 \times 3.3} = \frac{95.7}{17.82} = 5.37$$

由 RCR 和 ρ_c、ρ_w、ρ_f，用插值法计算 $RCR = 5.37$ 时的利用系数，查附表 A.9 得 $RCR = 5$，$U_1 = 0.55$；$RCR = 6$，$U_2 = 0.49$，则

$$U = 0.55 + \frac{5.37 - 5}{6 - 5} \times (0.49 - 0.55) = 0.55 + 0.37 \times (-0.06) = 0.5278$$

平均照度为

$$E_{OV} = \frac{\phi N U K}{A_3} = \frac{2000 \times 6 \times 0.5278 \times 0.7}{17.82} \text{lx} = 248.81 \text{lx}$$

2）检验最小照度点 A 与最低照度（水平照度），如图 9.19 所示。

光带 1：

$d_1 = (2 + 0.6)$m $= 2.6$m，$h_1 = 2.2$m，$r_1 =$

$\sqrt{d_1^2 + h_1^2} = \sqrt{2.6^2 + 2.2^2}$ m $= 3.41$m，$\cos\theta_1 = \dfrac{h_1}{r_1} =$

$\dfrac{2.2}{3.41} = 0.645$，$\theta_1 = 49.8°$

方位角 β_1 为

$$\beta_1 = \arctan\frac{L_1}{r_1} = \arctan\frac{4.44}{3.41} = \arctan 1.3 = 52.5°$$

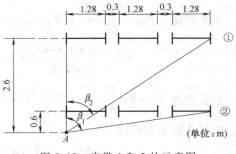

图 9.19　光带 1 和 2 的示意图

光带 2：

$$d_2 = 0.6\text{m}, r_2 = \sqrt{d_2^2 + h_2^2} = \sqrt{0.6^2 + 2.2^2}\text{m} = 2.28\text{m}, \cos\theta_2 = \frac{h_2}{r_2} = \frac{2.2}{2.28} = 0.96, \theta_2 = 15.2°$$

方位角 β_2 为

$$\beta_2 = \arctan\frac{L_2}{r_2} = \arctan\frac{4.44}{2.28} = 62.8°$$

查图 5.13，得方位系数 $F_{X_1} = 0.6635$，$F_{X_2} = 0.703$

$$E_{h1} = \frac{I_{\theta 0}}{Lh}\cos^2\theta F_{X_1}$$

$$= \frac{214}{1.28 \times 2.2} \times 0.645^2 \times 0.6635\text{lx} = 59.07/2.816\text{lx} = 20.98\text{lx}$$

$$E_{h2} = \frac{I_{\theta 0}}{Lh}\cos^2\theta F_{X2}$$

$$= \frac{214}{1.28 \times 2.2} \times 0.96^2 \times 0.703\text{lx} = 138.7/2.826\text{lx} = 49.24\text{lx}$$

考虑到其他因素如附加系数、维护系数和光带等值系数等，A 点水平照度为

$$C = \frac{NL}{NL + (N-1)X} = \frac{3 \times 1.28}{3 \times 1.28 + (3-1) \times 0.3} = \frac{3.84}{4.44} = 0.86$$

$$E_{Ah} = \frac{\mu\phi KC}{1000}(E_{h_1} + E_{h_2})$$

$$= \frac{1.1 \times 2200 \times 0.8 \times 0.86}{1000} \times (20.98 + 49.24)\text{lx}$$

$$= 1.665 \times 70.22\text{lx} = 116.9\text{lx} > 115.4\text{lx}$$

满足最低照度要求。

（3）厕所、走廊、雨篷等处所照度计算

厕所、走廊、雨篷等处所对照明质量要求较低，不需要进行最小照度点检验，只进行平均照度计算即可。这些场所采用 JXD5-2 和 JXD45 平圆形吸顶灯，可采用利用系数法计算平均照度。计算高度为 3.5m。

1）厕所照度计算。

$$RCR = \frac{5h(L+W)}{LW} = \frac{5 \times 3.5 \times (5.4 + 3.3)}{5.4 \times 3.3} = 8.54$$

按 $\rho_c = 70\%$，$\rho_w = 50\%$，$\rho_f = 20\%$ 查附表 A.3 得利用系数 $U = 0.2$。

$$E_{aV} = \frac{\phi NKU}{A} = \frac{1250 \times 1 \times 0.8 \times 0.2}{17.82}\text{lx} = 11.2\text{lx} > 10\text{lx}，合格$$

2）楼梯间照度计算。

$$RCR = \frac{5h(L+W)}{LW} = \frac{5 \times 3.5 \times (5.1 + 3.9)}{5.1 \times 3.9} = \frac{157.5}{19.9} = 7.9$$

同上，由 RCR、ρ_c、ρ_w 查附表 A.3，得利用系数 $U = 0.21$。

$$E_{aV} = \frac{\phi NKU}{A} = \frac{1250 \times 1 \times 0.8 \times 0.21}{19.9}\text{lx} = 10.5\text{lx} > 10\text{lx}$$

3）走廊照度计算。

如图 9.20 所示为走廊灯具布置示意图。

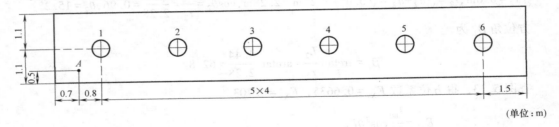

（单位：m）

图 9.20　走廊灯具布置示意图

$$RCR = \frac{5h(L+W)}{LW} = \frac{5 \times 3.5 \times (23.1+2.2)}{23.1 \times 2.2} = 8.7$$

同上，查附表 A.3，得利用系数 $U=0.19$。

$$E_{aV} = \frac{\phi NKU}{A} = \frac{1250 \times 5 \times 0.8 \times 0.19}{50.82}lx = \frac{950}{50.82}lx = 18lx < 20lx$$

不合格，重选。

选 6 套灯具，则 $E_{aV} = \frac{\phi NKU}{A} = \frac{1250 \times 6 \times 0.8 \times 0.19}{50.82}lx = \frac{950}{50.82}lx = 22.4lx > 20lx$，合格

4）门厅照度计算。

$$RCR = \frac{5h(L+W)}{LW} = \frac{5 \times 3.5 \times (3.3+3.6)}{3.3 \times 3.6} = \frac{120.75}{11.88} = 10$$

同上，查附表 A.3，得利用系数 $U=0.17$。

$$E_{aV} = \frac{\phi NKU}{A} = \frac{1250 \times 1 \times 0.8 \times 0.17}{11.88}lx = \frac{170}{11.88}lx = 14lx > 10lx，合格$$

以上各房间平均照度都满足设计要求的照度，所以灯具布置和选择是合适的。

将以上光照设计全过程进行整理，列表表示教学楼房间的光照设计成果（略）。

6. 电气设计

（1）确定照明供电网络

采用 380V/220V 三相四线制供电。电源由二层④轴线架空穿钢管引至二层总配电箱Ⅱ，再由配电箱Ⅱ引线穿钢管于墙内暗敷设引至一层配电箱Ⅰ。由各配电箱引出 3 条支路，分别为 L_1、L_2、L_3 相，供各层用电。

（2）负荷计算

负荷计算一般从支线到干线，计算各个回路及建筑物的总负荷。

1）计算一层 N_1 回路（L_1）计算负荷。N_1 回路包括两个教室 28 盏荧光灯，4 只单相开关，每只 50W，$\cos\varphi=0.8$，3 只 100W 白炽灯和西侧雨篷 1 盏 100W 白炽灯。画出负荷分布图，如图 9.21 所示。

白炽灯：$P_B = 4 \times 100W = 400W$

荧光灯：$P_L = 2 \times (3 \times 120 \times 1.2 + 80 \times 1.2)W = 2 \times (432 + 96)W = 1056W$

取荧光灯 $\cos\varphi = 0.5$，则 $\tan\varphi = 1.73$

$Q_L = P_L \tan\varphi = 1056 \times 1.73var = 1827var$，$S_L = P_L/\cos\varphi = 1056/0.5V \cdot A = 2112V \cdot A$

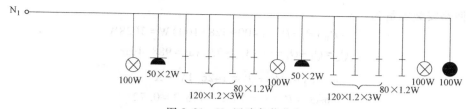

图 9.21　N_1 回路负荷分布

插座：$P_I = 4 \times 50W = 200W$，插座取每只 50W，按 $\cos\varphi = 0.8$ 计，则

$$Q_I = P_I \tan\varphi = 200 \times 0.75 \text{var} = 150 \text{var}$$

N_1 回路安装容量为

$$P_1 = P_B + P_L + P_I = (400 + 1056 + 200) W = 1656W$$

$$Q_1 = Q_L + Q_I = (1827 + 150) \text{var} = 1977 \text{var}$$

$$S_1 = \sqrt{P_1^2 + Q_1^2} = 2692 V \cdot A$$

$$\cos\varphi_1 = P_1 / S_1 = 1656/2692 = 0.615$$

N_1 回路计算负荷为

$$P_c = K_X P_1 = 0.9 \times 1656W = 1490.4W$$

$$Q_c = P_c \tan\varphi_1 = 1490.4 \times 1.28 \text{var} = 1910.9 \text{var}$$

$$S_c = \sqrt{P_c^2 + Q_c^2} = 2423.4 V \cdot A$$

$$I = S_c / U_N = 2423.4/220A = 11A$$

有功计算电流为

$$I_{ca} = I_c \cos\varphi_1 = 11 \times 0.615A = 6.77A$$

无功计算电流为

$$I_{cr} = I_c \sin\varphi_1 = 11 \times 0.789A = 8.68A$$

2）计算一层 N_2（L_2）回路计算负荷。N_2 回路如图 9.22 所示，包括 100W 白炽灯一盏，各教室 40W 荧光灯 16 盏，走廊白炽灯（100W）两盏及楼梯间 100W 白炽灯一盏。单相插座 2 只（按每只 50W，$\cos\varphi = 0.8$ 计）。

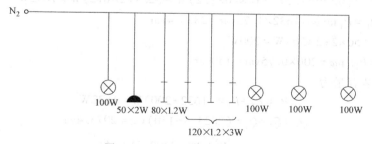

图 9.22　N_2 回路负荷分布情况

白炽灯：$P_B = 4 \times 100W = 400W$

荧光灯：$P_L = (2 \times 40 \times 1.2 + 3 \times 120 \times 1.2) W = (432 + 96) W = 528W$

取荧光灯 $\cos\varphi = 0.5$，则 $\tan\varphi = 1.73$

$$Q_L = P_L \tan\varphi = 528 \times 1.73 \text{var} = 913.4 \text{var}$$

插座：$P_I = 2 \times 50W = 100W$，插座取每只 50W，按 $\cos\varphi = 0.8$ 计，则

$$Q_I = P_I \tan\varphi = 100 \times 0.75 \text{var} = 75 \text{var}$$

N_2 回路安装容量为

$$P_2 = P_B + P_L + P_I = (400 + 528 + 100)\,\text{W} = 1028\,\text{W}$$

$$Q_2 = Q_L + Q_I = (913.4 + 75)\,\text{var} = 988.4\,\text{var}$$

$$S_2 = \sqrt{P_2^2 + Q_2^2} = 1426.1\,\text{V} \cdot \text{A}$$

$$\cos\varphi_2 = P_2/S_2 = 1028/1426.1 = 0.72$$

N_2 回路计算负荷为

$$P_c = K_X P_1 = 0.9 \times 1028\,\text{W} = 925.2\,\text{W}$$

$$Q_c = P_c \tan\varphi_2 = 925.2 \times 0.964\,\text{var} = 891.8\,\text{var}$$

$$S_c = \sqrt{P_c^2 + Q_c^2} = 1285\,\text{V} \cdot \text{A}$$

$$I_c = S_c/U_N = 1285/220\,\text{A} = 5.84\,\text{A}$$

有功计算电流为

$$I_{ca} = I_c \cos\varphi_2 = 5.84 \times 0.72\,\text{A} = 4.2\,\text{A}$$

无功计算电流为

$$I_{cr} = I_c \sin\varphi_2 = 5.84 \times 0.694\,\text{A} = 4.1\,\text{A}$$

3）N_3 回路如图 9.23 所示，包括一个办公室 6 盏荧光灯（40W），两个教室 2×16 盏荧光灯（40W），共计 6 只单相插座，按每只 50W，$\cos\varphi = 0.8$ 计。荧光灯 $\cos\varphi = 0.5$，镇流器损耗按 20%计。

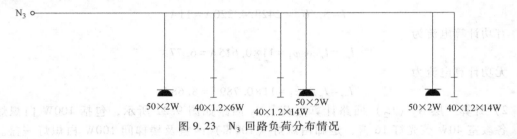

图 9.23 N_3 回路负荷分布情况

荧光灯：$P_L = (6 \times 40 \times 1.2 + 2 \times 14 \times 40 \times 1.2)\,\text{W} = (288 + 2 \times 672)\,\text{W} = 1632\,\text{W}$

$$Q_L = P_L \tan\varphi = 1632 \times 1.73\,\text{var} = 2823.4\,\text{var}$$

插座：$P_I = (50 \times 2 + 2 \times 50)\,\text{W} = 200\,\text{W}$

$$Q_I = P_I \tan\varphi = 200 \times 0.75\,\text{var} = 150\,\text{var}$$

N_3 回路安装容量为

$$P_3 = P_L + P_I = (1632 + 200)\,\text{W} = 1832\,\text{W}$$

$$Q_3 = Q_L + Q_I = (2823.4 + 150)\,\text{var} = 2973.4\,\text{var}$$

$$S_3 = \sqrt{P_3^2 + Q_3^2} = 3492.5\,\text{V} \cdot \text{A}$$

$$\cos\varphi_3 = P_3/S_3 = 0.52$$

N_3 回路计算负荷为

$$P_c = K_X P_1 = 0.9 \times 1832\,\text{W} = 1648.8\,\text{W}$$

$$Q_c = P_c \tan\varphi_3 = 1648.8 \times 1.64\,\text{var} = 2704\,\text{var}$$

$$S_c = \sqrt{P_c^2 + Q_c^2} = 3167\,\text{V} \cdot \text{A}$$

$$I_c = S_c/U_N = 3167/220\,\text{A} = 14.4\,\text{A}$$

有功计算电流为

$$I_{\mathrm{ca}} = I_{\mathrm{c}}\cos\varphi_3 = 14.4 \times 0.52\mathrm{A} = 7.49\mathrm{A}$$

无功计算电流为

$$I_{\mathrm{cr}} = I_{\mathrm{c}}\sin\varphi_3 = 14.4 \times 0.854\mathrm{A} = 12.3\mathrm{A}$$

同理，建筑物二层 3 个回路同一层负荷近似相等，不必再重复计算，$N_4(L_1)$、$N_5(L_2)$、$N_6(L_3)$ 分别与一层 $N_1(L_1)$、$N_2(L_2)$、$N_3(L_3)$ 计算负荷相同，现列表 9.6 表示。

表 9.6　负荷统计表

回路编号	相别	灯具数/个	插座数/个	安装容量			计算电流			计算功率		
				P/W	Q/var	S/V·A	I_{c}/A	I_{ca}/A	I_{cr}/A	P_{c}/W	Q_{c}/var	S_{c}/V·A
N_1	A	32	4	1656	1977	2492	11	6.77	8.68	1490	1911	2423
N_2	B	18	2	1028	988	1426	5.84	4.2	4.1	925	892	1285
N_3	C	34	6	1832	2973	3492	14.4	7.49	12.3	1649	2704	3167
N_4	A	32	4	1656	1977	2492	11	6.77	8.68	1490	1911	2423
N_5	C	18	2	1028	988	1426	5.84	4.2	4.1	925	892	1285
N_6	B	34	6	1832	2973	3492	14.4	7.49	12.3	1649	2704	3167
合计		168	24	9032	11876	14820	62.48	36.92	50.16	8128	11014	13750

由表 9.6 所示各相负荷为

$$S_{\mathrm{A}} = (2492+2492)\mathrm{V}\cdot\mathrm{A} = 4984\mathrm{V}\cdot\mathrm{A}$$

$$S_{\mathrm{B}} = (1426+3492)\mathrm{V}\cdot\mathrm{A} = 4918\mathrm{V}\cdot\mathrm{A}$$

$$S_{\mathrm{C}} = (3492+1426)\mathrm{V}\cdot\mathrm{A} = 4918\mathrm{V}\cdot\mathrm{A}$$

三相不平衡度为

$$\Delta S\% = [(S_{\mathrm{A}}-S_{\mathrm{B}})/(S_{\mathrm{A}}+S_{\mathrm{B}}+S_{\mathrm{C}})/3] \times 100$$
$$= [(4984-4918)/(4984+4918+4918)/3] \times 100 = (66/4940) \times 100 = 1.34 < 10$$

（3）线型号及截面选择以及敷设方式的确定

查附表 D.10，按环境条件选择导线型号及敷设方式，确定采用 BLV 绝缘导线，采用穿钢管敷设。

N_1 回路荧光灯支线（选负荷最大的支线）截面：

$$P_{\mathrm{c}} = 120 \times 1.2\mathrm{W} = 144\mathrm{W}$$

$$I_{\mathrm{c}} = P_{\mathrm{c}}/U_{\mathrm{N}} = 120 \times 1.2/220\mathrm{A} = 0.65\mathrm{A}$$

选 N_1 回路干线截面积为 $S = 4.0\mathrm{mm}^2$，按 $I_{\mathrm{al}} = 30\mathrm{A}$ 大于 $I_{\mathrm{c}} = 10.1\mathrm{A}$，同理选出 $N_1 \sim N_6$ 回路截面积均为 $4\mathrm{mm}^2$。

根据进线负荷计算电流 $I_{\mathrm{c}} = 62.48\mathrm{A}$，查附表 D.8，按允许发热和允许机械强度选择四铝芯绝缘线穿钢管敷设，导线截面积为 $25\mathrm{mm}^2$，允许载流量 $I_{\mathrm{al}} = 65\mathrm{A}$。

（4）进行电压损失校验

对各支线由于长度较短，电压损失可忽略不计，主要对长度较长的干线进行电压损失计算，先估算出各回路长度，再用负荷矩公式计算电压损失，由于各回路功率因数较低，还要进行电压损失修正，其公式为

$$\Delta U_{\mathrm{f}}\% = \Delta U\% R_{\mathrm{c}}$$

式中　$\Delta U_{\mathrm{f}}\%$——由有功负荷及线路电阻引起的电压损失；

R_c——计入"由无功负荷及线路电抗"引起电压损失的修正系数，可查附表 D.1
得到，R_c 与截面积大小和线路负荷功率因数有关；

$\Delta U\%$——修正后的线路电压损失。

计算 N_1 回路电压损失，如图 9.24 所示。

$$\sum M = \sum PL = (0.3\times9.3+0.872\times14.3+0.772\times19.3+0.1\times24.3)\mathrm{kW\cdot m} = 32.59\mathrm{kW\cdot m}$$

$$\Delta U\% = \frac{\sum M}{CA} = \frac{32.59}{7.75\times4} = 1.05$$

$$\Delta U_f\% = \Delta U\% R_c = 1.05\times1.01 = 1.061 < 2.35，合格$$

式中，C 值查表 7.8，单相 220V，$C=7.75$。R_c 查附表 D.1，由 $A=4.0\mathrm{mm}^2$，$\cos\varphi=0.67\approx$ 0.7，得 $R_c=1.01$。

计算 N_2 回路电压损失，如图 9.25 所示。

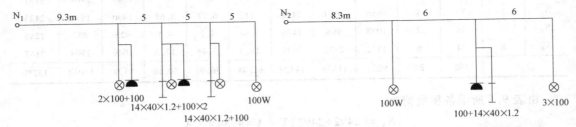

图 9.24 N_1 回路电压损失计算示意图　　　　图 9.25 N_2 回路电压损失计算示意图

$$\sum M = \sum PL = (0.1\times8.3+0.772\times14.3+0.3\times19.3)\mathrm{kW\cdot m} = (0.83+11.04+5.79)\mathrm{kW\cdot m}$$
$$= 17.66\mathrm{kW\cdot m}$$

$$\Delta U\% = \frac{\sum M}{CA} = \frac{17.66}{7.75\times4} = 0.57$$

$$\Delta U_f\% = \Delta U\% R_c = 0.57\times1.01 = 0.576 < 2.35$$

计算 N_3 回路电压损失，如图 9.26 所示。

$$\sum M = \sum PL = (0.288\times8.3+0.772\times13.3+0.772\times18.3)\mathrm{kW\cdot m} = 26.79\mathrm{kW\cdot m}$$

$$\Delta U\% = \frac{\sum M}{CA} = \frac{26.79}{7.75\times4} = 0.864$$

$$\Delta U_f\% = \Delta U\% R_c = 0.864\times1.02 = 0.88 < 2.35$$

由于 N_4、N_5、N_6 回路的负荷大小及分布分别与 N_1、N_2、N_3 回路相同，故其电压损失也相同。

计算电源进线（从架空线引下到配电箱）的电压损失：已知进线计算负荷 $P_c=8128\mathrm{W}$，$\cos\varphi=P_c/S_c=8128/13750=0.59$，设进线长度为 20m，则进线电压损失为

$$\Delta U\% = \frac{\sum M}{CA} = \frac{P_c l}{CA} = \frac{8.128\times20}{46.2\times25} = 0.14$$

$$\Delta U_f\% = \Delta U\% R_c = 0.14\times1.06 = 0.1484$$

求建筑物照明负荷的最大电压损失，为进线电压损失加上最大一个回路的电压损失，即

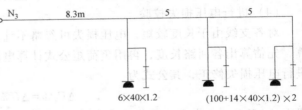

图 9.26 N_3 回路电压损失计算示意图

$$\Delta U_{max}\% = 0.1484 + 1.061 = 1.21 < 2.5$$

建筑物的最大电压损失 $\Delta U_{max}\% = 1.21 < 2.5$（允许电压损失），所以电压损失校验合格。

将各回路及进线导线选择校验结果列表表达，见表9.7。

表9.7 导线截面选择校验表（允许电压损失2.5%）

回路编号	导线型号及敷设方式	截面积/mm²	长度/m	管径/mm	允许发热校验			允许电压损失校验			
					I_{al}/A	I_c/A	结果	$\sum M/kW \cdot m$	$\Delta U(\%)$	$\Delta U_{al}(\%)$	结果
N_1			25			11		32.59	1.061		
N_2			20			5.84		17.66	0.576		
N_3	BLXF-4-G20-QA	4	20	20	30	14.4		26.79	0.88	2.35	
N_4			25			11	合格	32.59	1.061		合格
N_5			20			5.84		17.66	0.576		
N_6			20			14.4		26.79	0.88		
N_7 进线	BLXF-25-G40-QA	25	20	40	40	62.48		163	0.148		

（5）选择照明配电箱

查参考文献［4］，第718页得：

选择 XRM-1N 型组合式照明配电箱。选择两台 XRM-1N-A303M 型配电箱，二层设一个作为总配电箱Ⅱ，一层设一个分配电箱Ⅰ，线路编号方案1号，接线如图9.27所示。

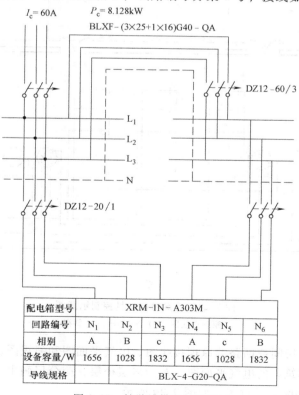

配电箱型号	XRM-1N-A303M					
回路编号	N_1	N_2	N_3	N_4	N_5	N_6
相别	A	B	c	A	c	B
设备容量/W	1656	1028	1832	1656	1028	1832
导线规格	BLX-4-G20-QA					

图 9.27 教学楼供电系统图

配电箱有一回进线，装有一个 3 极低压断路器（DZ12-60/3），有三回出线，也有单极低压断路器（DZ12-20/1）。教学楼供电系统图如图 9.27 所示。

（6）确定灯具控制方式，画出各回路的工作原理图、电气平面图和斜视图，以确定每段线路的导线根数，为画建筑物的电气平面图打下基础。

下面仅以教室为例画出其工作原理图、电气平面图和斜视图，如图 9.28 所示。

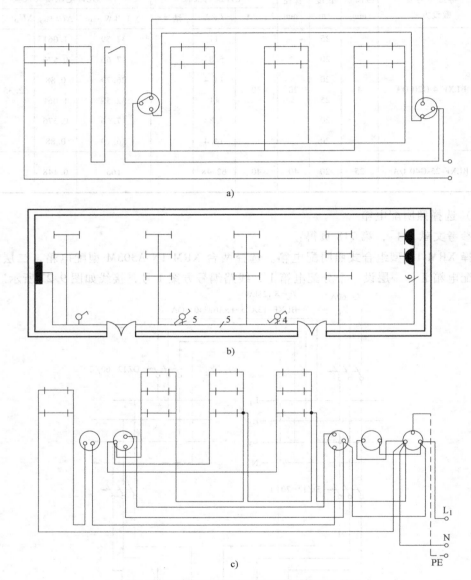

a)

b)

c)

图 9.28　教室确定灯具控制示意图

a）原理接线图　b）平面图　c）斜视图

同理，画出各个房间或回路的原理接线图、电气平面图和斜视图，然后再根据各间的电气平面图画出整个建筑物的电气平面图，对于多层楼层，应分层画出。

（7）画出各回路配电示意图，如图 9.29 所示。

（8）主要设备、材料表见表9.8。

表9.8 主要设备、材料表

序号	名称	型号及规格	单位	数量
1	照明配电箱	XRM-1N-B303	台	2
2	低压断路器	DZ12-60/3	台	2
		DZ12-20/1	台	6
3	荧光灯	YGZ-1	套	152
4	吸顶灯	JXD5-2	套	14
		JXD45	套	2
5	翘板式双联自控开关	250V、10A	只	20
6	单极开关	250V、10A	只	20
7	三极开关	250V、10A	只	10
8	插座	单极 250V、10A	只	4
		单极带地线 250V、10A	只	4
9	铝芯橡皮绝缘线	BLXF-500、25mm²	m	20
		BLXF-500、4mm²		150
10	镀锌钢管	20mm	m	150
		40mm		10

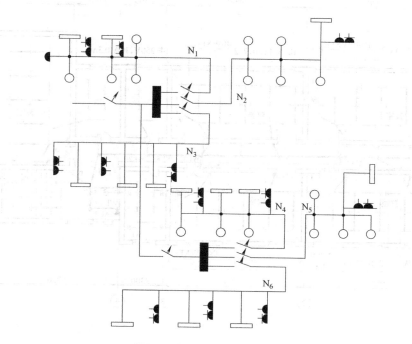

图9.29 各回路配电示意图

（9）教学楼电气平面图如图9.30所示。

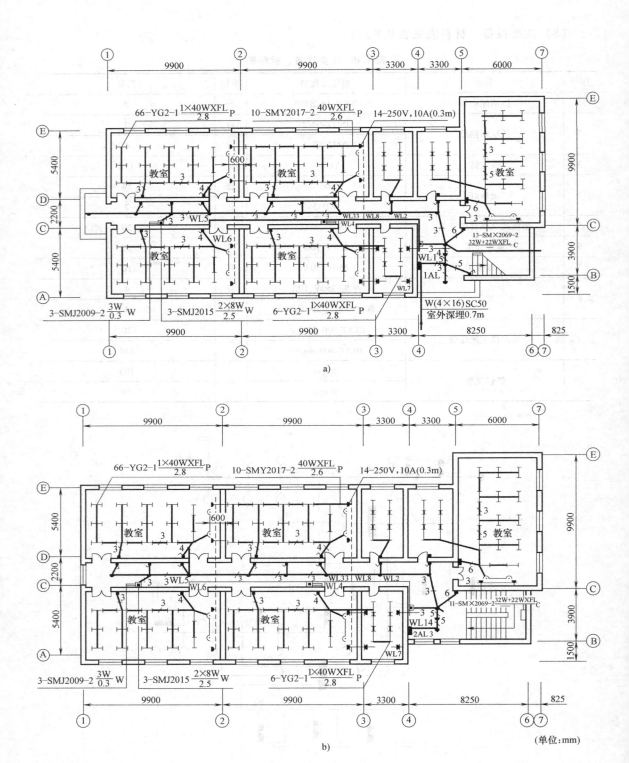

图 9.30　教学楼电气平面图

a）一层平面图　b）二层平面图

（单位：mm）

9.3 住宅照明设计

9.3.1 住宅照明设计要点

1）住宅电气照明设计，应满足一般家庭生活用电需要，应采取有效的安全用电措施，尽可能选用节能型电器。

2）供电方案应结合当地供电条件和施工水平设计。

3）电气设施应便于维护和管理。进户线和干线截面的选择应留有裕量，进户线和干线的穿管管径应按导线截面放大一级选取。

4）照明器的安装方式应考虑能适应室内家具陈设变化的要求。

5）住宅的插座设置应结合当地的生活水平来考虑。插座宜以独立回路供电，并且应根据其用途装设剩余电流保护装置。

6）电能表的设置。每户应设分电能表，单元应设总电能表，单元总电表箱一般暗设在首层楼梯间。

7）室内导线宜选用 BV 型或 BLV 型导线，穿电线管（TC）或聚氯乙烯硬质塑料管（PC）暗敷。

8）在采用 TN 系统保护的住宅，PE 线或 PEN 线在进户处应重复接地。室内的配电箱、导线穿线钢管、插座接地孔应由专用的接地线连接；由进户处起，接地线与其他导线应用颜色加以区别。

9）照度标准应根据附表 C.1 来确定。

10）在实际的住宅电气设计中，除电气照明设计外，可能还有防雷装置设计和其他弱电系统的设计。有关后两项设计，读者可参阅有关资料。

11）我国幅员辽阔，各地的气候条件和人们的生活习惯差异很大，在进行电气照明设计时，应因地制宜，结合当地人文环境灵活应用，尽量做到绿色照明设计。

9.3.2 住宅照明设计实例

某住宅楼为砖混结构，地上五层为住宅，地下一层为分户储藏室，全楼共有五个单元，每单元每层两户（即一梯两户）。

设计内容主要是电气照明设计。由于五个单元在各层均为同样的结构与布置，所以电气施工图只绘出一个单元的电气平面图和供电系统图，如果不是分单元进线，则还需要绘制全楼总供电系统图。设计说明、设计计算以及主要设备和材料表等从略。

图 9.31 和图 9.32 分别为单元标准层电气照明平面图和单元标准层用电插座平面图。图 9.33 和图 9.34 分别为 AL1 单元集中电表箱供电系统图和 AL2 户内箱供电系统图。

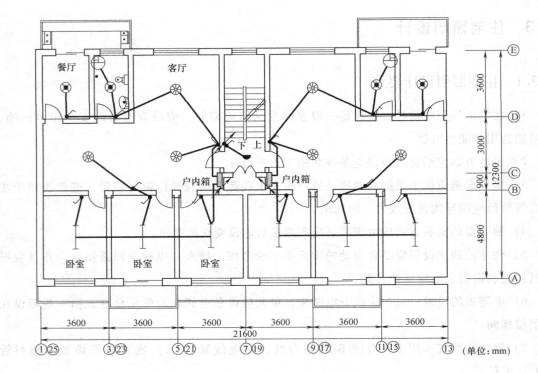

图 9.31　单元标准层电气照明平面图

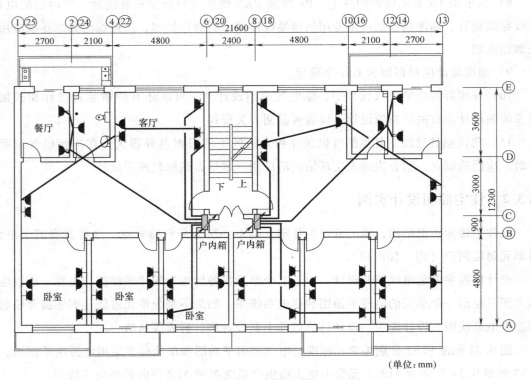

（单位：mm）

图 9.32　单元标准层用电插座平面图

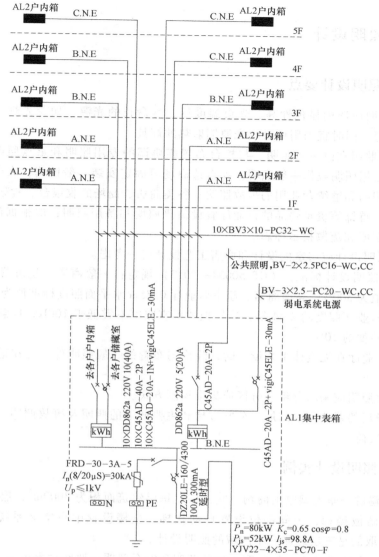

图 9.33 AL1 单元集中电表箱供电系统图 (800×1000×200)

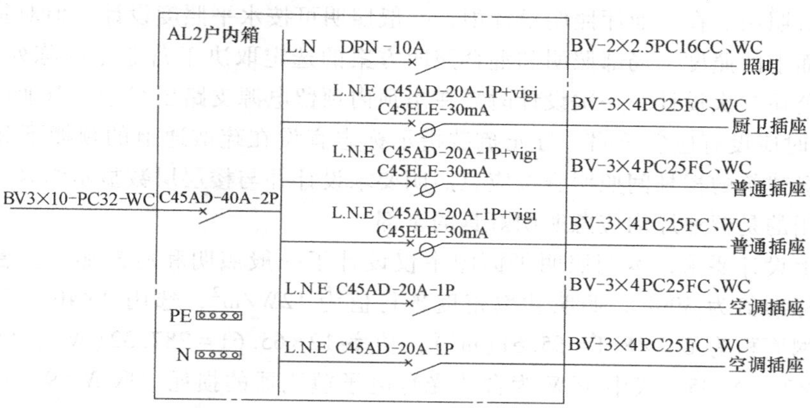

图 9.34 AL2 户内箱供电系统图 (400×280×105)

9.4 商场照明设计

9.4.1 商场照明设计要点

1）商场照明应选用显色性高、光束温度低、寿命长的光源，如荧光灯、高显色钠灯、金属卤化物灯等，同时宜采用可吸收光源辐射热的灯具。

2）营业厅照明宜由一般照明、与柜台布置相协调的专用照明和重点照明等组合而成，不宜把装饰商品用照明兼作一般照明。如自选商场可固定安装一般照明；大中型百货商店、商场宜设重点照明和继续营业用的事故照明；各类商店、商场的收银台、货架柜等宜设局部照明；对珠宝、首饰等贵重物品的营业厅宜设值班照明和备用照明；应根据商场建筑性质、规模设置应急照明和疏散指示标志。

3）商店照明设计应与室内设计和商店工艺设计统一考虑。

4）《建筑照明设计标准》（GB 50034—2013）规定：一般商店、超市营业厅 0.75m 水平面照度标准值为 300lx；高档商店、超市营业厅 0.75m 水平面照度标准值为 500lx；橱窗照明的照度宜为营业厅照度的 2～4 倍；货架柜的垂直照度不宜低于 100lx；应急照明的照度不低于一般照明照度的 10%。

5）一般营业厅在无具体工艺设计时，除均匀布置的一般照明外，可在适当位置预留电源箱或插座。

6）营业厅照明应采取分组、分区或集中控制方式。

7）大型商场的营业厅、门厅、公共楼梯和主要通道的照明及事故照明为一级负荷，中型商场为二级负荷。

9.4.2 商场照明设计实例

某市准备建设一座大型电信商场，共三层，每层建筑面积为 3000m²，层高 6.0m。商场四个角设四部疏散楼梯，中间部位设置自动扶梯，全楼设置中央空调系统，吊顶高度为 4.5m。本例截取的是三层北侧一半区域的照明设计。

商场的照明方式可分为一般照明、局部照明和混合照明，照明种类可分为正常照明、应急照明和值班照明。在营业厅照明设计中，一般照明可按水平照度设计，但对货架上的商品应考虑垂直面上的照度。局部照明和混合照明方案的选定取决于营业厅内陈列柜台的布局，一般由装饰公司二次设计，一次设计时需在吊顶内预留电源支路出线盒。营业厅的每层面积超过 1500m² 时应设有应急照明，灯光疏散指示标志宜设在疏散通道的顶棚下和疏散出入口的上方。商场建筑的楼梯间照明宜按应急照明要求设计并与楼层层数显示结合。本例中夜间值班照明采用的是营业厅内应急照明灯具的全部。

基于以上设计要求，本例照明平面图中仅设计了一般照明和应急照明。营业厅 0.75m 水平面照度标准值为 300lx，照明功率密度现行值为 12W/m²，选用 2×40W 双管格栅荧光灯。每个柱网面积为 $8.1×8.1=65.61(m^2)$，功率 $12×65.61=787.32(W)$，则灯具数量为 $787.32÷(44×2)=8.95$，式中 44W 为含荧光灯电子镇流器的损耗。取 $N=9$，在每个柱网内间隔 2.7m 均匀布置，实际照度约为 300lx。每两个柱网内灯具为一个回路，在配电间一般

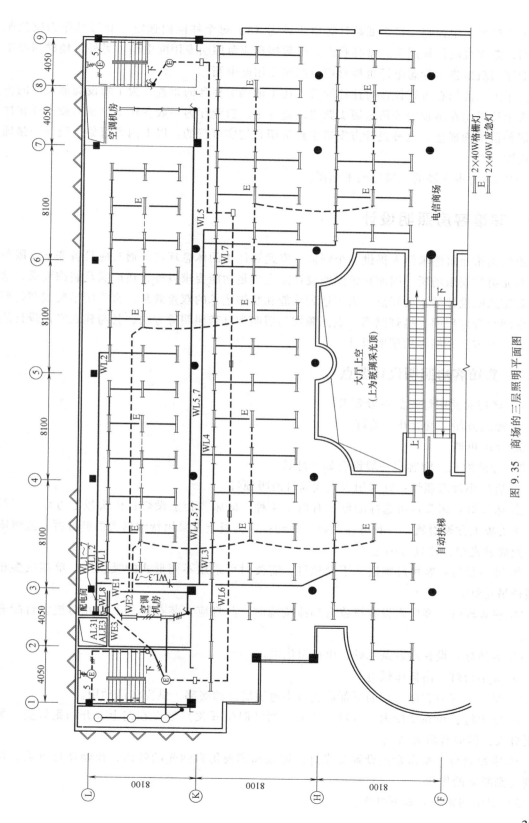

图 9.35 商场的三层明照平面图

225

照明配电箱处集中控制，每个回路计算电流约为 8A。每个柱网内选定一套灯具作为应急照明使用，兼作夜间值班照明，常亮状态，电源接自应急照明专用配电箱。另外，楼梯间照明及营业厅内疏散指示标志电源也接自应急照明专用配电箱。

由于大型商场在进行设计时往往经营者还不能确定柜台的布置，为了增设局部照明的方便，每个柱网均在吊顶内预留电源支路出线盒一个。营业厅内一般在柱子上预留插座或在柱子四周预留地面插座，这种设计方案被实践证明是切实可行的。以上内容可集中设计一张插座平面图（略）。

图 9.35 为本商场的三层照明平面图。

9.5 宾馆客房照明设计

现代宾馆建筑要求给人提供一个舒适、安逸和优美的休息环境，通常应具备齐全的服务设施和完美的娱乐场所。因而宾馆照明设计除应满足功能要求以外，还应满足装饰要求，这也是宾馆照明设计的主要特点。为了达到功能和装饰艺术的双重效果，常采用吊装式花灯照明、空间组合灯照明、槽灯照明、点光源均匀照明和灯带照明等方法，且与建筑室内设计统一考虑。本节仅介绍客房照明设计。

9.5.1 宾馆客房照明设计要点

1）客房对照明灯光的一般要求：

① 控制方便，就近开、关灯。

② 亮度可调。

2）标准的双人间客房一般设有如下灯具。

① 进门小过道顶灯：宜选用嵌入式筒灯或吸顶灯。

② 床头灯：床头灯可选择的形式有以下 4 种，即床头柜上设灯；床头板上方设固定壁灯；床头板上方设滑轨，灯具可在滑轨上移动；床头板上方采用特殊形式的壁灯群，或将床头板做成发光壁，并且可调光。

③ 卧室顶灯：客房卧室通常不设顶灯，需要时可采用不同形式的吸顶灯、单相或多相小型杆吊花灯。

④ 梳妆台灯：客房内设有梳妆台和梳妆镜时，其灯应安装在镜子上方并与梳妆台配套制作。

⑤ 落地灯：设在沙发茶几处，由插座供电。

⑥ 写字台灯：由插座供电。

⑦ 脚灯：安装在床头柜的下部或进口小过道墙面的底部，供夜间活动用。

⑧ 壁柜灯：设在壁橱内，可将灯开关（微动限位开关）装设在门上，开门则灯亮，关门则灯灭，但应有防火措施。

⑨ 窗帘盒灯：窗帘盒内设置荧光灯，可以起到模仿自然光的效果，夜晚从远处看，可起到泛光照明的作用。

3）卫生间常设有如下灯光。

226

①顶灯：设在卫生间顶棚中央，采用吸顶或嵌入式安装，光源使用白炽灯。

②镜前灯：安装在化妆镜的上方，一般用显色指数大于80的荧光灯。

4）客房灯光的控制。

客房灯光的控制应满足方便灵活的原则，采用不同的控制方式：

① 进门小过道顶灯采用双控，分别安装在进门侧墙和床头柜上。

② 卫生间灯的开关安装在卫生间门外的墙上。

③ 床头灯的调光开关及脚灯开关可安装在床头柜上。

④ 梳妆台灯开关可安装在梳妆台上。

⑤ 落地灯使用自带的开关和在床头柜上双控。

⑥ 窗帘盒灯可在窗帘附近墙上设开关，也可在床头柜上双控。

5）三星级以上宾馆客房内均设有床头控制板，客房内的灯光、电视机、空调设备、广播音响及呼叫信号等均可在控制板上集中控制。

6）现代宾馆客房还设有节能控制开关，控制电冰箱以外的所有灯光、电器，以达到人走灯灭、安全节电的目的。

7）每套客房可以由单相回路供电，设有专用的总开关，插座回路应设剩余电流保护。

9.5.2 宾馆客房照明设计实例

宾馆一般由以下部分组成：地下室、裙房及标准层等。地下室一般为设备用房，如变、配电所、水泵房、制冷站、中水站、洗衣房等；裙房有大堂、休息厅、咖啡厅、多功能厅、中西餐厅及厨房等；标准层一般为客房，包括单人间、标准间、豪华套间等。

宾馆装修标准都比较高，需要由专业装饰设计公司二次设计的房间较多，如大堂、咖啡厅、多功能厅、餐厅等，这就要求一次设计时针对这些部位预留充足电源，只设计必需的应急照明、插座等内容即可。

宾馆的照明设计与其他建筑有很多相似之处，但客房层设计有其特殊性。客房层走道应设有清扫用插座，客房内都有床头控制柜。下面重点介绍一下客房内的照明设计。

图9.36为某工程标准间客房照明设计实例。等级标准高的客房一般不设顶灯，客房床头照明采用调光方式。客房内设置床头控制柜，控制内容包括床头灯、落地灯、台灯、地脚灯、通道灯（两地控制）、电视机电源等。床头控制柜上还设有音响选频及音量调节开关、请勿打扰开关等。床头灯一般选用可以旋转的有花色灯罩的灯具，落地灯、台灯的选型应保证室内光线柔和，通道灯可选用节能吸顶灯，卫生间内顶灯和镜前灯可采用有磨砂玻璃罩或乳白色玻璃罩的灯具。客房内还设计了节能钥匙开关，旅客外出时，拔下钥匙开关，室内电源被切断，既节约了用电，又起到防止引起火灾的作用。节能钥匙开关的控制范围除了床头控制柜以外，还包括卫生间灯具、换气扇以及风机盘管电源等。

因冰箱等用电设备不能断电，所以客房内部分插座不经过钥匙开关，直接接至客房配电箱。卫生间内设有220V/110V剃须插座，插座内220V电源侧应设有安全隔离变压器，以保证人身安全。

为了提高供电可靠性，楼层配电箱至客房配电箱采用放射式供电。客房配电箱内主开关根据房间大小及设备安装情况可选定在20~32A之间。

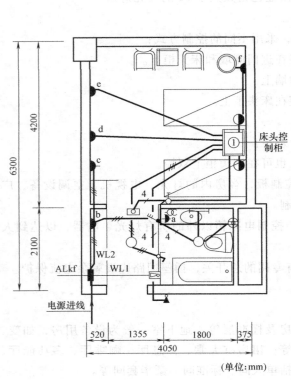

图例	型号规格	安装方式及高度	备　　注
⊢	镜前灯20W	镜子上方	卫生间内
⊖	床头壁灯40W	1.4m	床头柜控制
○	节能灯20W	吸顶	双控
①	地脚灯	床头控制柜内	床头柜控制
⍾	剃须插座	距地1.4m	
⊥	a 防溅插座	距地1.4m	
⊥	b 冰箱插座	距地0.3m	
⊥	c 普通插座	距地0.3m	
⊥	d 台灯插座	距地0.3m	床头柜控制
⊥	e 电视插座	距地0.3m	床头柜控制
⊥	f 落地灯插座	距地0.3m	床头柜控制
⊠	换气扇	详设施	
♪	86K31-10	暗装1.3m	
♪	86K12-10	暗装1.3m	
▬	客房配电箱	下沿距地1.5m	
⌀	风机盘管调速开关	暗装1.3m	
⊡	风机盘管	详设施	
▨	节能钥匙开关	暗装1.3m	
⌀	请勿打扰开关	暗装1.3m	床头柜控制

图 9.36　客房照明电气平面图

9.6　办公建筑照明实例

9.6.1　电气照明配电系统图

图 9.37 所示为某三层办公楼的底层照明配电系统概略图，图中主要表明：

1）该层照明配电系统的核心是三个照明配电箱 AL1、AL2、AL3，每个配箱依次均为 L1~L3 相。配电体系为 TN-C-S 系统，箱内除 $L_1 \sim L_3$ 相外还有 N、PE 接线端口。配电箱 AL1 给第一层供电，AL2 给第二层供电，AL3 给第三层供电。

2）进线自上级配电箱 AL 以 4 根截面积为 $25mm^2$ 的聚氯乙烯绝缘布电线穿直径 50mm 的塑料管（本实例导线均穿塑料管保护，仅直径有异）引来，用额定电流为 63A 的带剩余电流保护（RCD）的 TIMIN 系列断路器控制和保护。RCD 的动作电流为 300mA，动作时间为 0.4s（楼层消防保护）。

3）配电箱 AL3 的出线如下：

出线 WL1~WL6 供照明，用电负载见图 9.37，功率依次为 0.53kW、0.79kW、0.79kW、0.79kW、0.79kW、1.08kW，控制、保护采用 T1B2 系列断路器，单极 16A，引线型号同上，

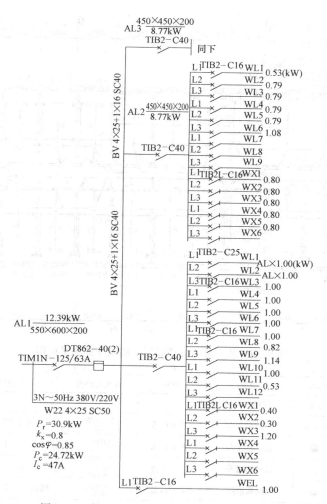

图 9.37 某三层办公楼的照明配电系统概略图

6 路均为两根截面积为 2.5mm² 的导线。

出线 WL1～WL5 供插座，用电负载见图 9.37，功率均为 0.8kW，控制、保护用断路器系列同上，双极（L、N）16A，带动作电流为 30mA 的 RCD，引线型号同上，引线截面积均为 2.5mm²。

WL7、WL8、WL9、WX6 为备用出线回路。

9.6.2 电气照明平面安装图

图 9.38 所示为某三层办公楼的第三层照明平面图，图中主要表明：

1）该建筑用相线、中性线截面积均为 25mm² 的聚氯乙烯绝缘聚氯乙烯护套钢带铠装铜芯四线电缆将 220/380V 电源引至楼栋配电箱 AL1。AL 一路出线供一层照明，另以两组 BV-4×25+1×16-PC40 分别上引至二、三层照明配电箱 AK2、AK3。

2）未注明导线型号均为 BV-500-2.5mm²。在照明平面图中，插座回路均为三根线，其他未标注导线均为三根线，其中 2～3 根穿管 PVC20，4～6 根穿管 PVC25。所有配电箱、开关、灯具、插座等设备的型号及安装高度如图 9.39 所示。

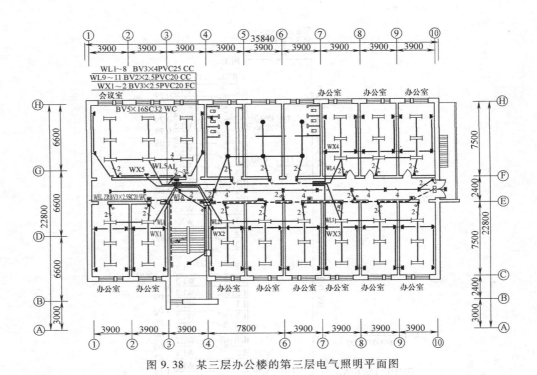

图 9.38　某三层办公楼的第三层电气照明平面图

序号	图例	名称	型号	容量及高度	安装场所
1	▬	照明配电箱		底距地1.5m	
2	⊨	双管荧光灯	甲方自选	2×36W	办公室;客房
3	●	防水防尘灯	甲方自选	60W	卫生间
4	✕	墙壁裸灯头	甲方自选	40W / 2.1m	配电间内
5	◗	扁圆吸顶灯	甲方自选	60W	楼梯间,走廊,雨棚
6	⊗	小花灯	甲方自选	6×40W	一层大厅;包房
7	⊕	大花灯	甲方自选	25×40W	一层大厅
8	○	吸顶灯	甲方自选	1×40W	客房
9	◖	客房壁灯	甲方自选	1×40W / 2.0m	客房
10	◗	客房床头壁灯	甲方自选	1×40W / 1.3m	客房
11	▭	疏散指示照明灯,自带蓄电池	甲方自选	1×11W / 0.5m	疏散通道
12	▭	疏散指示照明灯,自带蓄电池	甲方自选	1×11W / 门上0.2m	疏散通道
13	▣	疏散指示照明灯,自带蓄电池	甲方自选	1×11W / 2.5m	疏散通道
14	⊖	具有隔离变压器插座	甲方自选	1.5m	客房卫生间
15	✦	安全型五孔单相暗插座	10A	插座距地0.3m	客房、办公室、会议室
16	♪	三联单控暗开关	T31/1-T35/1	距地1.5m	
17	▣	门铃按钮		距地1.3m	客房
18	▣	钥匙开关		距地1.3m	客房

图 9.39　某三层办公楼的电气照明图例

这里采用接零保护方式，凡用电设备外露可导电部分均与保护线 PE 可靠连接。在卫生间潮湿场所，需要做辅助等电位连接，各管道入户需要做总等电位连接。

本建筑采用综合接地，接地电阻为 $R<1\Omega$，进出建筑物的各种金属管道均应在进出口处与接地装置连接。

思考题与习题

9.1　住宅电气照明设计应掌握哪些要点？

9.2　办公楼电气照明设计应掌握哪些要点？

9.3　学校电气照明设计应掌握哪些要点？

9.4　宾馆客房电气照明设计应掌握哪些要点？

第10章　电气照明课程设计

10.1　电气照明设计任务书

1. 设计目的及要求

将照明技术理论应用于实践，进行工厂及民用建筑的照明设计，通过设计全过程，熟悉照明设计的计算程序，学会编写照明设计说明书，掌握国家电气绘图标准，完成照明设计电气平面图。

2. 设计内容

（1）光照设计

1）收集原始资料，包括工作场所的设备布置、工艺流程、环境条件及对照明的要求，已设计确定的建筑平面图、剖面图和土建结构图。

2）确定照明方式和种类，并选择合理照度。

3）确定合适光源。

4）选择照明器形式，并确定型号。

5）合理布置灯具。

6）进行照度计算，确定电源安装功率。

7）根据需要计算室内各方面的亮度和对眩光的评价。

（2）电气设计

1）在满足光照设计的条件下确定各种光源对电源电压大小及电能质量的要求，使它们能在额定状态下工作，以保证照明质量和灯泡寿命。

2）选择合理、方便的控制方式，以便照明系统的管理维护及节能。

3）保证照明装置及人身的电气安全。

4）尽量减少电气部分投资和年运行费用。

3. 设计内容及步骤

1）根据设计题目，收集原始资料，根据工作场所的设备布置、工艺流程、环境条件及用户提出的要求，确定照明方式及种类。

2）根据工作场所工作面的照明质量要求，查出国家规定的企业和民用建筑照明设计标准，确定标准照度值。并初步考虑对照明质量其他指标如亮度分布、照明的均匀度、阴影、眩光、光的颜色、照明的稳定性等进行恰当处理。

3）应用单位容量法或概算曲线法进行照明器容量估算，确定照明器数量。

4）选择照明器型号规格、容量大小、悬挂高度，进行空间布置。

5）对于反射条件较好的房间，采用利用系数法对工作间进行照度计算。对高大厂房、反射条件不好的房间不必进行此项计算。

6）根据工作面照度均匀度要求，确定工作面上最小照度值，用逐点法检验房间中央最

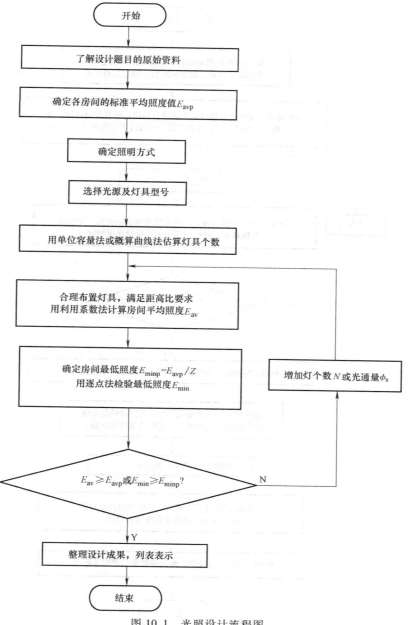

图 10.1　光照设计流程图

远点工作面上的照度值是否满足工作面最小照度值要求。

7）适当调整灯具容量、个数或改变灯具布置。

8）计算导线（分支线、干线、回路干线）的计算负荷，然后按允许发热条件选择导线截面，按允许电压损失和允许机械强度进行校验。

9）选择配电箱（盘）型号，确定配电箱安装位置。

10）决定配电箱引入线、引出线走向。

11）考虑各相容量均匀分配，不平衡度不能大于 20%。

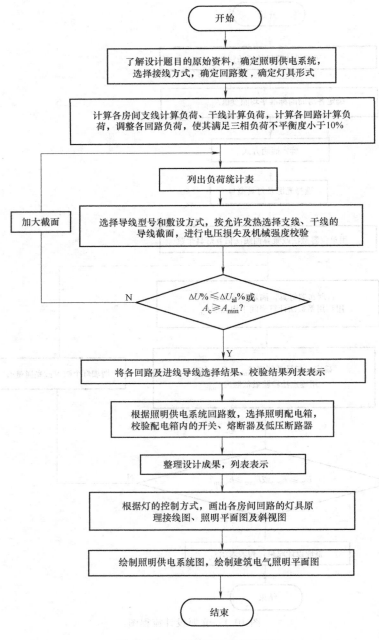

开始

了解设计题目的原始资料，确定照明供电系统，
选择接线方式，确定回路数，确定灯具形式

计算各房间支线计算负荷、干线计算负荷，计算各回路计算负
荷，调整各回路负荷，使其满足三相负荷不平衡度小于10%

列出负荷统计表

加大截面

选择导线型号和敷设方式，按允许发热选择支线、干线的
导线截面，进行电压损失及机械强度校验

$\Delta U'\% \leqslant \Delta U_{al}\%$或
$A_c \geqslant A_{min}$?   N

Y

将各回路及进线导线选择结果、校验结果列表表示

根据照明供电系统回路数，选择照明配电箱，
校验配电箱内的开关、熔断器及低压断路器

整理设计成果，列表表示

根据灯的控制方式，画出各房间回路的灯具原
理接线图、照明平面图及斜视图

绘制照明供电系统图，绘制建筑电气照明平面图

结束

图 10.2　电气线路设计流程图

12）确定控制方式和开关控制按钮的位置。

13）设置接地装置（接地电阻 $R_d \leqslant 10\Omega$）。

14）确定导线规格、型号及敷设方式，穿管的管径及型号，预埋管位置。

4. 设计成果

1）计算书一份。

2）设计说明书一份。

3）电气照明供电系统图（要求标出配电箱、开关、熔断器、导线型号规格，穿管管径及敷设方法，用电设备名称）。

4）电气平面图（要求画出配电箱、灯具开关、插座、线路的平面布置；线路走向，进户线的规格，有功计算负荷；标出灯具数量、型号、安装方式，各支线的导线根数）。

5）列出主要设备材料表。

5. 设计程序

1）光照设计流程图。

2）电气线路设计流程图。

光照设计流程图如图 10.1 所示。

电气线路设计流程图如图 10.2 所示。

10.2　电气照明课程设计题目

10.2.1　设计题目 1：某机械加工车间照明设计

原始资料：

（1）车间生产任务

本车间承担机械修造厂的配件生产。

（2）设计依据

1）车间平面布置图（见图 10.3）。

2）机械加工车间用电设备明细表。

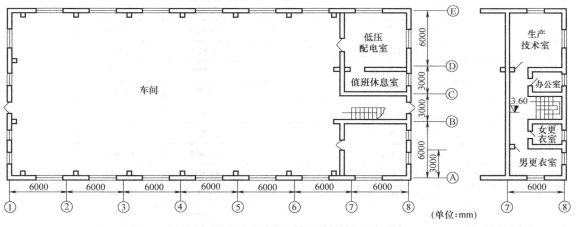

图 10.3　车间平面布置图

（3）设计范围

车间电气照明设计。

（4）负荷性质

两班工作制，年最大负荷利用小时数为 3000h，属于三类负荷。

（5）电源条件

电源从机修车间变电所 380V/220V 三相四线制一路架空线由指定进线口引入（见车间

平面布置图）。允许电压损失 $\Delta U_d\% = 3$。

（6）自然条件

1）车间的横跨木架对地高度为7m。

2）气象条件：①车间内最热月平均温度为30℃；②地中最热月平均温度为25℃（当埋入土深度为0.5m以上时），埋入深度为1m以下时，平均温度为20℃。

3）车间环境特征：车间系正常干燥场所环境。

附机械加工车间用电设备名称、型号及台数明细表，见表10.1。

4）室内装修反射率：顶棚空间 $\rho_c = 50\%$，墙壁 $\rho_w = 30\%$，地板 $\rho_f = 20\%$。

表 10.1　车间用电设备明细表

设备代号	设备名称、型号	台数	单台容量	总容量/kW	备注
1	皮带车床	1	9	9	
2	普通车床 C_{620}	1	4.625	4.625	
3	牛头刨床 B_{665}	1	3	3	
4	立式钻床 Z_{635}	1	4.125	4.125	
5	工具磨床 M_{6025}	1	1.45	1.45	
6	牛头刨床 B_{665}	1	3	3	
7	砂轮机 $S_{35}L_{300}$	1	1.5	1.5	
8	牛头刨床 B_{665}	3	3		
9	插床 B_{5032}	1	4.5	4.5	
10	卧式车床 C_{620}	1	4.625	4.625	
11	卧式车床 C_{620-1}	1	7.125	7.125	
12	卧式车床 C_{620-1}	1	7.125	7.125	
13	卧式车床 C_{630}	1	10.125	10.125	
14	卧式车床 C_{630}	1	4.625	4.625	
15	卧式车床 C_{620}	1	4.625	4.625	
16	弓形锯 G_{72}	1	1.5	1.5	
17	立式铣床 $X_{25}k$	1	9	9	
18	万能铣床 $W_{62}W$	1	9	9	
19	滚齿机 Y_{38}	1	41.935	41.935	
20	卧式车床 C_{61100}	1	41.935	41.935	
21	龙门刨床 $B_{2012}Q$	1	67.55	67.55	
22	立式钻床 Z_{535}	1	4.625	4.625	
23	镗床 T_{68}	1	9.8	9.8	
24	摇臂钻床 Z_{35}	1	6.925	6.925	
25	电动单梁吊车 $Q=3t$	1	8.9	8.9	
26	三相壁插座	1	15A	15A	
27	通风机	1	10	10	
28	照明（参考值）		9.25		

注：设备代号表示用电设备在平面图上的编号。

236

（7）设计成果

1）计算书一份。

2）设计说明书一份。

3）电气照明供电系统图（要求标出配电箱、开关、熔断器、导线型号规格、穿管管径及敷设方法、用电设备名称）。

4）电气平面图（要求画出配电箱、灯具开关、插座、线路的平面布置；线路走向，进户线的规格，有功计算负荷；标出灯具数量、型号、安装方式，各支线的导线根数）。

5）列出主要设备材料表。

10.2.2　设计题目2：某实验办公楼照明设计

原始资料：

某实验办公楼是一栋两层混合结构，建筑面积为 $2×(20×12) \, m^2 = 480 \, m^2$，共有 14 个房间、一个楼梯间、两个厕所、一个门厅。

一层主要是实验室，有物理、化学实验室，分析室及危险品仓库。其中实验室和危险品仓库有一定爆炸危险，按 Q-2 级防爆，这些房间要求采用防爆电器；二层主要是办公室、会议室、资料室、接待室等，这些房间要求照度高，灯具布置要有较好的装饰效果。

办公楼建筑平面图如图 10.4 所示，在一层门厅标出了该层标高为 ±0.000，即一层地面为零米标高。在二层走廊，东侧标出了二层楼面标高为 ±4.000，即高于一层地面 4m。

建筑物从左向右标有 6 根轴线，标号为①~⑥，从下自上有 4 条轴线，标号为 A、B、C/B、C，其中 B 为中心轴线，C/B 为辅助轴线。建筑图样标出了各主要建筑尺寸，层高 4m、深高 3.88m。

电源采用 380V/220V 三相四线制，采用 BLX-500-3×25 + 1×16 导线，由室外架空线引入。

图 10.4a 中，进线在轴线③和 C 支点附近，一层至二层楼梯平台、分析室右侧墙外镶嵌一个照明配电箱，型号为 XM（R）-4-4213。配电箱底距地面高 1.4m。

自然条件：①环境最热月份平均温度为 27℃；②地中最热月平均温度为 25℃（埋深 0~5m 以上，1m 以下）；③室内装修反射率为，顶棚空间 $\rho_c = 70\%$，墙壁 $\rho_w = 50\%$，地板 $\rho_f = 20\%$。

设计成果：

1）计算书一份。

2）设计说明书一份。

3）电气照明供电系统图（要求标出配电箱、开关、熔断器、导线型号及规格，穿管管径及敷设方法，用电设备名称）。

4）电气平面图（要求画出配电箱、灯具开关、插座、线路的平面布置；线路走向，进户线的规格，有功计算负荷；标出灯具数量、型号、安装方式，各支线的导线根数）。

5）列出主要设备材料表。

10.2.3　设计题目3：机械制造厂金属加工车间照明设计

原始资料：

本车间为一般金属机械加工车间，内部有局部热处理工艺，有关照度标准规定工作面最

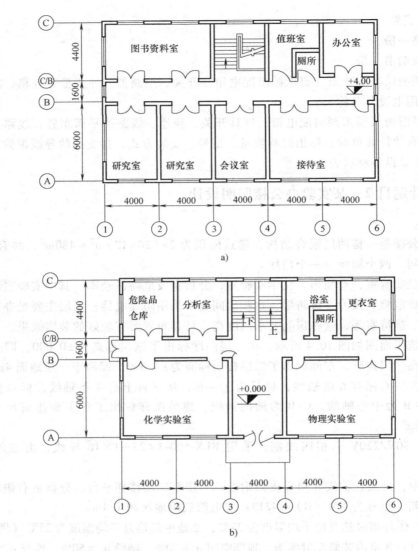

图 10.4　办公楼建筑平面图（单位：mm）

a）一层　b）二层

低照度为 30lx。

已知厂房跨度为 18m、长 96m，车间横跨木梁对地高度为 9.6m。工作面高度为 0.8m。

建筑平面图如图 10.5 所示。

室内装修反射率：顶棚空间 $\rho_c = 50\%$，墙壁 $\rho_w = 30\%$，地板 $\rho_f = 20\%$。

要求采用混光照明。

电源为 380V/220V 三相四线制，采用导线型号为 BLX-500-4×16，由室外引入穿钢管埋地敷设。在图 10.5 中，C 和⑫轴线交点处大修车间墙外镶嵌一个照明配电箱，型号为 XM，在 B 和⑫轴线交点处机修车间设一个配电箱，在 A 和⑫轴线处再设一个配电箱，型号均为 XM 型，构成串联树干式接线。

照明设备采用 BLV 型铝芯塑料绝缘线，电力设备导线采用 BLX 型铝芯橡皮绝缘线。电力设备导线穿钢管埋地暗敷设，照明灯具电源线为穿硬塑料管沿屋面内暗敷设，插座回路导线沿墙暗敷设，吊车电源线沿钢索悬挂敷设，导线为 YCW 型橡皮移动软电缆。

自然条件：①车间内最热月份平均温度为 27℃；地中最热月平均温度为 25℃（埋地 0.5m 深以上且在 1m 深以下）；②室内反射率为，顶棚空间 $\rho_c = 50\%$，墙壁 $\rho_w = 50\%$，地板 $\rho_f = 20\%$。

设计要求允许电压损失 $\Delta U_d \% = 3$。

设计成果：

1）计算书一份。

2）设计说明书一份。

3）电气照明供电系统图（要求标出配电箱、开关、熔断器、导线型号及规格，穿管管径及敷设方法，用电设备名称）。

4）电气平面图（要求画出配电箱、灯具开关、插座、线路的平面布置；线路走向，进户线的规格，有功计算负荷；标出灯具数量、型号、安装方式，各支线的导线根数）。

5）列出主要设备材料表。

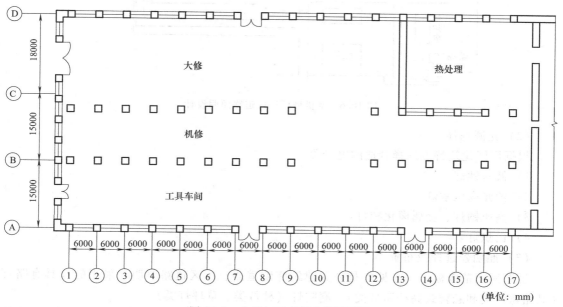

图 10.5　金属加工车间建筑平面图

10.2.4　设计题目 4：某机械厂厂区道路照明设计

原始资料：

已知厂区道路照明设计如图 10.6 所示，电源进线采用架空进线，电源电压 35kV，备用电源进线 10kV，厂区道路为水泥地面。

设计范围：

（1）说明质量要求

根据 CIE 国际照明委员会关于道路照明的建议（1977）确定亮度水平、亮度均匀度、眩光等指标要求。不舒适眩光控制指标见表 10.2。

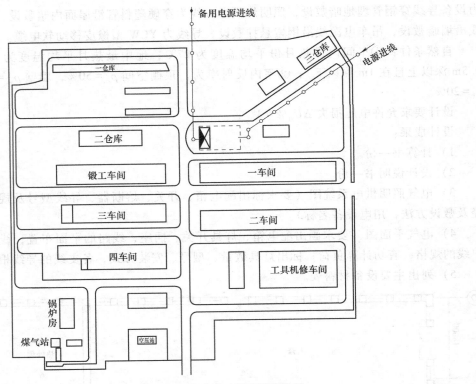

图 10.6　某机械厂厂区道路照明设计

（2）光源选择

根据厂区建筑特点选择合适的电光源。

1）低压钠灯。

2）荧光高压汞灯。

3）高压钠灯、金属卤化物灯。

4）白炽灯。

（3）照明器选择及布置

道路照明范围极广，常见的是公共建筑庭院道路、厂区道路照明，采用的灯具有路灯（马路弯灯类和悬臂式高杆路灯类）、庭院灯（柱灯类、草坪灯类）。

悬臂式高杆路灯照明器按光强分布可分为截光、半截光和非截光型三类，建议采用半截光型照明器。

照明器布置采用杆柱式照明，确定照明器下述项目：

1）安装高度（h），见表 10.3。

2）外伸部分（h），见表 10.4。

3）仰角（θ），5°~15°。

4）杆柱间距，见表 10.5。

灯具布置方式及适用条件见表 10.6。

（4）照度计算

1）最低平均照度取 2~5lx。

2）最低照度和最高照度比为 1/15～1/25。

表 10.2　不舒适眩光控制指标（G）

道路等级	环境明暗程度	路面平均光度 L_r/（cd/m²）	均匀度 L_{min}/L_r	$(L_{min}/L_{max})_1$	不舒适眩光控制指标（G）
高速车道	明暗	2	0.4	0.7	6
主干车道	明	2	0.4	0.7	5
	暗	2	0.4	0.7	6
城市过境	明	2	0.4	0.5	5
放射式道路	暗	1	0.4	0.5	6
主要街道	明暗	2	0.4	0.5	4
主要道路	明	1	0.4	0.5	4
	暗	0.5	0.4	0.5	5

注：$G=1$，不能忍受的；$G=3$，感到心烦的；$G=7$，令人满意的；$G=9$，不引人注意的。

表 10.3　最小安装高度和光通量的关系

安装高度/m	每个灯具内光源光通量/lm
6 以上	6500 以下
8 以上	12500 以下
10 以上	25000 以下
12 以上	45000 以下
15 以上	95000 以下
20 以上	240000 以下

表 10.4　照明器外伸部分长度选择

发光部分长度/m	外伸部分长度/m	安装高度/m
0.6 以下	1 以下	10
0.6 以下	1.5 以下	12

表 10.5　灯具安装范围选择表

灯具配光种类	截光型		半截光型		非截光型	
排列方式	安装高度	间距（S）	安装高度	间距	安装高度	间距
单侧排列	$h \geqslant W$	$S \leqslant 3h$	$h \geqslant 1.2W$	$S \leqslant 3.5h$	$h \leqslant 1.2W$	$S \leqslant 4.0h$
交错排列	$h \geqslant 0.7W$	$S \leqslant 3h$	$h > 0.8W$	$S \leqslant 3.5h$	$h \leqslant 0.8W$	$S \leqslant 4.0h$
相对排列	$h \geqslant 0.5W$	$S \leqslant 3h$	$h \geqslant 0.6W$	$S \leqslant 3.5h$	$h \leqslant 0.6W$	$S \leqslant 4.0h$

注：W 为路宽；h 为路灯安装高度。

表 10.6　灯具布置方式及适用条件

布置方式	单侧布置	交错布置	相对布置	中心悬吊	十字路口布灯	弯道布灯
适用条件	$W=h$，住宅道路市区小路	$W=(1\sim1.5)h$，市区一般道路	$W>1.5h$，市区主干道，高速公路	两侧有房的窄路，悬挂灯具钢索固定在房屋侧墙上。一般厂内或居民区小路	高杆照明、墙高 20m 以上、立体交叉路口大多能用	$W<1.5h$，布置在外侧，弯道布灯之间的距离为 0.5～0.75m

（5）确定路灯杆埋深度

（6）确定路灯线路敷设方式，选择导线型号，确定路灯接线箱装设方式

（7）画出厂区（庭院）道路照明平面图

（8）列出主要设备材料表，估算初次投资

10.2.5 设计题目5：某炼钢厂修包车间照明设计

原始资料：炼钢厂修包车间，单层厂房，长60m，宽27m，柱距6m，屋架下弦离地21m。车间一角有两个小间，顶棚距地面高4m。一间作为工具分发室，面积为40m²，另一间作为活动室，面积为60m²。

炼钢厂修包车间建筑平面图如图10.7所示。

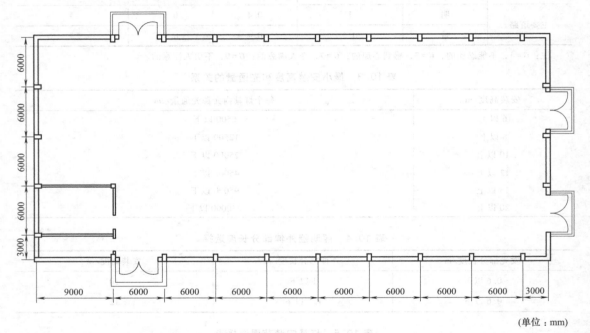

（单位：mm）

图 10.7 某炼钢厂修包车间建筑平面图

气象条件：最热月平均温度为27℃，地中最热月平均温度为25℃（埋地0.5m深）。

车间系正常干燥场所环境。

电源进线380V采用厂区架空线从南门厅第一个柱子位置A和②轴线交点处引入，并在此处设一个配电箱线穿钢管埋地敷设。在④和C轴线交点处设一个配电箱，在⑧和轴线交点处设一个配电箱。配电箱采用PCX（R）-20型嵌入安装。

要求车间采用混光照明（光源采用荧光高压汞灯和高压钠灯，全装在一个灯具内）。活动室和工具分发室采用荧光灯灯具。

门厅采用JXD3型吸顶灯具（白炽灯光源）。

（1）设计要求：

1）允许电压损失小于3%。

2）显色指数 $R_a \geqslant 50\%$。

3）车间工作面上的照度为200lx，活动室和工具分发室照度为50lx。

（2）设计成果

1）计算书一份。

2）设计说明书一份。

3）电气照明供电系统图（要求标出配电箱、开关、熔断器、导线型号及规格，穿管管径及敷设方法，用电设备名称）。

4）电气平面图（要求画出配电箱、灯具开关、插座、线路的平面布置；线路走向，进户线的规格，有功计算负荷；标出灯具数量、型号、安装方式，各支线的导线根数）。

5）列出主要设备材料表。

10.2.6 设计题目6：某高校教学楼照明设计

原始资料：图10.8为教学楼一层建筑平面图。

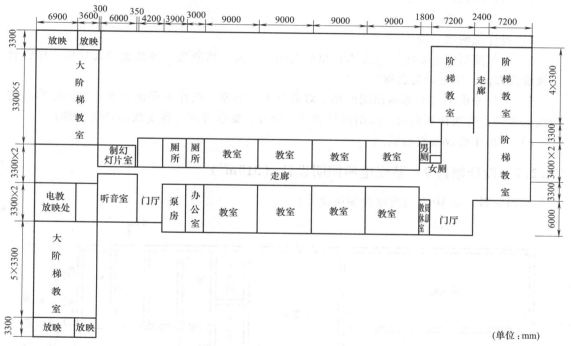

(单位：mm)

图10.8 教学楼一层建筑平面图

某高校教学楼有四层，一层设有值班室、储蓄所、教员休息室、录像放映室和复制室、小阶梯教室、教室、泵房和厕所等；二层设有各专业教研室办公室、阶梯教室、厕所等；三层设有大小阶梯教室、教室、教员休息室、制图室等；四层设有教员休息室、阶梯教室、教室、制图室、厕所等；五层设有语音室、财务实验室、教室、厕所等。

电源进线采用380V/220V电缆进线，室内进线采用保护钢管。要求采用BV型号线穿钢管或聚乙烯管沿墙和垫层暗敷设。

泵房设10kW三相电源。

（1）设计要求

1）要求每间教室和办公室安装单相插座2只（每只按50W计、$\cos\varphi = 0.8$）。

2）泵房设 2 只三相插座（每只 5kW、$\cos\varphi = 0.8$）。

3）接地部分采用角钢埋地、接地极与壁接地极成一体，电气设备非带电金属部分通过接地线和保护钢管可靠焊接形成电气通路（接地电阻 $R_d \leqslant 10\Omega$）。

4）要求对教室黑板进行垂直照度检验（一般为水平照度的 1.5 倍，且不小于 150lx）。

5）教室及走廊灯具采用双向控制开关控制，以实现在教室任一门（走廊任一端）开灯或关灯。

6）允许电压损失 $\Delta U_d\% = 2.5$。

（2）自然情况

教室一层房间高度为 3.6m。

1）环境最热月平均温度为 27℃，地中最热月平均温度为 25℃（埋地 0.5m 深）。

2）室内装修反射率：顶棚空间 $\rho_c = 70\%$，墙壁 $\rho_w = 50\%$，地板 $\rho_f = 20\%$。

（3）设计成果

1）计算书一份。

2）设计说明书一份。

3）电气照明供电系统图（要求标出配电箱、开关、熔断器、导线型号及规格，穿管管径及敷设方法，用电设备名称）。

4）电气平面图（要求画出配电箱、灯具开关、插座、线路的平面布置；线路走向，进户线的规格，有功计算负荷；标出灯具数量、型号、安装方式，各支线的导线根数）。

5）列出主要设备材料表。

10.2.7 设计题目 7：某变电所照明设计（310m²）

原始资料：图 10.9 为变电所照明设计。

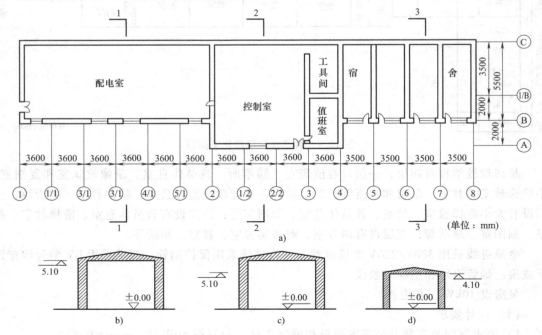

图 10.9 变电所照明设计图

a）平面图 b）1—1 剖面图 c）2—2 剖面图 d）3—3 剖面图

（1）工程概况

本工程为一层砖混结构，现浇钢筋混凝土屋顶，平面布置有配电室、控制室、工具间、值班室、宿舍。图 10.9a 为变电所建筑平面图。

根据设计委托书要求，本工程只作照明设计，工艺设计与电力专业设计由建筑单位负责解决。电力专业电源线走地下电缆沟。该变电所为一个乡镇变电所，配电室设置配电设备，由控制室操纵，变压器在室外安装。

配电室内设备为高压设备，设备高度为 2.00m 以上，照明灯具吸顶或悬挂安装都会给维护带来很大不便，故灯具采用壁装；屏前为工作照明，选用荧光灯管壁装，安装高度为 2.80m；屏后照明主要供检修用，故选择白炽灯壁装。控制室可设置两排设备，荧光灯管分别设置两道，以满足屏面观察仪表读数的需要。导线可采用铜芯塑料线穿钢管暗敷设。

（2）自然条件

1）环境最热月平均温度为 30℃，地中最热月平均湿度为 25℃（埋地 0.5m 深时）。

2）控制室、配电室室内装修反射率：顶棚空间 $\rho_c = 70\%$，墙壁 $\rho_w = 50\%$，地板 $\rho_f = 20\%$。

值班室、宿舍顶棚反射率：$\rho_c = 50\%$，墙壁 $\rho_w = 50\%$，地板 $\rho_f = 20\%$。

工具间室内装修反射率：顶棚空间 $\rho_c = 50\%$，墙壁 $\rho_w = 30\%$，地板 $\rho_f = 10\%$。

（3）设计要求

1）电源电压引入方式：照明电压取 220V，电源引自控制室其中一个控制屏。

2）导线选型和敷设方式：导线选择 BV 型，穿钢管敷设。

3）电线敷设工艺设计已经考虑，本工程不予考虑。

4）对变电所控制屏要作垂直照度检验（取水平照度的 1.5 倍）。

5）接地电阻 $R_d \leqslant 4\Omega$。

6）允许电压损失 $\Delta U_d\% \leqslant 2.5$。

（4）设计成果

1）计算书一份。

2）设计说明书一份。

3）电气照明供电系统图（要求标出配电箱、开关、熔断器、导线型号及规格，穿管管径及敷设方法，用电设备名称）。

4）电气平面图（要求画出配电箱、灯具开关、插座、线路的平面布置；线路走向，进户线的规格，有功计算负荷；标出灯具数量、型号、安装方式，各支线的导线根数）。

5）列出主要设备材料表。

10.2.8 设计题目 8：某锅炉房照明设计

原始资料：已知锅炉房建筑平面图、电力平面图和配电系统图如图 10.10 所示。

（1）设计要求

1）对于 60t/h 以上的锅炉房应设有低压配电室，锅炉的控制屏应选用成套设备。有配电室的，控制屏应设在配电室内；没有配电室的，控制屏应安装在炉前或便于操作的地方，并应靠近负荷中心。

2）对于电动机容量超过 10kW 的引风机、鼓风机、水泵电动机等，应采用减压起动方

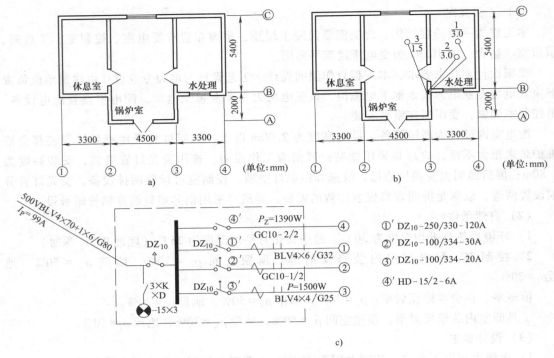

图 10.10　锅炉室设计图

a) 平面图　b) 电力平面图　c) 配电系统图

式、减压起动设备应采用成套设备，减压起动装置可在电动机旁就地安装。

3）配电线路应采用金属穿管线，并不应沿锅炉、烟道、热水箱和其他载热体表面敷设。在室外，埋于地下的电缆不得在煤场下通过。

4）根据工艺要求，对需要经常观察的就地指示仪表，应设局部照明灯。

5）锅炉房的灯具布置主要保证锅炉前后和两侧通道的照明，在了解和掌握了附属设备的详细情况后，才能进行照明灯具的布置。

6）锅炉房的环境是空气温度比较高和多尘场所。一般采用白炽灯、荧光高压汞灯作为光源，较多采用防水防尘灯具，也有少量采用配照型或广照型工厂灯具的。如采用壁灯时，应选用具有一定保护角度的弯管壁灯。灯具一般安装高度在 3m 以上，大功率气体放电灯应防止产生眩光，安装高度可在 4~5m 之间选定。

7）检修电源应单独供电，检修灯的照明通过变压器降压，以 36V 以下安全电压供电。

8）配电方式：一般采用放射式供电方式，有多台锅炉时宜采用按锅炉机组分组供电，锅炉机组采用控制室集中控制时，在远离操作地点的电动机旁应设停机按钮。

（2）设计成果

1）计算书一份。

2）设计说明书一份。

3）电气照明供电系统图（要求标出配电箱、开关、熔断器、导线型号及规格，穿管管径及敷设方法，用电设备名称）。

4）电气平面图（要求画出配电箱、灯具开关、插座、线路的平面布置；线路走向，进户线的规格，有功计算负荷；标出灯具数量、型号、安装方式，各支线的导线根数）。

246

5）列出主要设备材料表。

10.2.9　设计题目9：某化肥厂二层住宅楼照明设计（350m²）

原始资料：已知化肥厂二层住宅楼平面建筑图如图 10.11 所示。

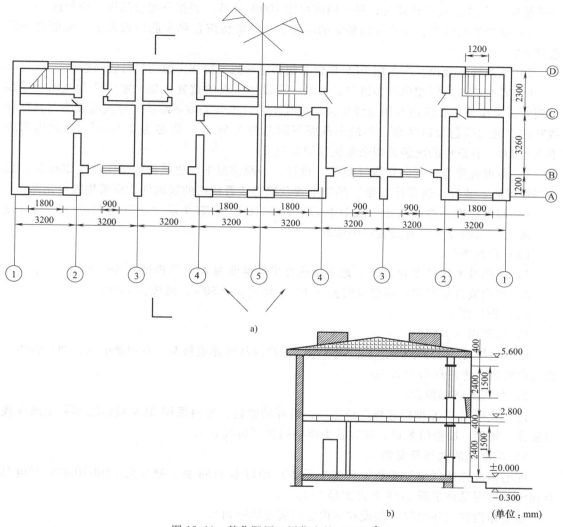

图 10.11　某化肥厂二层住宅楼（350m²）

a）一、二层平面图　b）I—I 剖面图

（1）工程概况

如图 10.11 所示，本工程为一梯一户，上下两层均为一户居住，共可安排四户。每户一个凹阳台。图 10.11a 所示为住宅楼建筑平面图，图样画法采用对称轴画法，减少了一张平面图。阅读时，平面图左边①-⑤轴线为一层，平面图右边⑤-①轴线为二层。建筑物平面长度为 26.1m。每层 8 个开间，二层共 16 个开间。

（2）设计要点

1）设计住宅建筑工程，要满足一般职工家庭生活用电需要，采取安全用电措施，有条件时采用节电型电器装置。

2）灯具安装方式采用移动吊线式，以适应家具陈设变化要求。

3）住宅的插座装置，居室设置两组：一组为一个单相两孔插座，另一组为一个单相两孔插座和一个单相三孔（带接地孔）插座。插座最好选用扁圆孔两用型。厨房设一个单相三孔插座。在进行负荷计算时，每个插座可按 100W 计算。表箱分楼层暗设在楼梯间。

4）电能表的设置，分户应设独立的电能表，住宅楼应在单元底层设总表。电能表一般选择 3A。

5）室内导线敷设，应选用 BLV 型铝芯塑料绝缘线，穿 VG 型硬塑料管暗敷设。

6）每个栋号或每相单独的进户装置处，应设置零线的重复接地，室内选配电箱，导线穿钢管，插座接地孔应由专用地线连接，地线不装设刀开关或熔断器。地线敷设应与其他导线从进户处用颜色加以区别，其最小截面积铜芯为 1.5mm^2，铝芯为 2.5mm^2，接地电阻应不大于 4Ω，有条件的应装设剩余电流保护开关。

7）防雷装置应按《防雷设计规范》设计。一般情况下，建筑物的高度超过 20m 时，就应当设置防雷装置。避雷针（带）的引下线及接地装置使用的紧固件均应采用镀锌制品。

8）照度标准，按照《电气设计规程》JGJ-116-83 中第 9 章"电气照明设计"进行设计，或从"照明设计"有关表格中选取。

（3）自然条件

1）最热月平均温度为 27℃，地下最热月平均温度为 25℃（埋地 0.5m 深）。

2）室内装修反射率：顶棚空间 $\rho_c = 70\%$，墙壁 $\rho_w = 50\%$，地板 $\rho_f = 20\%$。

（4）设计要求

1）电源引入方式。

电源电压为 380V/220V，三相四线制，进户线从该建筑物左、右两侧引入，两户合用一组进户装置，进户标高为 2.5m。

2）导线选择和敷设。

进户线采用 BLX 型铝芯橡皮绝缘线，沿外墙敷设，室内采用 BLN 型铝芯塑料绝缘导线沿屋顶、楼面、墙壁暗敷设，穿线管为薄壁钢管（电线管）。

3）配电箱的选择及安装。

配电箱选择见《电气安装工程施工手册》增订本 2158 页，型号为 XDB-10-01；配电盘盘面电器排列见该手册 2158 页方案号 144。

配电箱设在室外明装（如设在室内应暗装在墙壁内）。

4）要求允许电压损失 $\Delta U_d\% \leqslant 2.5$。

（5）设计成果

1）计算书一份。

2）设计说明书一份。

3）电气照明供电系统图（要求标出配电箱、开关、熔断器、导线型号及规格，穿管管径及敷设方法，用电设备名称）。

4）电气平面图（要求画出配电箱、灯具开关、插座、线路的平面布置；线路走向，进户线的规格，有功计算负荷；标出灯具数量、型号、安装方式，各支线的导线根数）。

5）列出主要设备材料表。

附　录

附录 A　常用灯具光度参数

A.1　灯具光度参数

A.1.1　平圆形吸顶灯光度参数

附表 A.1　平圆形吸顶灯参数

型号		JXD5-2
规格 /mm	Φ	236
	D	293
	H	110
遮光角		—
灯具效率		57%
上射光通比		22%
下射光通比		35%
最大允许距高比 S/h		1.32
灯头形式		2B22

平圆形吸顶灯
（白炽灯100W、60W）

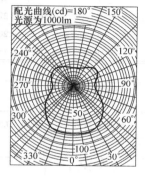

配光曲线(cd)=180°
光源为1000lm

附图 A.1　JXD5-2 吸顶灯外形及配光曲线

附表 A.2　JXD5-2 发光强度值（单位：cd）

$\theta/(°)$	I_θ	$\theta/(°)$	I_θ	$\theta/(°)$	I_θ
0	84	60	57	120	39
5	84	65	52	125	39
10	83	70	46	130	38
15	82	75	41	135	38
20	81	80	36	140	37
25	80	85	33	145	35
30	77	90	31	150	34
35	74	95	32	155	34
40	71	100	34	160	31
45	67	105	36	165	30
50	64	110	38	170	29
55	61	115	38	175	30

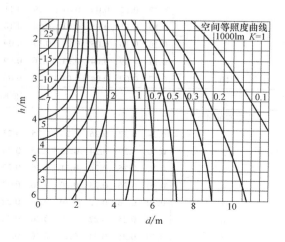

空间等照度曲线
1000lm K=1

附图 A.2　JXD5-2 空间等照度曲线

附表 A.3　JXD5-2 利用系数表（地板空间有效反射比为 20%）　　　（$S/h = 1.0$）

利用系数

有效顶棚反射系数	0.80				0.70				0.50				0.30				0
墙反射系数	0.70	0.50	0.30	0.10	0.70	0.50	0.30	0.10	0.70	0.50	0.30	0.10	0.70	0.50	0.30	0.10	0
室空间比																	
1	0.56	0.53	0.50	0.47	0.52	0.19	0.17	0.44	0.45	0.42	0.41	0.39	0.38	0.36	0.35	0.34	0.26
2	0.50	0.45	0.41	0.38	0.47	0.42	0.39	0.36	0.40	0.37	0.34	0.31	0.34	0.31	0.29	0.27	0.21
3	0.46	0.40	0.35	0.31	0.42	0.37	0.33	0.29	0.36	0.32	0.29	0.26	0.31	0.28	0.25	0.23	0.17
4	0.41	0.35	0.30	0.26	0.39	0.32	0.28	0.24	0.33	0.28	0.25	0.22	0.28	0.24	0.21	0.19	0.14
5	0.38	0.31	0.26	0.22	0.35	0.29	0.24	0.21	0.30	0.25	0.21	0.18	0.25	0.22	0.19	0.16	0.12
6	0.35	0.27	0.22	0.19	0.32	0.26	0.21	0.18	0.28	0.22	0.19	0.16	0.24	0.19	0.16	0.14	0.12
7	0.32	0.25	0.20	0.16	0.30	0.23	0.18	0.15	0.26	0.20	0.16	0.14	0.22	0.17	0.14	0.12	0.09
8	0.30	0.22	0.17	0.14	0.28	0.21	0.16	0.13	0.24	0.18	0.14	0.12	0.20	0.16	0.13	0.10	0.08
9	0.28	0.20	0.15	0.12	0.26	0.19	0.14	0.12	0.22	0.16	0.13	0.10	0.19	0.14	0.11	0.09	0.07
10	0.25	0.18	0.13	0.10	0.23	0.17	0.13	0.10	0.20	0.15	0.11	0.09	0.17	0.13	0.10	0.08	0.05

宽度系数

有效顶棚反射系数	0.80				0.70				0.50				0.30			
墙反射系数	0.70	0.50	0.30	0.10	0.70	0.50	0.30	0.10	0.70	0.50	0.30	0.10	0.70	0.50	0.30	0.10

墙面

室空间比																
1	0.30	0.20	0.11	0.03	0.28	0.19	0.11	0.03	0.25	0.17	0.09	0.03	0.22	0.15	0.08	0.02
2	0.27	0.17	0.09	0.02	0.25	0.16	0.09	0.02	0.22	0.14	0.08	0.02	0.19	0.13	0.07	0.02
3	0.25	0.15	0.08	0.02	0.23	0.14	0.07	0.02	0.20	0.13	0.07	0.02	0.17	0.11	0.06	0.01
4	0.23	0.14	0.07	0.02	0.22	0.13	0.07	0.02	0.19	0.11	0.06	0.01	0.16	0.10	0.05	0.01
5	0.22	0.13	0.06	0.01	0.20	0.12	0.06	0.01	0.17	0.10	0.05	0.01	0.15	0.09	0.05	0.01
6	0.20	0.12	0.06	0.01	0.19	0.11	0.05	0.01	0.16	0.10	0.05	0.01	0.14	0.08	0.04	0.01
7	0.19	0.11	0.05	0.01	0.18	0.10	0.05	0.01	0.16	0.09	0.04	0.01	0.13	0.08	0.04	0.01
8	0.18	0.10	0.05	0.01	0.17	0.09	0.04	0.01	0.15	0.08	0.04	0.01	0.13	0.07	0.03	0.01
9	0.17	0.09	0.04	0.01	0.16	0.09	0.04	0.01	0.14	0.09	0.04	0.01	0.12	0.07	0.03	0.01
10	0.17	0.09	0.04	0.01	0.16	0.08	0.04	0.01	0.13	0.07	0.03	0.01	0.12	0.06	0.03	0.00

顶棚空间

室空间比																
1	0.29	0.27	0.26	0.24	0.25	0.23	0.22	0.21	0.17	0.16	0.15	0.14	0.09	0.09	0.08	0.08
2	0.30	0.27	0.24	0.22	0.25	0.23	0.21	0.19	0.17	0.16	0.14	0.13	0.09	0.09	0.08	0.08
3	0.30	0.26	0.24	0.21	0.26	0.23	0.20	0.18	0.17	0.15	0.14	0.13	0.10	0.09	0.08	0.07
4	0.30	0.26	0.23	0.20	0.26	0.22	0.20	0.18	0.17	0.15	0.14	0.12	0.10	0.09	0.08	0.07
5	0.30	0.26	0.22	0.20	0.26	0.22	0.19	0.17	0.17	0.15	0.13	0.12	0.10	0.08	0.08	0.07
6	0.30	0.25	0.22	0.19	0.26	0.22	0.19	0.17	0.17	0.15	0.13	0.12	0.10	0.08	0.07	0.07
7	0.30	0.25	0.21	0.19	0.26	0.21	0.19	0.17	0.17	0.15	0.13	0.12	0.10	0.08	0.07	0.07
8	0.30	0.25	0.21	0.19	0.25	0.21	0.18	0.16	0.17	0.14	0.13	0.11	0.09	0.08	0.07	0.07
9	0.30	0.24	0.21	0.19	0.25	0.21	0.18	0.16	0.17	0.14	0.13	0.11	0.09	0.08	0.07	0.07
10	0.29	0.24	0.21	0.19	0.25	0.21	0.18	0.16	0.17	0.14	0.12	0.11	0.09	0.08	0.07	0.07

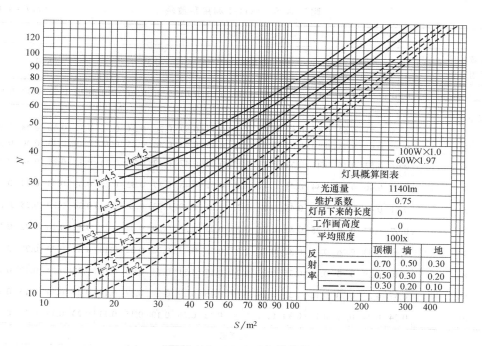

附图 A.3　JXD5-2 概算曲线

A.1.2　简式荧光灯（YG1-1）光度参数

附表 A.4　YG1-1 荧光灯参数

型号		YG1-1
规格/mm	L	1280
	B	70
	h	45（未包括灯管）
遮光角		—
灯具效率		81%
上射光通比		21%
下射光通比		59%
最大允许距高比 S/h		A—A1.22
		B—B1.62
灯具质量		2.6kg

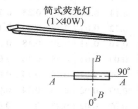

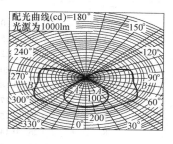

附图 A.4　YG1-1 荧光灯外形及配光曲线

附表 A.5　YG1-1 发光强度值　（单位：cd）

		$\theta/(°)$	0	5	10	15	20	25	30	35	40	45	50	55	60	65	70	75	
发光强度值/cd	B—B	I_θ	140	140	141	142	142	144	146	149	150	151	152	151	149	145	141	136	
		$\theta/(°)$	80	85	90	95	100	105	110	115	120	125	130	135	140	145	150	155	160
		I_θ	129	124	121	121	122	122	116	103	88	75	60	45	18	19	6.4	0.8	0
	A—A	$\theta/(°)$	0	5	10	15	20	25	30	35	40	45	50	55	60	65	70	75	80
		I_θ	124	122	120	116	112	107	101	94	85	77	68	58	47	37	27	17	9
		$\theta/(°)$	85	90															
		I_θ	2.8	0															

附表 A.6　YG1-1利用系数表　　　　　　　　　　(S/h = 1.0)

利用系数

有效顶棚反射系数	0.70				0.50				0.30				0.10				0
墙反射系数	0.70	0.50	0.30	0.10	0.70	0.50	0.30	0.10	0.70	0.50	0.30	0.10	0.70	0.50	0.30	0.10	0
室空间比																	
1	0.75	0.71	0.67	0.63	0.67	0.63	0.60	0.57	0.59	0.26	0.54	0.52	0.52	0.50	0.48	0.16	0.43
2	0.68	0.61	0.55	0.50	0.60	0.54	0.50	0.46	0.53	0.48	0.45	0.41	0.46	0.43	0.40	0.37	0.34
3	0.61	0.53	0.46	0.41	0.54	0.47	0.42	0.38	0.47	0.42	0.38	0.34	0.41	0.37	0.34	0.31	0.28
4	0.56	0.46	0.39	0.34	0.49	0.41	0.36	0.31	0.43	0.37	0.32	0.28	0.37	0.33	0.29	0.26	0.23
5	0.51	0.41	0.34	0.29	0.45	0.37	0.31	0.26	0.39	0.33	0.28	0.24	0.34	0.29	0.25	0.22	0.20
6	0.47	0.37	0.30	0.25	0.41	0.33	0.27	0.23	0.36	0.29	0.25	0.21	0.32	0.26	0.22	0.19	0.17
7	0.43	0.33	0.26	0.21	0.38	0.30	0.24	0.20	0.33	0.26	0.22	0.18	0.29	0.24	0.20	0.16	0.14
8	0.40	0.29	0.23	0.18	0.35	0.27	0.21	0.17	0.31	0.24	0.19	0.16	0.27	0.21	0.17	0.14	0.12
9	0.37	0.27	0.20	0.16	0.33	0.24	0.19	0.15	0.29	0.22	0.17	0.14	0.25	0.19	0.15	0.12	0.11
10	0.34	0.24	0.17	0.13	0.30	0.21	0.16	0.12	0.26	0.19	0.15	0.11	0.23	0.17	0.13	0.10	0.09

亮度系数

有效顶棚反射系数	0.70				0.50				0.30				0.10			
墙反射系数	0.70	0.50	0.30	0.10	0.70	0.50	0.30	0.10	0.70	0.50	0.30	0.10	0.70	0.50	0.30	0.10

墙面

室空间比																
1	0.45	0.30	0.17	0.05	0.41	0.28	0.16	0.05	0.38	0.26	0.15	0.04	0.35	0.24	0.14	0.04
2	0.39	0.25	0.14	0.04	0.36	0.23	0.13	0.04	0.32	0.21	0.12	0.03	0.29	0.19	0.11	0.03
3	0.36	0.22	0.12	0.03	0.32	0.20	0.11	0.03	0.29	0.18	0.10	0.03	0.26	0.17	0.09	0.02
4	0.33	0.20	0.10	0.03	0.30	0.18	0.09	0.02	0.27	0.17	0.09	0.02	0.24	0.15	0.08	0.02
5	0.31	0.18	0.09	0.02	0.28	0.16	0.08	0.02	0.25	0.15	0.08	0.02	0.22	0.14	0.07	0.02
6	0.29	0.17	0.08	0.02	0.26	0.15	0.07	0.02	0.23	0.14	0.07	0.02	0.20	0.12	0.06	0.02
7	0.27	0.15	0.07	0.02	0.24	0.14	0.07	0.02	0.22	0.13	0.06	0.01	0.19	0.11	0.06	0.01
8	0.26	0.14	0.07	0.02	0.23	0.13	0.06	0.01	0.20	0.12	0.06	0.01	0.18	0.11	0.05	0.01
9	0.24	0.13	0.06	0.01	0.22	0.12	0.06	0.01	0.19	0.11	0.05	0.01	0.17	0.10	0.05	0.01
10	0.23	0.12	0.06	0.01	0.21	0.11	0.05	0.01	0.19	0.10	0.05	0.01	0.17	0.09	0.04	0.01

顶棚空间

室空间比																
1	0.29	0.27	0.25	0.23	0.20	0.18	0.17	0.16	0.11	0.10	0.10	0.09	0.03	0.03	0.03	0.03
2	0.30	0.26	0.23	0.21	0.20	0.18	0.16	0.14	0.11	0.10	0.09	0.08	0.03	0.03	0.03	0.02
3	0.30	0.26	0.22	0.19	0.20	0.17	0.15	0.13	0.11	0.10	0.09	0.08	0.03	0.03	0.02	0.02
4	0.31	0.25	0.21	0.18	0.20	0.17	0.15	0.13	0.11	0.10	0.08	0.07	0.03	0.03	0.02	0.02
5	0.31	0.25	0.21	0.18	0.20	0.17	0.14	0.12	0.11	0.10	0.08	0.07	0.03	0.03	0.02	0.02
6	0.30	0.24	0.20	0.17	0.20	0.17	0.14	0.12	0.11	0.09	0.08	0.07	0.03	0.03	0.02	0.02
7	0.30	0.24	0.20	0.17	0.20	0.16	0.14	0.12	0.11	0.09	0.08	0.07	0.03	0.03	0.02	0.02
8	0.30	0.23	0.19	0.16	0.20	0.16	0.13	0.12	0.11	0.09	0.08	0.07	0.03	0.03	0.02	0.02
9	0.29	0.23	0.19	0.16	0.20	0.16	0.13	0.11	0.11	0.09	0.08	0.07	0.03	0.03	0.02	0.02
10	0.29	0.23	0.19	0.16	0.20	0.16	0.13	0.11	0.11	0.09	0.07	0.07	0.03	0.03	0.02	0.02

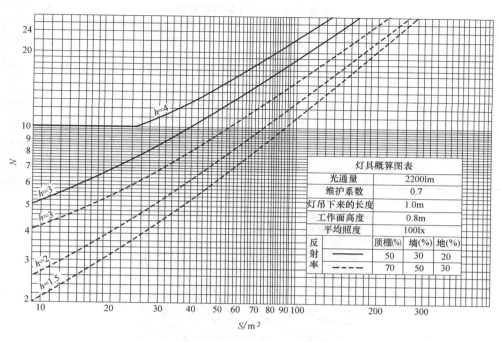

附图 A.5 YG1-1 概算曲线

灯具概算图表			
光通量	2200lm		
维护系数	0.7		
灯吊下来的长度	1.0m		
工作面高度	0.8m		
平均照度	100lx		
反射率	顶棚(%)	墙(%)	地(%)
——	50	30	20
----	70	50	30

A.1.3 简式荧光灯（YG2-1）光度参数

附表 A.7 YG2-1 荧光灯参数

型号		YG2-1
规格 /mm	L	1280
	B	168
	h	90
遮光角		4.6°
灯具效率		88%
上射光通比		0
下射光通比		88%
最大允许距高比 S/h		$A-A1.28$
		$B-B1.46$
灯具质量		4.9kg

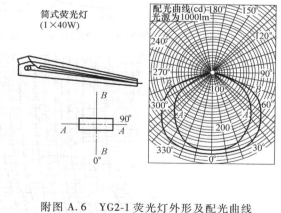

附图 A.6 YG2-1 荧光灯外形及配光曲线

附表 A.8 YG2-1 荧光灯发光强度值 （单位：cd）

发光强度值 /cd	$B-B$	$\theta/(°)$	0	5	10	15	20	25	30	35	40	45	50	55	60	65
		I_θ	269	268	267	267	266	264	260	254	247	247	214	193	173	139
		$\theta/(°)$	70	75	80	85	90									
		I_θ	102	65	31	6.7	0									
	$A-A$	$\theta/(°)$	0	5	10	15	20	25	30	35	40	45	50	55	60	62
		I_θ	260	258	255	250	243	233	224	208	194	176	156	141	120	99
		$\theta/(°)$	70	75	80	85	90									
		I_θ	77	54	31	8.8	0									

附表 A.9　YG2-1 利用系数表　　　　　　　($S/h = 1.0$)

有效顶棚反射系数	0.70				0.50				0.30				0.10				0
墙反射系数	0.70	0.50	0.30	0.10	0.70	0.50	0.30	0.10	0.70	0.50	0.30	0.10	0.70	0.50	0.30	0.10	0
室空间比																	
1	0.93	0.89	0.86	0.83	0.89	0.85	0.83	0.80	0.85	0.82	0.20	0.78	0.81	0.79	0.77	0.75	0.73
2	0.85	0.79	0.73	0.69	0.81	0.75	0.71	0.67	0.77	0.73	0.69	0.65	0.73	0.70	0.67	0.64	0.62
3	0.78	0.70	0.63	0.58	0.74	0.67	0.61	0.57	0.70	0.65	0.60	0.56	0.67	0.62	0.58	0.55	0.53
4	0.71	0.61	0.54	0.49	0.67	0.59	0.53	0.48	0.64	0.57	0.52	0.47	0.61	0.55	0.51	0.47	0.45
5	0.65	0.55	0.47	0.43	0.62	0.53	0.46	0.41	0.59	0.51	0.45	0.41	0.56	0.49	0.44	0.40	0.39
6	0.60	0.49	0.42	0.36	0.57	0.48	0.41	0.36	0.54	0.46	0.40	0.36	0.52	0.45	0.40	0.35	0.34
7	0.55	0.44	0.37	0.32	0.52	0.43	0.36	0.30	0.50	0.42	0.36	0.31	0.48	0.40	0.35	0.31	0.29
8	0.51	0.40	0.38	0.27	0.48	0.39	0.32	0.27	0.46	0.37	0.32	0.27	0.44	0.36	0.31	0.27	0.25
9	0.47	0.36	0.29	0.24	0.45	0.35	0.29	0.24	0.43	0.34	0.28	0.24	0.41	0.33	0.28	0.24	0.22
10	0.43	0.21	0.25	0.20	0.41	0.31	0.24	0.20	0.39	0.30	0.24	0.20	0.37	0.29	0.24	0.20	0.18

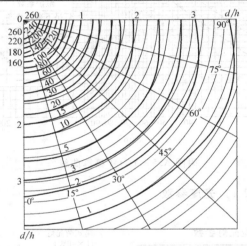

附图 A.7　YG2-1 平面相对等照度曲线　（1000lm，$K = 1$）

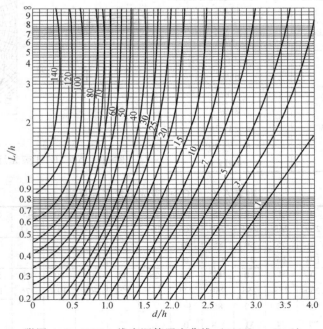

附图 A.8　YG2-1 线光源等照度曲线　（1000lm，$K = 1$）

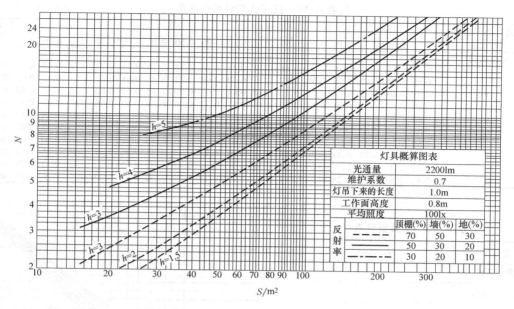

附图 A.9 YG2-1 灯具概算曲线

A.1.4 高压钠灯光度参数

附表 A.10 高压钠灯参数

型号		GC2-N250
外形尺寸 /mm	Φ	368
	H	550
光源		高压钠灯
灯具效率		77.6%
上射光通比		0%
下射光通比		77.6%
最大允许距高比 S/h		1.63
灯头形式		E40

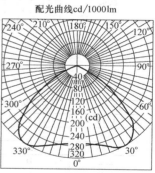

附图 A.10 高压钠灯外形及配光曲线

附表 A.11 高压钠灯发光强度值

（单位：cd）

$\theta/(°)$	I_θ	$\theta/(°)$	I_θ
0	275	50	195
5	275	55	110
10	280	60	54
15	287	65	23
20	302	70	9
25	310	75	2
30	316	80	0.3
35	317	85	0.0
40	291	90	0.0
45	256		

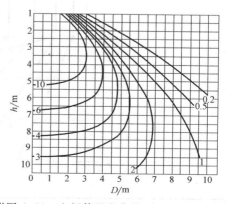

附图 A.11 空间等照度曲线（1000lm，$K=1$）

附表 A.12　高压钠灯利用系数表　　　　　　　　　　　　　　（S/h=1.0）

有效顶棚反射比	0.70				0.50				0.30				0.10				0
墙反射比	0.70	0.50	0.30	0.10	0.70	0.50	0.30	0.10	0.70	0.50	0.30	0.10	0.70	0.50	0.30	0.10	0
室空间比																	
1	0.85	0.83	0.80	0.79	0.79	0.81	0.79	0.78	0.76	0.78	0.76	0.75	0.74	0.75	0.73	0.72	0.70
2	0.80	0.76	0.82	0.69	0.69	0.76	0.73	0.70	0.68	0.73	0.71	0.68	0.66	0.71	0.67	0.65	0.63
3	0.75	0.69	0.65	0.62	0.62	0.72	0.67	0.64	0.61	0.69	0.65	0.62	0.60	0.66	0.61	0.59	0.57
4	0.69	0.63	0.58	0.54	0.54	0.67	0.61	0.57	0.53	0.64	0.59	0.56	0.53	0.62	0.55	0.52	0.51
5	0.65	0.57	0.52	0.48	0.48	0.62	0.56	0.51	0.48	0.60	0.54	0.50	0.47	0.57	0.49	0.47	0.45
6	0.60	0.52	0.47	0.43	0.43	0.58	0.51	0.46	0.42	0.55	0.49	0.45	0.42	0.53	0.45	0.42	0.40
7	0.55	0.47	0.41	0.37	0.37	0.53	0.46	0.41	0.37	0.51	0.45	0.40	0.37	0.49	0.40	0.37	0.35
8	0.51	0.42	0.37	0.33	0.33	0.49	0.41	0.36	0.33	0.47	0.41	0.36	0.33	0.46	0.36	0.32	0.31
9	0.47	0.38	0.33	0.29	0.29	0.45	0.37	0.32	0.29	0.44	0.37	0.32	0.29	0.42	0.32	0.29	0.27
10	0.42	0.33	0.27	0.24	0.24	0.41	0.34	0.27	0.23	0.39	0.32	0.27	0.23	0.37	0.26	0.23	0.22

附表 A.13　灯具概算表

光通量	22500lm		
维护系数	0.7		
灯吊挂高度			
工作面高度	0.8m		
平均照度	100lx		
反射比	顶棚	墙	地
	0.70	0.50	0.20

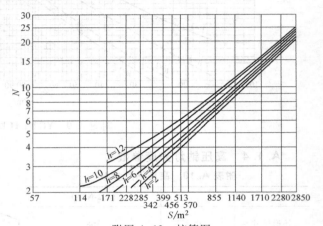

附图 A.12　核算图

附表 A.14　亮度限制曲线表

眩光级	质量等级	使用照度/lx							
1.15	A	2000	1000	500	≤300				
1.5	B		2000	1000	500	≤300			
1.85	C			2000	1000	500	≤300		
2.2	D				2000	1000	500	≤300	
2.55	E					2000	1000	500	≤300
		a	b	c	d	e	f	g	h

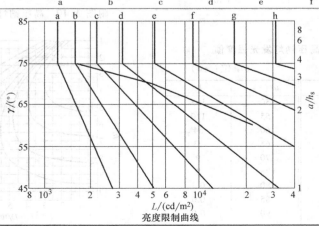

亮度限制曲线

注：本表数据由北京灯具厂提供。

256

A.1.5　嵌入式格栅荧光灯光度参数

附表 A.15　格栅荧光灯参数

型号		YG701-3
	L	1320
规格	b	300
	h	215
遮光角		23.5°
灯具效率		46%
上射光通比		0
下射光通比		46%
最大允许距高比 S/h		A—A1.12
		B—B1.05
灯具质量		14.2kg

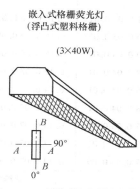

嵌入式格栅荧光灯
(浮凸式塑料格栅)

(3×40W)

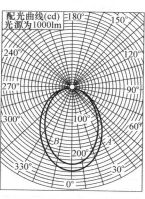

配光曲线(cd)
光源为1000lm

附图 A.13　格栅荧光灯外形及配光曲线

附表 A.16　格栅荧光灯发光强度值　（单位：cd）

发光强度值/cd	A—A	$\theta/(°)$	0	5	10	15	20	25	30	35	40	45	50	55	60	65
		I_θ	238	236	230	224	209	191	176	159	130	108	85	62	48	37
		$\theta/(°)$	70	75	80	85	90	95								
		I_θ	28	19	11	4.9	0.6	0								
	B—B	$\theta/(°)$	0	5	10	15	20	25	30	35	40	45	50	55	60	65
		I_θ	228	224	217	205	192	177	159	145	127	107	88	67	51	39
		$\theta/(°)$	70	75	80	85	90	95								
		I_θ	29	20	12	5.6	0.4	0								

附表 A.17　格栅荧光灯利用系数表　（S/h = 0.7）

利用系数				
有效顶棚反射系数	0.8	0.7	0.5	0.3	0
墙反射系数	0.70 0.50 0.30 0.10	0.70 0.50 0.30 0.10	0.70 0.50 0.30 0.10	0.70 0.50 0.30 0.10	0
室空间比					
1	0.51 0.49 0.48 0.46	0.50 0.48 0.47 0.45	0.48 0.46 0.45 0.44	0.46 0.44 0.43 0.43	0.40
2	0.47 0.44 0.42 0.40	0.46 0.43 0.41 0.39	0.44 0.42 0.40 0.38	0.42 0.40 0.39 0.37	0.36
3	0.44 0.40 0.37 0.34	0.43 0.39 0.36 0.34	0.41 0.38 0.35 0.33	0.39 0.37 0.34 0.33	0.31
4	0.41 0.36 0.33 0.30	0.40 0.36 0.32 0.30	0.38 0.34 0.32 0.29	0.36 0.33 0.31 0.29	0.28
5	0.38 0.33 0.29 0.26	0.37 0.32 0.29 0.26	0.35 0.31 0.28 0.26	0.34 0.30 0.28 0.26	0.25
6	0.35 0.30 0.26 0.23	0.34 0.29 0.26 0.23	0.33 0.28 0.25 0.23	0.31 0.28 0.25 0.23	0.22
7	0.32 0.27 0.23 0.21	0.32 0.26 0.23 0.20	0.30 0.26 0.23 0.20	0.29 0.25 0.22 0.20	0.19
8	0.30 0.25 0.21 0.18	0.30 0.24 0.21 0.18	0.28 0.24 0.20 0.18	0.27 0.23 0.20 0.18	0.17
9	0.28 0.22 0.19 0.16	0.28 0.22 0.19 0.16	0.26 0.22 0.18 0.16	0.25 0.21 0.18 0.16	0.15
10	0.26 0.20 0.17 0.15	0.26 0.20 0.17 0.15	0.25 0.20 0.17 0.15	0.24 0.19 0.17 0.15	0.14
亮度系数				
有效顶棚反射系数	0.80	0.70	0.50	0.30
墙反射系数	0.70 0.50 0.10	0.70 0.50 0.30 0.10	0.70 0.50 0.30 0.10	0.70 0.50 0.30 0.10
墙面				
室空间比				
1	0.17 0.11 0.06 0.02	0.16 0.11 0.06 0.02	0.15 0.10 0.06 0.02	0.14 0.10 0.05 0.01

墙面																
室空间比																
2	0.17	0.11	0.06	0.01	0.16	0.10	0.05	0.01	0.15	0.10	0.05	0.01	0.14	0.09	0.05	0.01
3	0.16	0.10	0.05	0.01	0.16	0.10	0.05	0.01	0.15	0.09	0.05	0.01	0.14	0.09	0.05	0.01
4	0.16	0.09	0.05	0.02	0.15	0.09	0.04	0.01	0.14	0.09	0.04	0.01	0.13	0.08	0.04	0.01
5	0.15	0.09	0.04	0.01	0.15	0.08	0.04	0.01	0.14	0.08	0.04	0.01	0.13	0.08	0.04	0.01
6	0.15	0.08	0.04	0.01	0.14	0.08	0.04	0.01	0.13	0.08	0.04	0.01	0.13	0.07	0.04	0.01
7	0.14	0.08	0.04	0.01	0.14	0.08	0.04	0.01	0.13	0.07	0.03	0.01	0.12	0.07	0.03	0.01
8	0.14	0.07	0.03	0.01	0.13	0.07	0.03	0.01	0.13	0.07	0.03	0.01	0.12	0.07	0.03	0.01
9	0.13	0.07	0.03	0.01	0.13	0.07	0.03	0.01	0.12	0.07	0.03	0.00	0.12	0.06	0.03	0.00
10	0.13	0.07	0.03	0.00	0.12	0.07	0.03	0.00	0.12	0.06	0.03	0.00	0.11	0.06	0.03	0.00

顶棚空间																				
室空间比																				
1	0.09	0.08	0.07	0.06	0.07	0.07	0.06	0.05	0.05	0.04	0.04	0.03	0.03	0.02	0.02	0.02
2	0.09	0.07	0.06	0.04	0.08	0.06	0.05	0.04	0.05	0.04	0.03	0.02	0.03	0.02	0.02	0.01
3	0.09	0.07	0.05	0.03	0.08	0.06	0.04	0.03	0.05	0.03	0.03	0.02	0.03	0.02	0.01	0.01
4	0.09	0.06	0.04	0.03	0.08	0.05	0.04	0.02	0.05	0.04	0.02	0.01	0.03	0.02	0.01	0.01
5	0.09	0.06	0.04	0.02	0.08	0.05	0.03	0.02	0.05	0.03	0.02	0.01	0.03	0.02	0.01	0.01
6	0.09	0.06	0.03	0.02	0.08	0.05	0.03	0.01	0.05	0.03	0.02	0.01	0.03	0.02	0.01	0.00
7	0.09	0.05	0.03	0.01	0.08	0.05	0.02	0.01	0.05	0.03	0.02	0.01	0.03	0.02	0.01	0.00
8	0.09	0.05	0.03	0.01	0.08	0.04	0.02	0.01	0.05	0.03	0.01	0.00	0.03	0.01	0.01	0.00
9	0.09	0.05	0.02	0.01	0.08	0.04	0.02	0.00	0.05	0.03	0.01	0.00	0.03	0.01	0.01	0.00
10	0.09	0.05	0.02	0.01	0.07	0.04	0.02	0.00	0.05	0.03	0.01	0.00	0.03	0.01	0.00	0.00

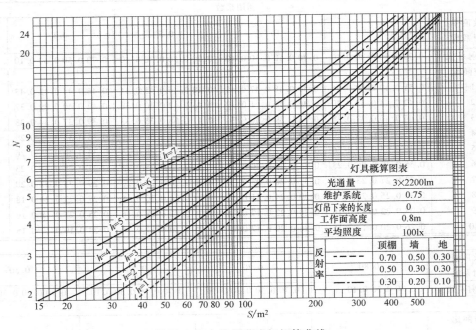

灯具概算图表			
光通量	3×2200lm		
维护系统	0.75		
灯吊下来的长度	0		
工作面高度	0.8m		
平均照度	100lx		
		顶棚	墙	地
反射率	------	0.70	0.50	0.30
	———	0.50	0.30	0.30
	—·—·	0.30	0.20	0.10

附图 A.14　格栅荧光灯概算曲线

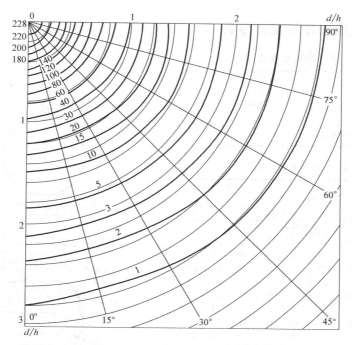

附图 A.15　YG701-3 平面相对等照度曲线 （1000lm，$K=1$）

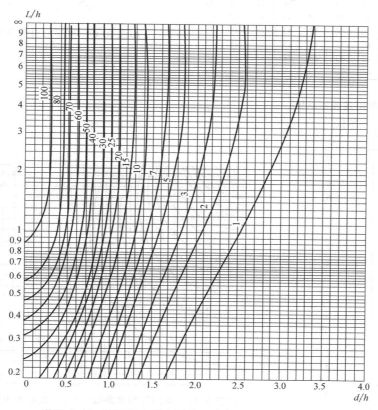

附图 A.16　YG701-3 线光源等照度曲线 （1000lm，$K=1$）

A.1.6 乳白玻璃圆球灯光度参数

附表 A.19 圆球灯参数

功率/W	D 尺寸/mm
100	200
150	250
200	300
效率：$\eta\% = 67$	

附表 A.20 利用系数 "U"

ρ_c	50				70			
ρ_w	30		50		30		50	
ρ_f	10	30	10	30	10	30	10	30
i	利用系数 $U(\%)$							
0.6	12	13	16	17	15	16	19	20
0.7	16	17	20	21	19	20	23	24
0.8	18	19	22	23	22	22	26	27
0.9	20	21	24	25	24	25	28	30
1.0	22	23	26	27	26	27	30	32
1.1	23	24	27	28	27	29	32	34
1.25	24	26	29	30	29	31	34	35
1.5	26	28	31	23	23	35	36	40
1.75	28	30	33	35	34	37	38	42
2.0	30	32	35	37	36	39	40	44
2.25	31	34	36	38	38	41	42	46
2.5	33	35	38	40	42	43	43	43
3.0	36	38	40	42	42	46	45	51
3.5	38	40	41	44	44	49	48	53
4.0	40	43	43	45	46	51	49	55
5.0	43	46	46	49	50	55	52	59

配光曲线(cd)
（光源为1000lm）

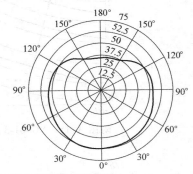

附图 A.17 圆球灯外形及配光曲线

附表 A.18 圆球灯发光强度值
（单位：cd）

$\alpha/(°)$	$I_{\theta\alpha}$
0	63
5	63
15	64
25	63
35	62
45	61
55	60
65	59
75	58
85	56
90	55
95	54
105	53
115	50
125	47
135	44
145	42
155	38
165	34
175	33
180	33

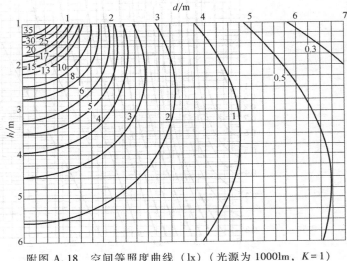

附图 A.18 空间等照度曲线（lx）（光源为 1000lm，$K=1$）

A.1.7 搪瓷配照灯光度参数

附表 A.22　搪瓷配照灯参数

功率/W	尺寸/mm
	D
100～150	355
200	400
保护角：r＝16°	

附表 A.23　利用系数"U"

ρ_c	30	50			70			
ρ_w	30	30		50		30		50
ρ_f	10	10	30	10	30	10	30	10	30
i	利用系数 U(%)							
0.6	32	33	33	37	39	33	33	38	39
0.7	35	36	30	40	43	36	37	41	43
0.8	39	40	41	45	47	40	41	45	47
0.9	41	42	43	47	49	42	43	47	50
1.0	43	43	45	49	51	44	45	49	51
1.1	45	46	47	51	53	46	47	52	54
1.25	47	48	49	53	56	48	50	54	57
1.5	50	51	53	55	59	51	51	57	61
1.75	53	53	56	58	62	54	57	59	64
2.0	50	56	59	61	65	57	61	62	67
2.25	58	59	62	63	67	60	64	64	70
2.5	60	61	64	65	70	62	66	66	73
3.0	63	64	68	68	73	65	71	69	76
3.5	65	66	71	70	75	67	74	71	79
4.0	67	68	73	72	77	70	76	72	81
5.0	70	71	77	73	80	72	81	75	84

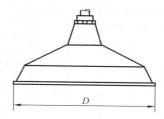

配光曲线(cd)　　（光源为1000lm）

附图 A.19　搪瓷配照灯外形及配光曲线

附表 A.21　搪瓷配照灯发光强度值
（单位：cd）

α/(°)	$I_{\theta\alpha}$
0	225
10	220
20	210
30	200
40	180
50	165
60	140
70	120
80	40
90	0

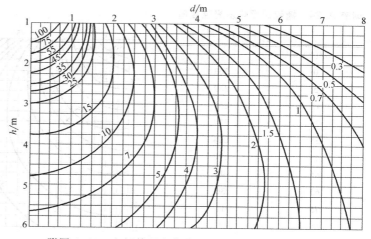

附图 A.20　空间等照度曲线（光源为1000lm，K＝1）

A.1.8 搪瓷深照灯光度参数

附表 A.25 搪瓷深照灯参数

功率/W	尺寸/mm	
	H	D
60~100	~245	220
150~200	~270	250
300~500	~350	350

附表 A.26 利用系数 "U"

ρ_c	30	50	70	
ρ_w	10	30	50	
ρ_f	10	10	10	30
i	利用系数 U (%)			
0.6	26	29	32	34
0.7	33	35	39	40
0.8	36	39	42	44
0.9	39	41	44	47
1.0	41	42	46	49
1.1	43	45	48	51
1.25	45	47	50	53
1.5	47	49	52	56
1.75	49	50	54	58
2.0	50	52	55	60
2.25	51	53	56	62
2.5	52	54	57	63
3.0	53	55	58	65
3.5	54	56	59	66
4.0	55	57	60	67
5.0	56	58	61	69

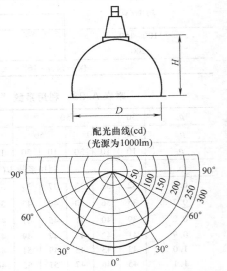

配光曲线(cd)
(光源为1000lm)

附图 A.21 搪瓷深照灯外形及配光曲线

附表 A.24 搪瓷深照灯发光强度值
（单位：cd）

$\alpha/(°)$	$I_{\theta\alpha}$
0	263
5	269
15	259
25	237
35	214
45	170
55	91
65	30
75	12
85	1
90	0

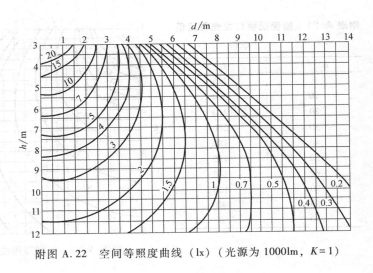

附图 A.22 空间等照度曲线（lx）（光源为 1000lm，$K=1$）

A.1.9 搪瓷广照灯光度参数

附表 A.28 搪瓷广照灯参数

功率/W	尺寸/mm
	D
100	355
150	420
200	500

附表 A.29 利用系数 "U"

ρ_c	30	50			70	
ρ_w	30	30	50		50	
ρ_f	10	10	10	30	10	30
i	利用系数 U(%)					
0.6	27	29	31	33	32	33
0.7	30	30	35	36	35	36
0.8	33	33	38	39	38	40
0.9	34	34	39	41	40	42
1.0	36	36	41	43	42	44
1.1	37	38	43	45	43	47
1.25	39	40	45	47	48	49
1.5	42	42	47	50	48	52
1.75	44	45	50	53	51	55
2.0	46	47	52	55	53	58
2.25	48	49	54	58	55	60
2.5	50	51	55	60	57	62
3.0	53	53	58	61	60	65
3.5	55	56	60	64	61	68
4.0	57	58	62	67	63	70
5.0	59	60	63	69	65	72

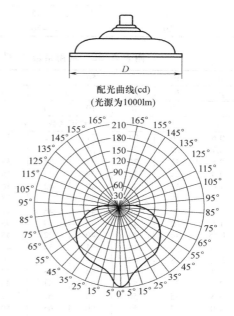

配光曲线(cd)
(光源为1000lm)

附图 A.23 搪瓷广照灯外形及配光曲线

附表 A.27 搪瓷广照灯发
光强度值（单位：cd）

$\alpha/(°)$	$I_{\theta\alpha}$
0	208
5	202
15	169
25	159
35	154
45	140
55	121
65	103
75	92
85	77
90	66
95	59
105	37
115	18
120	0

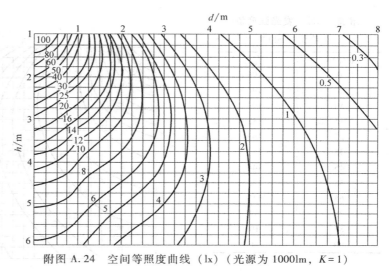

附图 A.24 空间等照度曲线 （lx）（光源为 1000lm，$K=1$）

A.1.10 搪瓷广照型防水防尘灯光度参数

附表 A.31 搪瓷广照型防水防尘灯参数

功率/W	尺寸/mm	
	D	H
100	355	~217
200	420	~227

透明玻璃散光罩

配光曲线(cd)
(光源为1000lm)

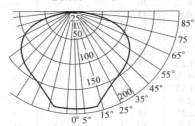

附图 A.25 灯具外形及配光曲线

附表 A.32 利用系数 "U"

ρ_c	30	50			70		
ρ_w	30	30	50		30	50	
ρ_f	10	10	10	30	10	10	30
i	利用系数 U(%)						
0.6	26	27	31	32	27	31	32
0.7	29	29	34	35	29	34	35
0.8	32	33	37	38	33	37	39
0.9	34	35	39	41	35	39	41
1.0	36	37	40	42	36	41	43
1.1	37	38	42	44	38	43	45
1.2	39	39	44	46	40	45	48
1.5	42	42	46	49	43	47	51
1.75	44	44	49	52	45	50	54
2.0	46	47	51	54	48	52	57
2.25	48	49	53	56	50	54	59
2.5	50	51	54	58	52	56	61
3.0	53	53	56	61	54	58	64
3.5	55	56	58	63	57	60	67
4.0	57	58	60	65	59	62	69
5.0	59	60	62	68	61	63	72

附表 A.30 发光强度值

（单位：cd）

$\alpha/(°)$	$I_{\theta\alpha}$
0	196
5	193
10	193
15	182
25	163
35	152
45	144
55	133
65	113
75	69
85	19
90	0

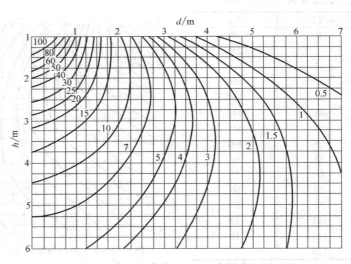

附图 A.26 空间等照度曲线（lx）（光源为1000lm，K=1）

A.1.11 乳白玻璃半圆球灯光度参数

附表 A.34 乳白玻璃半圆球灯参数

功率/W	尺寸/mm
	D
06	200
100	250
效率: $\eta\% = 66$	

附表 A.35 利用系数 "U"

ρ_c	50				70			
ρ_w	30		50		30		50	
ρ_f	10	30	10	30	10	30	10	30
i	利用系数 U(%)							
0.6	13	14	16	17	14	15	18	19
0.7	16	17	20	20	18	19	22	23
0.8	18	19	22	22	21	22	24	25
0.9	20	21	24	24	22	23	26	28
1.0	21	22	25	26	24	25	27	29
1.1	22	23	26	27	25	27	29	31
1.25	24	25	28	29	27	29	30	33
1.5	26	28	30	31	29	31	33	35
1.75	28	30	32	33	31	33	34	38
2.0	29	31	33	35	32	35	36	39
2.25	31	32	34	36	33	37	37	41
2.5	32	34	35	37	35	38	38	42
3.0	33	36	37	39	37	41	40	44
3.5	35	37	38	40	38	42	42	46
4.0	36	39	39	41	40	41	43	48
5.0	38	41	41	44	42	47	44	50

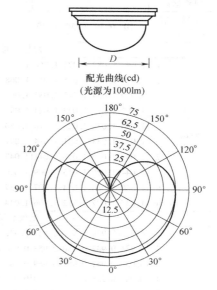

配光曲线(cd)
(光源为1000lm)

附图 A.27 灯具外形及配光曲线

附表 A.33 发光强度值

（单位：cd）

$\alpha/(°)$	$I_{\theta\alpha}$
0	65
5	65
15	65
25	65
35	65
45	64
55	65
65	64
75	64
85	62
90	59
95	58
105	55
115	53
125	46
135	42
145	29
155	10
165	4
175	

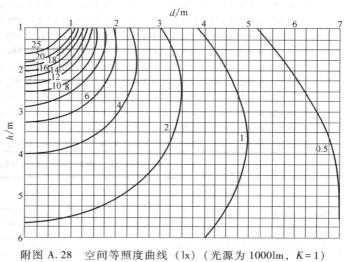

附图 A.28 空间等照度曲线（lx）（光源为1000lm，$K=1$）

A.2 常用照度计算系数

附表 A.36 关于地板空间有效反射系数不等于 0.20 时对利用系数的修正表

（地板空间有效反射系数 ρ_{fc} 为 0.20 时的修正系数为 1.0）

有效顶棚反射系数 ρ_{cc}		0.80				0.70				0.50			0.30			0.10		
墙壁反射系数 ρ_w		0.70	0.50	0.30	0.10	0.70	0.50	0.30	0.10	0.50	0.30	0.10	0.50	0.30	0.10	0.50	0.30	0.10
地板空间有效反射系数 ρ_{fc} 为 0.30 时的修正系数																		
室空间比 RCR	1	1.092	1.082	1.075	1.068	1.077	1.070	1.064	1.059	1.049	1.044	1.040	1.028	1.026	1.023	1.012	1.010	1.008
	2	1.079	1.066	1.055	1.047	1.068	1.057	1.048	1.039	1.041	1.033	1.027	1.026	1.021	1.017	1.013	1.010	1.006
	3	1.070	1.054	1.042	1.033	1.061	1.048	1.037	1.028	1.034	1.027	1.020	1.024	1.017	1.012	1.014	1.009	1.005
	4	1.062	1.045	1.033	1.024	1.055	1.040	1.029	1.021	1.030	1.022	1.015	1.022	1.015	1.010	1.014	1.009	1.004
	5	1.056	1.038	1.026	1.018	1.050	1.034	1.024	1.015	1.027	1.018	1.012	1.020	1.013	1.008	1.014	1.009	1.004
	6	1.052	1.033	1.021	1.014	1.047	1.030	1.020	1.012	1.024	1.015	1.009	1.019	1.012	1.006	1.014	1.008	1.003
	7	1.047	1.029	1.018	1.011	1.043	1.026	1.017	1.009	1.022	1.013	1.005	1.018	1.019	1.005	1.014	1.008	1.003
	8	1.044	1.026	1.015	1.009	1.040	1.024	1.015	1.007	1.020	1.012	1.006	1.017	1.009	1.004	1.013	1.007	1.003
	9	1.040	1.024	1.014	1.007	1.037	1.022	1.014	1.006	1.019	1.011	1.005	1.016	1.009	1.004	1.013	1.007	1.002
	10	1.037	1.022	1.012	1.006	1.034	1.020	1.012	1.005	1.017	1.010	1.004	1.015	1.009	1.003	1.013	1.007	1.002
地板空间有效反射系数 ρ_{fc} 为 0.10 时的修正系数																		
室空间比 RCR	1	0.923	0.929	0.935	0.940	0.933	0.939	0.943	0.948	0.956	0.960	0.963	0.973	0.976	0.979	0.989	0.991	0.993
	2	0.931	0.942	0.950	0.958	0.940	0.949	0.957	0.963	0.962	0.968	0.974	0.976	0.980	0.985	0.988	0.991	0.995
	3	0.939	0.951	0.961	0.969	0.945	0.957	0.966	0.973	0.967	0.975	0.981	0.978	0.983	0.988	0.988	0.992	0.996
	4	0.944	0.958	0.969	0.978	0.950	0.963	0.973	0.980	0.972	0.980	0.986	0.980	0.986	0.991	0.987	0.992 .	0.996
	5	0.949	0.964	0.976	0.983	0.954	0.968	0.978	0.985	0.975	0.983	0.989	0.981	0.988	0.993	0.987	0.992	0.997
	6	0.953	0.969	0.980	0.986	0.958	0.972	0.982	0.989	0.979	0.985	0.992	0.982	0.989	0.995	0.987	0.993	0.997
	7	0.957	0.973	0.983	0.991	0.961	0.975	0.985	0.991	0.979	0.987	0.994	0.983	0.990	0.996	0.987	0.993	0.998
	8	0.960	0.976	0.986	0.993	0.963	0.977	0.987	0.993	0.981	0.988	0.995	0.984	0.991	0.997	0.987	0.994	0.998
	9	0.963	0.978	0.987	0.994	0.965	0.979	0.989	0.994	0.983	0.990	0.996	0.985	0.992	0.998	0.988	0.994	0.999
	10	0.965	0.980	0.989	0.995	0.967	0.981	0.990	0.995	0.984	0.991	0.997	0.986	0.993	0.998	0.988	0.994	0.999
地板空间有效反射系数 ρ_{fc} 为 0.00 时的修正系数																		
室空间比 RCR	1	0.859	0.870	0.879	0.886	0.873	0.884	0.893	0.901	0.916	0.923	0.929	0.948	0.954	0.960	0.979	0.983	0.987
	2	0.871	0.887	0.903	0.919	0.886	0.902	0.916	0.928	0.926	0.938	0.949	0.954	0.963	0.971	0.978	0.983	0.991
	3	0.882	0.904	0.915	0.942	0.898	0.918	0.934	0.947	0.936	0.950	0.964	0.958	0.969	0.979	0.976	0.984	0.993
	4	0.893	0.919	0.941	0.958	0.908	0.930	0.948	0.961	0.945	0.961	0.974	0.961	0.974	0.984	0.975	0.985	0.994
	5	0.903	0.931	0.953	0.969	0.914	0.939	0.958	0.970	0.951	0.967	0.980	0.964	0.977	0.988	0.975	0.985	0.995
	6	0.911	0.940	0.961	0.976	0.920	0.945	0.965	0.977	0.955	0.972	0.985	0.966	0.979	0.991	0.975	0.986	0.996
	7	0.917	0.947	0.967	0.981	0.924	0.950	0.970	0.982	0.959	0.975	0.988	0.968	0.981	0.993	0.975	0.987	0.997
	8	0.922	0.953	0.971	0.985	0.929	0.955	0.974	0.986	0.963	0.977	0.991	0.970	0.983	0.995	0.976	0.988	0.998
	9	0.928	0.958	0.975	0.998	0.933	0.959	0.980	0.989	0.966	0.980	0.993	0.971	0.985	0.996	0.976	0.988	0.998
	10	0.933	0.962	0.979	0.991	0.937	0.963	0.983	0.992	0.969	0.982	0.995	0.973	0.987	0.997	0.977	0.989	0.999

附表 A.37 各种灯具的 S/h 值

照明器类型	多行布置	单行布置	单行布置时房间最大宽度
配照型、广照型	1.8~2.5	1.8~2	1.2h
深照型、镜面深照型、乳白玻璃罩灯	1.6~1.8	1.5~1.8	h
防爆型、圆球灯、吸顶灯、防水防尘灯	2.3~3.2	1.9~2.5	1.3h
荧光灯	1.4~1.5		
有反射罩的荧光灯带格栅	1.2~1.4		

$\dfrac{\rho_w}{\rho_c}$	照明器类型 S/h	余弦配光类				深照配光类				均照配光类			
		0.8	1.2	1.6	2.0	0.8	1.2	1.6	2.0	0.8	1.2	1.6	2.0
30	t	1.2	1.13	1.09	1.08	1.11	1.06	1.05	1.05	1.51	1.43	1.58	1.72
50	q	1.48	1.31	1.26	1.24	1.27	1.28	1.15	1.15	1.85	1.63	1.64	1.81
50	t	1.33	1.2	1.16	1.15	1.19	1.12	1.1	1.1	—	—	—	—
70	q	1.71	1.47	1.42	1.41	1.48	1.3	1.27	1.27	—	—	—	—

注：t 行值适用于房间中央点；q 行值适用于近墙点，ρ_w 为墙壁反射系数；ρ_c 为顶棚反射系数。

附表 A.39　灯具合适的悬挂高度

灯具类型	灯具距地面的最低高度/m
配置、广照型工厂灯	2.5~6
深照型工厂灯	6~13
镜面深照型挂灯	13~22
防水防尘灯、矿山灯	2.5~5，个别可以低于 2.5m，带反射罩
防潮灯、双照型配照灯、隔爆型、安全型灯	2.5~5
圆球灯、吸顶灯、乳白玻璃吊灯	2.5~5
软线吊灯、荧光灯	2 以上
碘钨灯	7~15，特殊情况可以低于 7m
镜面磨砂灯泡	200W 以下，挂高 2.5m 以上
裸磨砂灯泡	200W 以下，挂高 4m 以上
路灯	5.5 以上

附表 A.40　道路广场一般灯具最小高度

灯具内灯泡容量/W		最小悬挂高度/m
主干道路	次要道路	
荧光高压汞灯 120~250、400		5 6
高压钠灯 250~400		6
	白炽灯 60~100W、荧光高压汞灯 50~80	4~6

附表 A.41　墙壁、顶棚及地面反射系数近似值

反射面特征	反射系数(%)
白色顶棚、带有窗子(有白色窗帘遮蔽)的白色墙壁	70
混凝土及光亮的顶棚、潮湿建筑物内的白色顶棚、无窗帘遮蔽的窗子、白色墙壁	50
有窗子的混凝土墙壁、用光亮纸糊的墙壁、木质顶棚、一般混凝土地面	30
带有大量暗色灰尘建筑物内的混凝土、木质顶棚、墙壁、砖墙及其他有色地面	10

附表 A.42　灯具较佳的 S/h 值布置时的最小照度系数 Z 值

灯具类型		深照型	防水防尘型	圆球形
Z 值	采用最经济的布置方式	1.2	1.2	1.18
	采用使照度最均匀的布置方式	1.11	1.18	1.15
	使照度最均匀所采用的 L/h 值	1.5	1.65	2.1

附表 A.43　常用灯具的最小照度系数 Z

灯具类型	S/h			
	0.8	1.2	1.6	2.0
双罩型工厂灯	1.27	1.22	1.33	1.55
散照型防水防尘灯	1.20	1.15	1.25	1.50
深照型灯	1.15	1.09	1.18	1.44
乳白玻璃罩灯	1.00	1.00	1.18	1.18

附表 A.44　部分灯具的最小照度系数 Z 值表

灯具名称	灯具型号	光源种类及容量/W	距高比(S/h)				(S/h)/Z 的最大允许值
			0.6	0.8	1.0	1.2	
			Z 值				
配照型灯具	GC1-$\frac{A}{B}$-1	B150	1.30	1.32	1.33		1.25/1.33
		G125		1.34	1.33	1.32	1.41/1.29
广照型灯具	GC3-$\frac{A}{B}$-2	G125	1.28	1.30			0.98/1.32
		B200、150	1.30	1.33			1.02/1.33
深照型灯具	GC5-$\frac{A}{B}$-3	B300		1.34	1.33	1.30	1.40/1.29
		G250		1.35	1.34	1.32	1.45/1.32
	GC5-$\frac{A}{B}$-4	B300、500		1.33	1.34	1.32	1.40/1.31
		G400	1.29	1.34	1.35		1.23/1.32
简式荧光灯具	YG1-1	1×40	1.34	1.34	1.31		1.22/1.29
	YG2-1			1.35	1.33	1.28	1.28/1.29
	YG2-2	2×40		1.35	1.33	1.29	1.28/1.29
吸顶荧光灯具	YG6-2	2×40	1.34	1.36	1.33		1.22/1.29
	YG6-3	3×40		1.35	1.32	1.30	1.26/1.30
嵌入式荧光灯具	YG15-2	2×40	1.34	1.34	1.31	1.30	
	YG15-3	3×40	1.37	1.33			1.05/1.30
房间较矮反射条件较好	灯排数≤3	1.15～1.2					
	灯排数>3	1.10					

附录 B　电光源光电参数

附表 B.1　常用白炽灯的光电参数

型号	电压/V	功率/W	光通量/lm	最大直径/mm	平均寿命/h	灯头型号	附注
PZ220-15	220	15	110	61	1000	E27/27 或 B22d/25×26	梨形灯泡
PZ220-25		25	220				
PZ220-40		40	330				
PZ220-60		60	630				

型号	电压/V	功率/W	光通量/lm	最大直径/mm	平均寿命/h	灯头型号	附注
PZ220-75		75	850	71		E27/27 或 B22d/25×26	
PZ220-100		100	1250				
PZ220-150		150	2090	81		E27/35 或 B22d/30×30	
PZ220-200		200	2920				梨形灯泡
PZ220-300		300	4610	111.5			
PZ220-500		500	8300	131.5		E40/45	
PZ220-1000		1000	18600	151.5			
PZS220-36		36	350				
PZS220-40		40	415				
PZS220-55		55	630				
PZS220-60	220	60	715	61	1000	E27/27 或 B22d/25×26	双螺旋灯丝
PZS220-75		75	960				
PZS220-94		94	1250				
PZS220-100		100	1350				
PZM220-15		15	2920				
PZM220-25		25	4610	56			
PZM220-40		40	8300				
PZM220-60		60	18600				蘑菇形灯泡
PZM220-75		75	110	61			
PZM220-100		100	220				
PZQ220-40		40	345	80		E27/27	
PZQ220-60		60	620	100			
PZQ220-75		75	824			E27/35×30	球形灯泡
PZQ220-100		100	1240	125			
PZQ220-150		150	2070			E40/45	
PZF220-100		100	925	81		E27/35×30	
PZF220-300		300	3410	127			反射型
PZF220-500		500	6140	154		E40/45	

注：1. 本表所列白炽灯的玻璃泡均为透明的。白炽灯的玻璃泡也可用乳白玻璃、涂白玻璃或磨砂玻璃，它们发出的光通量分别是透明玻璃泡白炽灯的75%、85%和97%。
2. 灯头型号中，E 表示螺旋型，B 表示插口型。
3. 一般显示指数 $R_a = 95 \sim 99$。

附表 B.2　常用卤钨灯的光电参数

光源类别	型　号	电压/V	功率/W	光通量/lm	色温/K	寿命/h
管形卤钨灯	LZG220-500		500	9750		
	LZG220-1000		1000	21000	2800	1500
	LZG220-1500		1500	31500		
	LZG220-2000		2000	42000		
硬质玻璃卤钨灯	LJY220-500	220	500	9800	3000	
	LJY220-1000		1000	22500		
	LJY220-2000		2000	47000		1000
	LJY220-3000		3000	70500	3200	
	LJY220-5000		5000	122500		

注：一般显色指数 $R_a = 95 \sim 99$。

附表 B.3　常用荧光灯的光电参数

类别		型号	功率/W	灯管电压/V	光通量/lm	电流/mA	寿命/h	灯管直径×灯管长度/(mm×mm)	镇流器参数 阻抗/Ω	镇流器参数 最大功耗/W	功率因数 cosφ
直管式	预热式	YZ6RR①	6	50±6	160	140	1500	16×226.7	1400	4.5	0.34
		YZ8RR	8	60±6	250	150	1500	16×302.4	1285	4.5	0.38
		YZ15RR	15	51±7	450	330	3000	40.5×451.6	256	8	0.33
		YZ20RR	20	57±7	775	370	3000	40.5×604.0	214	8	0.35
		YZ30RR	30	81±10	1295	405	5000	40.5×908.8	460	8	0.43
		YZ40RR	40	103±10	2000	430	5000	40.5×1213.6	390	9	0.52
		YZ100RR	100	92±11	4400	1500	2000	40.5×1213.6	123	20	0.37
		YZ110RR	110	92	4200	1500	2000	38×1213.6			
		YZ110RL①	110	92	4800	1500	2000	38×1213.6			
		TLD18W/54②	18	57±7	1050	370	8000	26×604.0			
		TLD18W/33②	18	57±7	1150	370	8000	26×604.0			
		TLD36W/54	36	103±10	2500	430	8000	26×1213.6			
		TLD36W/33	36	103±10	3000	430	8000	26×1213.6			
	快速启燃式	YZK15RR	15	51±7	450	330	3000	40.5×451.6	202	4.5	0.27
		YZK20RR	20	57±7	770	370	3000	40.5×604.0	196	6	0.32
		YZK40RR	40	103±10	2000	430	5000	40.5×1213.6	168	12	0.55
		YZK65RR	65	120	3500	670	3000	38×1514.2			
		YZK85RR	85	120	4500	800	3000	38×1778.0			
		YZK125RR	125	149	5500	940	2000	38×2389.1			
	瞬时启燃式	YZS20RR	20	59±7	1000	360	3000	32.5×604.0	540	8	0.35
		YZS40RR	40	107±10	2560	420	5000	32.5×1213.6	390	9	0.52
	三基色	STS40③	40	103±10	3000	430	5000	38×1213.6	390	9	0.52
	高显色	YZGX40③	40	103	>2025	430	5000	38×1213.6			0.52
异形	U形	YU30RR	30	89	1550	350	2000	38			
		YU40RR	40	108	2200	410	2000	38			
	环形	YH20RR	20	60	930	350	2000	32			
		YH30RR	30	89	1350	350	2000	32			
		YH40RR	40	108	2200	410	2000	32			
		YH22RR	22		780		2000	29			
		YH22④	22		1000		5000				
紧凑型③	H型	YDN5-H⑤	5	35	235	180	5000				
		YDN7-H	7	45	400	180	5000				
		YDN9-H	9	60	600	170	5000				
		YDN11-H	11	90	900	155	5000				
	2D型	YDN16-2D	16	103	1050	195	5000				

① 型号中 RR 表示 6500K 日光色荧光灯，RL 表示 4300K 白色荧光灯。

② 型号中 54 表示 6200K 日光色荧光灯，33 表示 4100K 白色荧光灯。

③ 三基色荧光灯 R_a>80，高显色荧光灯 R_a>82，紧凑型荧光灯 R_a>82。

④ 该规格荧光灯系三基色荧光灯。

⑤ 型号中 YDN 表示单端内启燃型荧光灯。

类别	型号	电源电压/V	额定功率/W	灯管电压/V	工作电流/A	光通量/lm	稳定时间/min	再启燃时间/min	色温/K	显色指数R_a	寿命/h	功率因数$\cos\varphi$	灯头型号
荧光高压汞灯 普通型	GGY-50		50	95	0.62	1575	5~10					3500	0.44	E27/27
	GGY-80		80	110	0.85	2940	5~10					3500	0.51	E27/27
	GGY-125		125	115	1.25	4990	4~8					5000	0.55	E27/35×30
	GGY-175	220	175	130	1.50	7350	4~8	5~10	5500	35~40	5000	0.61	E40/45
	GGY-250		250	130	2.15	11025	4~8					6000	0.61	E40/45
	GGY-400		400	135	3.25	21000	4~8					6000	0.61	E40/75×54
	GGY-1000		1000	145	7.50	52500	4~8					5000	0.67	E40/75×54
反射型	GYF-400	220	400	135	3.25	16500	4~8	5~10	5500	35~40	6000	0.61	E40/75×54
自镇流型	GYZ-100		100		0.46	1150					2500		E27/35×30
	GYZ-160		160		0.75	2560						2500		E27/35×30
	GYZX-250	220	250	220	1.20	4900	4~8	3~6	4400	35~40	3000	0.90	E40/45
	GYZ-400		400		1.90	9200						3000		E40/45
	GYZ-450		450		2.25	11000						3000		E40/45
	GYZ-75		750		3.55	22500						3000		E40/45
金属卤化物灯 钠铊铟灯	NTY-250	220	250	100	2.80	18500					1000		两端装夹式
	NTY-400	220	400	120	3.60	26000						1000		
	NTY-1000	220	1000	120	10.00	75000	10	10~15	5000~6000	60~70	1000		
	NTY-1000A	220	1000	120	10.00	75000							
	NTY-2000A	380	2000	220	10.30	140000							
	NTY-3500A	380	3500	220	18.00	240000							
镝灯	DDG-125	220	125	125	1.15	6500					1500	0.54	E27
	DDG-250/V	220	250	125	2.30	16000					1500	0.55	E40/45
	DDG-250/H	220	250	125	2.30	13500					1500	0.55	E40
	DDG-250/HB	220	250	125	2.30	13500					1500	0.55	E40/45
	DDG-400/V	220	400	125	3.65	28000					2000	0.55	E40/75×54
	DDG-400/H	220	400	125	3.65	24000	5~10	10~15	5000~7000	≥75	2000	0.55	E40
	DDG-400/HB	220	400	125	3.65	24000					2000	0.55	E40/75×54
	DDG1000/HB	220	1000	125	8.50	70000					1000	0.58	E40/75×54
	DDG2000/HB	380	2000	220	10.30	150000					500	0.57	E40/75×54
	DDG3500/HB	380	3500	220	18.00	280000					500	0.56	E40/75×54
	DDF-250	220	250	125	2.30	—					1500	0.55	E40/75×54
	DDF-400	220	400	125	3.65	—					2000	0.55	E40/75×54
钪钠灯	KNG-250	220	250	110	2.40	15000			4000	60	1500		E40/45
	KNG-400	220	400	130	3.30	28000	5~10	10~15	5000	50	1500		E40/45
	KNG-1000	220	1000	135	8.30	70000			6000	60	1000		E40/75×54
	KNG-2000	380	2000	220	10.30	150000			4500		800		E40/75×54
高压钠灯 普通型	NG-35	220	35	85	0.53	2250					1600		E27/27
	NG-50	220	50	85	0.74	3600					1800	0.40	E27/27
	NG-70	220	70	95	0.90	6000					3000	0.43	E27/30×35
	NG-100	220	100	95	1.20	9100	5	2	2000	20~25	3000	0.42	E27/35×30
	NG-150	220	150	95	1.80	16000					5000	0.42	E40/45
	NG-250	220	250	95	3.00	28000					5000	0.42	E40/45
	NG-400	220	400	100	4.60	48000					5000	0.44	E40/45
	NG-1000	380	1000	185	6.50	150000					3000		E40/75×54
改显型	NGX-150		150		1.80	12000						0.42	
	NGX-250	220	250	100	3.00	21500	5~6	1	2250	60	12000	0.42	E40/45
	NGX-400		400		4.60	36000						0.44	
高显型	NGG-250	220	250	100	3.00	11000	5	1	2300	>70	12000	0.42	E40/45
	NGG-400		400		4.60	35000			3000			0.44	

注：表中光通量是光源的初始光通量，高压钠灯100h时的光通量约为初始光通量的80%。

$\alpha/(°)$	A	B	C	D	E	$\alpha/(°)$	A	B	C	D	E
0	0.000	0.000	0.000	0.000	0.000	35	0.541	0.526	0.511	0.484	0.460
1	0.017	0.017	0.017	0.018	0.018	36	0.552	0.537	0.520	0.492	0.466
2	0.035	0.035	0.035	0.035	0.035	37	0.574	0.546	0.528	0.499	0.472
3	0.052	0.052	0.052	0.052	0.052	38	0.574	0.556	0.538	0.506	0.478
4	0.070	0.070	0.070	0.070	0.070	39	0.585	0.565	0.546	0.513	0.483
5	0.087	0.087	0.087	0.087	0.087	40	0.596	0.575	0.554	0.519	0.488
6	0.105	0.104	0.104	0.104	0.104	41	0.606	0.584	0.562	0.525	0.492
7	0.122	0.121	0.121	0.121	0.121	42	0.615	0.591	0.569	0.530	0.496
8	0.139	0.138	0.138	0.138	0.137	43	0.625	0.598	0.576	0.535	0.500
9	0.156	0.155	0.155	0.155	0.154	44	0.634	0.608	0.583	0.540	0.504
10	0.173	0.1722	0.172	0.171	0.170	45	0.643	0.616	0.589	0.545	0.507
11	0.190	0.189	0.189	0.187	0.186	46	0.652	0.623	0.595	0.549	0.510
12	0.206	0.205	0.205	0.204	0.202	47	0.660	0.630	0.601	0.553	0.512
13	0.223	0.222	0.221	0.219	0.218	48	0.668	0.637	0.606	0.556	0.515
14	0.239	0.238	0.237	0.234	0.233	49	0.675	0.643	0.612	0.560	0.517
15	0.256	0.254	0.253	0.234	0.233	50	0.683	0.649	0.616	0.563	0.519
16	0.272	0.270	0.269	0.265	0.262	51	0.690	0.655	0.621	0.566	0.521
17	0.288	0.286	0.284	0.280	0.276	52	0.697	0.661	0.625	0.568	0.523
18	0.304	0.301	0.299	0.295	0.290	53	0.703	0.671	0.633	0.573	0.525
19	0.320	0.316	0.314	0.309	0.303	54	0.709	0.671	0.633	0.573	0.525
20	0.335	0.332	0.329	0.322	0.316	55	0.715	0.675	0.636	0.575	0.527
21	0.351	0.347	0.343	0.336	0.329	56	0.720	0.679	0.639	0.577	0.528
22	0.366	0.361	0.357	0.349	0.341	57	0.726	0.684	0.642	0.578	0.528
23	0.380	0.375	0.371	0.362	0.353	58	0.731	0.688	0.645	0.580	0.529
24	0.396	0.390	0.385	0.374	0.364	59	0.736	0.691	0.647	0.581	0.530
25	0.410	0.404	0.398	0.386	0.375	60	0.740	0.695	0.650	0.582	0.530
26	0.424	0.417	0.410	0.398	0.386	61	0.744	0.698	0.652	0.583	0.531
27	0.438	0.430	0.423	0.409	0.396	62	0.748	0.701	0.654	0.584	0.531
28	0.452	0.443	0.435	0.420	0.405	63	0.752	0.703	0.655	0.585	0.532
29	0.465	0.456	0.447	0.430	0.414	64	0.756	0.706	0.657	0.586	0.532
30	0.478	0.473	0.458	0.440	0.423	65	0.759	0.708	0.658	0.586	0.532
31	0.491	0.480	0.649	0.450	0.431	66	0.762	0.710	0.659	0.587	0.533
32	0.504	0.492	0.480	0.459	0.439	67	0.764	0.712	0.660	0.587	0.533
33	0.519	0.504	0.491	0.468	0.447	68	0.767	0.714	0.661	0.588	0.533
34	0.529	0.515	0.501	0.476	0.454	69	0.769	0.716	0.662	0.588	0.533

α/(°)	灯具(照明器)类别					α/(°)	灯具(照明器)类别				
	A	B	C	D	E		A	B	C	D	E
70	0.772	0.718	0.663	0.588	0.533	81	0.784	0.725	0.667	0.589	0.533
71	0.774	0.719	0.664	0.588	0.533	82	0.785	0.725	0.667	0.589	0.533
72	0.776	0.720	0.664	0.589	0.533	83	0.785	0.725	0.667	0.589	0.533
73	0.778	0.721	0.665	0.589	0.533	84	0.785	0.725	0.667	0.589	0.533
74	0.779	0.722	0.665	0.589	0.533	85					
75	0.780	0.723	0.666	0.589	0.533	86					
76	0.781	0.723	0.666	0.589	0.533	87					
77	0.782	0.724	0.666	0.589	0.533	88	0.786	0.725	0.667	0.589	0.533
78	0.782	0.724	0.666	0.589	0.533	89					
79	0.783	0.724	0.666	0.589	0.533	90					
80	0.784	0.725	0.666	0.589	0.533						

附表 B.6　垂直方位系数 f_x

α/(°)	灯具(照明器)类别					α/(°)	灯具(照明器)类别				
	A	B	C	D	E		A	B	C	D	E
0	0.000	0.000	0.000	0.000	0.000	20	0.059	0.057	0.056	0.055	0.054
1	0.000	0.000	0.000	0.000	0.000	21	0.064	0.063	0.062	0.060	0.058
2	0.001	0.001	0.001	0.001	0.001	22	0.070	0.068	0.067	0.065	0.063
3	0.001	0.001	0.001	0.001	0.001	23	0.076	0.074	0.073	0.071	0.068
4	0.002	0.002	0.002	0.002	0.002	24	0.083	0.081	0.079	0.076	0.073
5	0.004	0.003	0.003	0.004	0.004	25	0.089	0.087	0.085	0.081	0.078
6	0.005	0.005	0.005	0.005	0.005	26	0.096	0.093	0.091	0.087	0.088
7	0.007	0.007	0.007	0.007	0.007	27	0.103	0.100	0.097	0.092	0.088
8	0.010	0.009	0.009	0.010	0.010	28	0.110	0.107	0.104	0.098	0.093
9	0.012	0.012	0.012	0.012	0.012	29	0.118	0.113	0.110	0.104	0.098
10	0.015	0.015	0.015	0.015	0.015	30	0.125	0.120	0.11.6	0.109	0.103
11	0.018	0.018	0.018	0.018	0.018	31	0.132	0.127	0.123	0.115	0.108
12	0.022	0.021	0.021	0.021	0.021	32	0.140	0.135	0.130	0.121	0.112
13	0.025	0.025	0.025	0.025	0.024	33	0.148	0.149	0.136	0.126	0.117
14	0.029	0.029	0.029	0.028	0.028	34	0.156	0.149	0.143	0.132	0.122
15	0.033	0.033	0.033	0.032	0.032	35	0.165	0.157	0.150	0.137	0.126
16	0.038	0.037	0.037	0.037	0.036	36	0.173	0.164	0.156	0.143	0.131
17	0.043	0.042	0.041	0.041	0.040	37	0.181	0.172	0.163	0.148	0.135
18	0.048	0.047	0.046	0.046	0.044	38	0.190	0.180	0.170	0.154	0.139
19	0.053	0.052	0.051	0.049	0.049	39	0.198	0.187	0.177	0.159	0.143

灯具（照明器）类别						灯具（照明器）类别				
$\alpha/(°)$	A	B	C	D	E	$\alpha/(°)$	A	B	C	D	E
40	0.207	0.195	0.183	0.164	0.147	66	0.417	0.364	0.311	0.243	0.198
41	0.216	0.203	0.190	0.169	0.151	67	0.424	0.368	0.313	0.244	0.198
42	0.224	0.210	0.196	0.174	0.155	68	0.430	0.372	0.315	0.245	0.199
43	0.233	0.218	0.203	0.179	0.158	69	0.436	0.377	0.318	0.246	0.199
44	0.242	0.224	0.209	0.183	0.162	70	0.442	0.381	0.320	0.247	0.199
45	0.250	0.232	0.215	0.188	0.165	71	0.447	0.384	0.322	0.247	0.199
46	0.259	0.240	0.221	0.192	0.168	72	0.452	0.387	0.323	0.248	0.199
47	0.267	0.247	0.227	0.196	0.171	73	0.457	0.391	0.323	0.248	0.200
48	0.276	0.254	0.233	0.200	0.173	74	0.462	0.394	0.326	0.249	0.200
49	0.285	0.262	0.239	0.204	0.176	75	0.466	0.396	0.327	0.249	0.200
50	0.293	0.268	0.244	0.207	0.178	76	0.470	0.399	0.328	0.249	0.200
51	0.302	0.276	0.250	0.211	0.180	77	0.474	0.401	0.329	0.249	0.200
52	0.310	0.282	0.255	0.214	0.182	78	0.478	0.404	0.330	0.250	0.200
53	0.319	0.296	0.265	0.220	0.186	79	0.482	0.406	0.331	0.250	0.290
54	0.327	0.296	0.265	0.220	0.186	80	0.485	0.408	0.331	0.250	0.200
55	0.335	0.302	0.270	0.223	0.188	81	0.488	0.410	0.332	0.250	0.200
56	0.344	0.309	0.275	0.266	0.189	82	0.490	0.411	0.332	0.250	0.200
57	0.352	0.315	0.279	0.228	0.190	83	0.492	0.412	0.332	0.250	0.200
58	0.360	0.321	0.283	0.230	0.192	84	0.494	0.413	0.333	0.250	0.200
59	0.367	0.327	0.287	0.232	0.193	85	0.496	0.414	0.333	0.250	0.200
60	0.375	0.333	0.291	0.234	0.194	86	0.498	0.415	0.333	0.250	0.200
61	0.383	0.339	0.295	0.236	0.195	87	0.499	0.416	0.333	0.250	0.200
62	0.390	0.344	0.299	0.238	0.195	88	0.499	0.416	0.333	0.250	0.200
63	0.397	0.349	0.302	0.239	0.196	89	0.500	0.416	0.333	0.250	0.200
64	0.404	0.354	0.305	0.241	0.197	90	0.500	0.416	0.333	0.250	0.200
65	0.410	0.359	0.308	0.242	0.197						

附录 C 常用建筑照度标准值和功率密度值

附表 C.1 居住建筑照度标准值

房间或场所		参考平面及其高度	照度标准值/lx	R_3
起居室	一般活动	0.75m 水平面	100	80
	书写、阅读		300 *	
卧室	一般活动	0.75m 水平面	75	80
	床头、阅读		150 *	
餐厅		0.75m 水平面	150	80
厨房	一般活动	0.75m 水平面	100	80
	操作台	台面	150 *	
卫生间		0.75m 水平面	100	80

注：* 表示宜用混合照明。

附表 C.2 办公建筑照度标准值

房间或场所	参考平面及其高度	照度标准值/lx	UGR	R_a
普通办公室	0.75m 水平面	300	19	80
高档办公室	0.75m 水平面	500	19	80
会议室	0.75m 水平面	300	19	80
接待室、前台	0.75m 水平面	300	—	80
营业厅	0.75m 水平面	300	22	80
设计室	实际工作面	500	19	80
文件整理、复印、发行室	0.75m 水平面	300	—	80
资料、档案室	0.75m 水平面	200	—	80

附表 C.3 学校建筑照度标准值

房间或场所	参考平面及其高度	照度标准值/lx	UGR	R_a
教室	课桌面	300	19	80
实验室	实验桌面	300	19	80
美术教室	桌面	500	19	90
多媒体教室	0.75m 水平面	300	19	80
教室黑板	黑板面	500	—	80

附表 C.4 交通建筑照度标准值

房间或场所		参考平面及其高度	照度标准值/lx	UGR	R_a
售票台		台面	500	—	80
问讯台		0.75m 水平面	200	—	80
候车(机、船)室	普通	地面	150	22	80
	高档	地面	200	22	80
中央大厅、售票大厅		地面	200	22	80
海关、护照检查		工作面	500	—	80
安全检查		地面	300	—	80
换票、行李托运		0.75m 水平面	300	19	80
行李认领、到达大厅、出发大厅		地面	200	22	80
通道、连接区、扶梯		地面	150	—	80
有栅站台		地面	75	—	20
无栅站台		地面	50	—	20

附表 C.5 工业建筑一般照度标准值

房间或场所		参考平面及其高度	照度标准值/lx	UGR	R_a	备注
通用房间或场所						
试验室	一般	0.75m 水平面	300	22	80	可另加局部照明
	精细	0.75m 水平面	500	19	80	可另加局部照明
检查	一般	0.75m 水平面	300	22	80	可另加局部照明
	精细、有颜色要求	0.75m 水平面	750	19	80	可另加局部照明
计量室、测量室		0.75m 水平面	500	19	80	可另加局部照明
变、配电站	配电装置室	0.75m 水平面	200	—	60	
	变压器室	地面	100	—	20	
电源设备室、发电机室		地面	200	25	60	
控制室	一般控制室	0.75m 水平面	300	22	80	
	主控制室	0.75m 水平面	500	19	80	
电话站、网络中心		0.75m 水平面	500	19	80	
计算机站		0.75m 水平面	500	19	80	防光幕发射
动力站	风机房、空调机房	地面	100	—	60	
	泵房	地面	100	—	60	
	冷冻站	地面	150	—	60	
	压缩空气站	地面	150	—	60	
	锅炉房、煤气站的操作层	地面	100		60	锅炉水位表照度不小于50lx
仓库	大件库（如钢坯、钢材、大成品）	1.0m 水平面	50	—	20	
	一般件库	1.0m 水平面	100		60	
	精细件库（如工具、小零件）	1.0m 水平面	200		60	货架垂直照度不小于50lx
	车辆加油站	地面	100		60	油表照度不小于50lx
焊接	线圈绕注	0.75m 水平面	300*	25	80	
	一般	0.75m 水平面	200		60	
	精密	0.75m 水平面	300		60	
	钣金	0.75m 水平面	300		60	
	冲压、剪切	0.75m 水平面	300		60	
铸造	热处理	地面至 0.5m 水平面	200		20	
	熔化、浇铸	地面至 0.5m 水平面	200		20	
	造型	地面至 0.5m 水平面	300	25	60	
精密铸造的制模、脱壳		地面至 0.5m 水平面	500	25	60	
锻工		地面至 0.5m 水平面	200		20	

房间或场所		参考平面 及其高度	照度标准值 /lx	UGR	R_a	备注
电镀		0.75m 水平面	300	—	80	
喷漆	一般	0.75m 水平面	300	—	80	
	精细	0.75m 水平面	500	22	80	
酸洗、腐蚀、清洗		0.75m 水平面	300	—	80	
抛光	一般装饰性	0.75m 水平面	300	22	80	防频闪
	精细	0.75m 水平面	500	22	80	防频闪
复合材料加工、铺叠、装饰		0.75m 水平面	500	22	80	
电机修理	一般	0.75m 水平面	200	—	60	可另加局部照明
	精密	0.75m 水平面	300	20	60	可另加局部照明
饮料		0.75m 水平面	300	22	80	
啤酒	糖化	0.75m 水平面	200	—	80	
	发酵	0.75m 水平面	150	—	80	
	包装	0.75m 水平面	150	25	80	

附表 C.6 公共场所照度标准值

房间或场所		参考平面及其高度	照度标准值/lx	UGR	R_a
门厅	普通	地面	100	—	60
	高档	地面	200	—	80
走廊、流动区域	普通	地面	50	—	60
	高档	地面	10.0	—	80
楼梯、平台	普通	地面	30	—	60
	高档	地面	75	—	80
自动	扶梯	地面	150	—	60
厕所、盥洗室、浴室	普通	地面	75	—	60
	高档	地面	150	—	80
电梯前厅	普通	地面	75	—	60
	高档	地面	150	—	80
休息室		地面	100	22	80
储藏室、仓库		地面	100	—	60
车库	停车间	地面	75	28	60
	检修间	地面	200	25	60

注：居住、公共建筑的动力站、变电站的照度标准值按附表 C.5 选取。

附表 C.7 办公建筑照明功率密度值

房间或场所	照明功率密度/（W/m²）		对应照度值/lx
	现行值	目标值	
普通办公室	11	9	300
高档办公室、设计室	18	15	500
会议室	11	9	300
营业厅	13	11	300
文件整理、复印、发行室	11	9	300
档案室	8	7	200

附表 C.8 学校建筑照明功率密度值

房间或场所	照明功率密度/（W/m²）		对应照度值/lx
	现行值	目标值	
教室、阅览室	11	9	300
实验室	11	9	300
美术教室	18	15	500
多媒体教室	11	9	300

附表 C.9 工业建筑一般照明功率密度值

房间或场所		照明功率密度/（W/m²）		对应照度值/lx
		现行值	目标值	
通用房间或场所				
试验室	一般	11	9	300
	精细	18	15	500
检验	一般	11	9	300
	精细,有颜色要求	27	23	750
计量室,测量室		18	15	500
变、配电站	配电装置室	8	7	200
	变压器室	5	4	100
电源设备室、发电机室		8	7	200
控制室	一般控制室	11	9	300
	主控制室	18	15	500
电话室、网络中心、计算机站		18	15	500
动力站	风机房、空调机房	5	4	100
	泵房	5	4	100
	冷冻站	8	7	150
	压缩空气站	8	7	150
	锅炉房、煤气站的操作层	6	5	100

房间或场所		照明功率密度/（W/m²）		对应照度值/lx
		现行值	目标值	
仓库	大件库（如钢坯、钢材、大成品、气瓶）	3	3	50
	一般件库	5	4	100
	精细件库（如工具、小零件）	8	7	200
车辆加油站		6	5	100

附表 C.10　居住建筑每户照明功率密度值

房间和场合	照明功率密度/（W/m²）		对应照度值/lx
	现行值	目标值	
起居室			100
卧室			75
餐厅	7	6	150
厨房			100
卫生间			100

附表 C.11　旅馆建筑照明功率密度值

房间和场合	照明功率密度/（W/m²）		对应照度值/lx
	现行值	目标值	
客房	15	13	75-150-300
中餐厅	13	11	200
多功能厅	18	15	300
客房层走廊	5	4	50
门厅	15	13	300

附录 D　常用低压开关电器及电气计算用表

附表 D.1　计算电压损失的修正系数 R_c 数值表

截面积 /mm²	电缆、穿管导线 $\cos\varphi$					明敷导线　$\cos\varphi$									
						0.5	0.6	0.7	0.8	0.9	0.5	0.6	0.7	0.8	0.9
	0.5	0.6	0.7	0.8	0.9	室内线间距离 150mm					室外线间距离 400mm				
						铝芯									
2.5	1.01	1.01	1.01	1.01	1.00	1.04	1.03	1.02	1.02	1.01					
4	1.02	1.01	1.01	1.01	1.01	1.06	1.05	1.04	1.03	1.02					
6	1.03	1.02	1.02	1.01	1.01	1.09	1.07	1.05	1.04	1.03					
10	1.04	1.03	1.02	1.02	1.01	1.14	1.11	1.08	1.06	1.04	1.18	1.14	1.11	1.08	1.05
16	1.05	1.04	1.03	1.02	1.02	1.22	1.17	1.13	1.09	1.06	1.29	1.22	1.17	1.12	1.08
25	1.08	1.06	1.05	1.04	1.02	1.32	1.25	1.19	1.14	1.09	1.43	1.33	1.25	1.19	1.12

截面积/mm²	电缆、穿管导线 cosφ					明敷导线 cosφ									
	0.5	0.6	0.7	0.8	0.9	室内线间距离150mm					室外线间距离400mm				
						0.5	0.6	0.7	0.8	0.9	0.5	0.6	0.7	0.8	0.9
35	1.11	1.09	1.07	1.05	1.03	1.43	1.33	1.25	1.19	1.12	1.59	1.45	1.34	1.25	1.16
50	1.16	1.12	1.09	1.07	1.04	1.59	1.45	1.34	1.25	1.16	1.81	1.62	1.48	1.35	1.23
70	1.21	1.16	1.13	1.09	1.06	1.78	1.60	1.46	1.34	1.22	2.10	1.85	1.65	1.48	1.31
95	1.29	1.22	1.17	1.12	1.08	2.02	1.78	1.60	1.44	1.29	2.44	2.11	1.85	1.62	1.40
120	1.36	1.28	1.21	1.16	1.10	2.25	1.90	1.73	1.54	1.35	2.79	2.37	2.10	1.78	1.50
150	1.45	1.34	1.26	1.19	1.12	2.51	2.16	1.89	1.65	1.42	3.18	2.67	2.28	1.94	1.61
185	1.55	1.42	1.32	1.24	1.15	1.79	2.37	2.05	1.77	1.50	3.62	3.01	2.54	2.13	1.73
铜芯															
1.5	1.01	1.01	1.01	1.01	1.00										
2.5	1.02	1.02	1.01	1.01	1.01	1.07	1.05	1.04	1.03	1.02					
4	1.03	1.02	1.02	1.01	1.01	1.11	1.08	1.06	1.05	1.03					
6	1.05	1.03	1.03	1.02	1.01	1.16	1.12	1.09	1.07	1.04					
10	1.06	1.05	1.04	1.03	1.02	1.24	1.18	1.14	1.10	1.07	1.30	1.24	1.18	1.13	1.09
16	1.09	1.07	1.05	1.04	1.03	1.36	1.28	1.21	1.16	1.10	1.48	1.37	1.28	1.21	1.14
25	1.14	1.11	1.08	1.06	1.04	1.54	1.41	1.32	1.23	1.15	1.73	1.56	1.43	1.32	1.20
35	1.19	1.14	1.11	1.08	1.05	1.72	1.56	1.43	1.31	1.20	1.99	1.76	1.58	1.43	1.28
50	1.26	1.20	1.15	1.11	1.07	1.99	1.76	1.58	1.43	1.28	2.37	2.05	1.80	1.59	1.38
70	1.36	1.28	1.21	1.16	1.10	2.32	2.01	1.78	1.57	1.37	2.85	2.42	2.08	1.80	1.51
95	1.48	1.37	1.28	1.21	1.13	2.72	2.32	2.01	1.74	1.48	3.43	2.87	2.43	2.05	1.68
120	1.61	1.47	1.36	1.26	1.17	3.09	2.61	2.23	1.91	1.59	4.00	3.30	2.76	2.29	1.84
150	1.75	1.58	1.44	1.33	1.21	3.54	2.95	2.49	2.10	1.71	4.65	3.81	3.15	2.58	2.02

附表 D.2　常用低压熔断器的技术数据

型号	额定电压/V	额定电流/A		最大分断电流/kA	
		熔断器	熔体	电流	cosφ
RT0-100	交流380 直流440	100	30,40,50,60,80,100	50	0.1~0.2
RT0-200		200	（80,100）,120,150,200		
RT0-400		400	（150,200）,250,300,350,400		
RT0-600		600	（350,400）,450,500,550,600		
RT0-1000		1000	700,800,900,1000		
RM10-15	交流 220,380,500 直流 220,440	15	6,10,15	1.2	0.8
RM10-60		60	15,20,25,35,45,60	3.5	0.7
RM10-100		100	60,80,100	10	0.35
RM10-200		200	100,125,160,200	10	0.35
RM10-350		350	200,225,260,300,350	10	0.35
RM10-600		600	350,430,500,600	10	0.35
RL-15	交流380 直流440	15	2,4,5,6,10,15	25	
RL-60		60	20,25,30,35,40,50,60	25	
RL-100		100	60,80,100	50	
RL-200		200	100,125,150,200	50	

附表 D.3　C 系列塑壳式低压断路器技术数据（本表数据由施耐德公司提供）

断路器型号及额定电流 I_n /A	额定工作电压 /V	额定绝缘电压 /V	额定冲击耐压 /kV	极限分断能力/使用分断能力有效值 /kA ~380V/415V	电子脱扣器 STR25DE			电子脱扣器 STR35SE		
					长延时脱扣整定电流 I_r /A $I_r=k_1k_2I_n$ 32 点可调	瞬时脱扣整定电流 I_m /A $I_m=k_3I_r$ 8 点可调	接地故障保护脱扣整定电流 I_h /A	长延时脱扣整定电流 I_r /A $I_r=k_1k_2I_n$ 32 点可调	短延时脱扣整定电流 I /A $I=k_4I_r$ 3 点可调	瞬时脱扣整定电流 I_m /A $I_m=k_3I_r$ 8 点可调
C801 800A C1001 1000A C1251 1250A	690	750	8	N：50/50 H：70/70 L：150/150	k_1： 0.5、0.63、0.8、1.0 k_2： 0.8、0.85、0.88、0.90、0.93、0.95、0.98、1.0 脱扣时间： $1.5I_r$ 时 120~180s $6I_r$ 时 5.0~7.5s $7.2I_r$ 时 3.2~5.0s	k_3： 1.5、2、3、4、5、6、8、10 时间延迟：0s 总断路时间：≤60ms	I_h： 0.2、0.25、0.3、0.35、0.4、0.45、0.5、0.6 时间设定值： 0.1s、0.2s、0.3s、0.4s	k_1： 0.5、0.63、0.8、1.0 k_2： 0.8、0.85、0.88、0.90、0.93、0.95、0.98、1.0 脱扣时间： $1.5I_r$ 时 120~180s $6I_r$ 时 5.0~7.5s $7.2I_r$ 时 3.2~5.0s	k_4： 1.5、2、3、4、5、6、8、10 时间设定值： 0.1s、0.2s、0.3s、0.4s	k_3： 1.5、2、3、4、5、6、8、10 时间延迟：0s 总断路时间：≤60ms

附表 D.4　C4S 系列小型低压断路器的技术数据（本表数据由施耐德公司提供）

C45N 断路器额定电流 /A	额定工作电压 U_r/V	长延时脱扣器额定电流 I_r/A	极数	分断能力 /kA	瞬时脱扣器整定电流倍数	电寿命 /次	C45N 断路器额定电流 /A	额定工作电压 U_r/V	长延时脱扣器额定电流 I_r/A	极数	分断能力 /kA	瞬时脱扣器整定电流倍数	电寿命 /次
1		1					1		1				
3		3					3		3				
6		6					6		6				
10		10					10		10				
16	240/415	16	1~4P	6	5~10I_r	20000	16	240/415	16	1~4P	4.5	10~14I_r	20000
20		20					20		20				
25		25					25		25				
32		32					32		32				
40		40					40		40				
50		50					50		50				
63		63					63		63				

附表 D.5　Vigi 漏电保护附件的技术数据（本表数据由施耐德公司提供）

型号	额定电流/A	额定工作电压 U_r/V	动作方式	漏电动作电流 /mA	延时时间 /ms	分断时间 /s	极数
VigiC45	40	220V/380V	ELE 电子式/EME 电磁式		0	≤0.3	2P、3P、4P
VigiC63	63	220V/380V	ELE 电子式/EME 电磁式		0	≤0.3	2P、3P、4P
VigiNC100	100	220V/415V	EME 电磁式	30/300/500	0	≤0.3	2P、3P、4P
				300/1000	0	≤0.5	

芯线截面积 /mm²	橡皮绝缘导线				塑料绝缘导线			
	BLX、BBLX		BX、BBX		BLV		BY、BVR	
	25℃	30℃	25℃	30℃	25℃	30℃	25℃	30℃
2.5	27	25	35	32	25	23	32	29
4	35	32	45	42	32	29	42	39
6	45	42	58	54	42	39	55	51
10	65	60	85	79	59	55	75	70
16	85	79	110	102	80	74	105	98
25	110	102	145	135	105	98	138	129
35	138	129	180	168	130	121	170	158
50	175	163	230	215	165	154	215	201
70	220	206	285	265	205	191	265	247
95	265	247	345	322	250	233	325	303
120	310	280	400	374	283	266	375	350
150	360	336	470	439	325	303	430	402
185	420	392	540	504	380	355	490	458

附表 D.7　塑料绝缘软线、塑料护套线明敷的载流量　（单位：A）

型号	截面积 /mm²	单芯				2 芯				3 芯			
		25℃	30℃	35℃	40℃	25℃	30℃	35℃	40℃	25℃	30℃	35℃	40℃
BLVV 铝芯	2.5	27	25	24	22	21	20	19	17	17	16	15	14
	4	36	34	32	30	28	26	24	23	23	22	21	19
	6	46	43	40	37	35	33	31	29	27	25	24	22
	10	63	59	55	51	54	51	48	44	42	40	38	35
RV RW RVB RVS RFB RFS BW 铜芯	0.2	7.4	7	6.6	6	5.8	5.5	5.2	4.8	4.2	4	3.8	3.5
	0.3	9.5	9	8.5	7.8	7.4	7	6.6	6	5.3	5	4.7	4.4
	0.4	11.7	11	10.3	9.6	9	8.5	8	7.4	6.4	6	5.6	5.2
	0.5	13.3	12.5	11.8	10.9	10	9.5	9	8	7.4	7	6.6	6
	0.75	17	16	15	14	13	12.5	12	11	9.5	9	8.5	7.8
	1.0	20	19	18	17	16	15	14	13	12	11	10	9.6
	1.5	25	24	23	21	20	19	18	17	15	14	13	12
	2.0	30	28	26	24	23	22	20	19	18	17	16	15
	2.5	34	32	30	28	28	26	24	23	21	20	19	17
	4	45	42	39	37	38	36	34	31	28	26	24	23
	6	58	55	52	48	50	47	44	41	34	32	30	28
	10	80	75	71	65	69	65	61	57	55	52	49	45

附表 D.8　铝芯聚氯乙烯绝缘电线（BLV 型）在空气中穿钢管敷设载流量（单位：A）

截面积 /mm²	2 根单芯				管径/mm		3 根单芯				管径/mm		4 根单芯				管径/mm	
	25℃	30℃	35℃	40℃	G	DG	25℃	30℃	35℃	40℃	G	DG	25℃	30℃	35℃	40℃	G	DG
2.5	21	20	19	17	15	15	19	18	17	16	15	15	16	15	14	13	15	20
4	29	27	25	23	15	20	25	24	23	21	15	20	23	22	21	19	20	25

截面积 /mm²	2根单芯				管径/mm		3根单芯				管径/mm		4根单芯				管径/mm	
	25℃	30℃	35℃	40℃	G	DG	25℃	30℃	35℃	40℃	G	DG	25℃	30℃	35℃	40℃	G	DG
6	37	35	33	30	20	25	34	32	30	28	20	25	30	28	26	24	20	25
10	52	49	46	43	20	25	47	44	41	38	25	32	40	38	36	33	25	32
16	67	63	59	55	25	32	59	56	53	49	25	32	53	50	47	44	32	40
25	94	89	84	77	32	40	74	70	66	61	32	40	69	65	61	57	32	—
35	106	100	94	87	32	—	95	90	85	78	32	—	85	80	75	70	50	—
50	153	125	118	109	40	—	117	110	103	96	40	—	106	100	94	87	50	—
70	164	155	146	135	50	—	152	143	134	124	50	—	135	127	119	110	70	—
95	201	190	179	165	50	—	180	170	160	148	70	—	161	152	143	132	70	—
120	233	221	207	191	70	—	207	195	183	170	70	—	182	172	162	150	70	—
150	265	250	235	218	70	—	239	225	212	196	70	—	212	200	188	174	80	—
185	302	285	268	248	70	—	270	255	240	222	80	—	244	230	216	200	100	—

附表 D.9　铜芯聚氯乙烯绝缘电线（BV 型）在空气中穿钢管敷设载流量（单位：A）

截面积 /mm²	2根单芯				管径/mm		3根单芯				管径/mm		4根单芯				管径/mm	
	25℃	30℃	35℃	40℃	G	DG	25℃	30℃	35℃	40℃	G	DG	25℃	30℃	35℃	40℃	G	DG
1.0	15	14	13	12	15	15	14	13	12	11	15	15	12	11	10	9.6	15	15
1.5	20	19	18	17	15	15	18	17	16	15	15	15	17	16	15	14	15	15
2.5	28	26	24	23	15	15	25	24	23	21	15	15	23	22	21	19	15	20
4	37	35	33	30	15	20	33	31	29	17	15	20	30	28	26	24	20	25
6	50	47	44	41	20	25	43	41	39	36	20	25	37	35	32	30	20	25
10	69	65	61	57	20	25	60	57	54	50	25	32	53	50	47	44	25	32
16	87	82	77	71	25	32	77	73	69	64	25	32	69	65	61	57	32	40
25	113	107	101	93	32	40	101	95	89	83	32	40	90	85	80	74	32	—
35	141	133	125	116	32	40	122	115	108	100	32	—	111	105	99	91	50	—
50	175	165	155	144	40	—	155	146	137	127	40	—	138	130	122	113	50	—
70	217	205	193	178	50	—	194	183	172	159	50	—	185	165	155	144	70	—
95	265	250	235	218	50	—	239	225	212	196	70	—	212	200	188	174	70	—
120	307	290	273	252	70	—	276	260	244	226	70	—	244	230	216	200	70	—
150	350	330	310	287	70	—	318	300	282	261	70	—	281	265	249	231	80	—
185	403	380	357	331	70	—	360	340	320	196	80	—	318	300	282	261	100	—

附表 D.10　铝芯聚氯乙烯绝缘电线（BLV 型）穿硬塑料管敷设的载流量（单位：A）

截面积 /mm²	2根单芯				管径 /mm	3根单芯				管径 /mm	4根单芯				管径 /mm
	25℃	30℃	35℃	40℃		25℃	30℃	35℃	40℃		25℃	30℃	35℃	40℃	
2.5	19	18	17	16	15	17	16	15	14	15	15	14	13	12	20
4	25	24	23	21	20	23	22	21	19	20	20	19	18	17	20
6	33	31	29	27	20	29	27	25	23	20	25	24	24	22	25
10	45	42	39	37	25	40	38	36	33	25	35	33	31	29	32
16	58	55	52	48	32	52	49	46	43	32	47	44	41	38	32
25	77	73	69	64	32	69	65	61	57	40	60	57	54	50	40

（续）

截面积 /mm²	2根单芯				管径 /mm	3根单芯				管径 /mm	4根单芯				管径 /mm
	25℃	30℃	35℃	40℃		25℃	30℃	35℃	40℃		25℃	30℃	35℃	40℃	
35	95	90	85	78	40	85	80	75	70	40	74	70	66	61	50
50	121	114	107	99	50	108	102	96	89	50	95	90	85	78	70
70	154	145	136	126	50	138	130	122	113	50	122	115	108	100	70
95	186	175	165	152	70	167	158	149	137	70	148	140	132	122	70
120	212	200	188	174	70	191	180	169	157	70	170	160	150	139	80
150	244	230	216	200	80	219	207	195	180	80	196	185	174	161	80
185	281	265	249	231	80	249	235	221	204	80	225	212	199	184	100

附表 D.11　铜芯聚氯乙烯绝缘电线（BV 型）穿硬塑料管敷设的载流量　（单位：A）

截面积 /mm²	2根单芯				管径 /mm	3根单芯				管径 /mm	4根单芯				管径 /mm
	25℃	30℃	35℃	40℃		25℃	30℃	35℃	40℃		25℃	30℃	35℃	40℃	
1.0	13	12	11	10	15	12	11	10	10	15	11	10	9	9	15
1.5	17	16	15	14	15	16	15	14	13	15	14	13	12	11	15
2.5	25	24	23	21	15	22	21	20	18	15	20	19	18	17	20
4	33	31	29	27	20	30	28	26	24	20	27	25	24	22	20
6	43	41	39	36	20	38	36	34	31	20	34	32	30	28	25
10	59	56	53	49	25	52	49	46	43	25	47	44	41	38	32
16	76	72	68	63	32	69	65	61	57	32	60	57	54	50	32
25	101	95	89	83	32	90	85	80	74	40	80	75	71	65	40
35	127	120	113	104	40	111	105	99	91	40	99	93	87	81	50
50	159	150	141	131	50	140	132	124	115	50	124	117	110	102	70
70	196	185	174	161	50	177	167	157	145	50	157	148	139	129	70
95	244	230	216	200	70	217	205	193	178	70	196	185	174	161	70
120	286	270	254	235	70	254	240	226	209	70	228	215	202	187	80
150	323	305	287	265	80	292	275	259	239	80	265	250	235	218	80
185	376	355	334	309	80	306	289	272	251	80	297	280	263	244	100

附表 D.12　聚氯乙烯绝缘电力电缆在空气中敷设的载流量　　（单位：A）

主线芯截面积 /mm²	中性线芯截面积 /mm²	1~3kV								6kV			
		2芯				3芯或4芯				3芯			
		25℃	30℃	35℃	40℃	25℃	30℃	35℃	40℃	25℃	30℃	35℃	40℃
铅芯	2.5		22	21	20	18	19	18	17	16				
	4	2.5	30	28	26	26	25	24	23	21				
	6	4	38	36	34	31	33	31	29	27				
	10	6	54	51	48	44	47	44	41	38	50	47	44	41
	16	10	74	70	66	61	64	60	56	52	67	63	59	55
	25	10	98	92	86	80	84	79	74	69	87	82	77	71
	35	16	117	110	103	93	101	95	89	83	105	99	93	86
	50	25	148	140	132	122	127	120	113	104	133	125	118	109
	70	35	180	170	160	148	159	150	141	131	159	150	141	131
	95	50	223	210	197	183	191	180	169	157	197	185	174	161

主线芯截面积/mm²	中性线芯截面积/mm²	1~3kV								6kV			
		2芯				3芯或4芯				3芯			
		25℃	30℃	35℃	40℃	25℃	30℃	35℃	40℃	25℃	30℃	35℃	40℃
铅芯 120	70	260	245	230	213	223	210	197	183	228	215	202	187
150	70	297	280	263	244	260	245	230	213	260	245	230	213
185	95					302	285	268	248	302	285	268	248
240	120					360	340	320	296	360	340	320	296
300	150					403	380	357	331	398	375	352	326
铜芯 1.5		21	20	19	17	18	17	16	15				
2.5		29	27	25	23	24	25	22	20				
4	2.5	39	37	35	32	33	31	29	27				
6	4	50	47	44	41	42	40	38	35				
10	6	71	67	63	58	60	57	54	50	65	61	57	53
16	10	95	90	85	78	82	77	72	67	86	81	76	70
25	10	127	120	113	104	106	100	94	87	111	108	99	91
35	16	148	140	132	122	127	120	113	104	138	130	122	113
50	25	191	180	169	157	164	155	146	135	170	160	150	139
70	35	233	220	207	191	201	190	179	165	207	195	183	170
95	50	286	270	254	235	249	235	221	204	254	240	226	209
120	70	334	315	296	274	286	270	254	235	292	275	259	239
150	70	387	368	343	318	339	320	301	278	339	320	301	278
180	95					387	365	343	318	387	365	343	318
240	120					461	435	409	378	456	430	404	374
300	150					514	484	456	422	509	480	451	418

附表 D.13　聚氯乙烯绝缘电力电缆直埋地敷设的载流量　　　　（单位：A）

主线芯截面积/mm²	中性线芯截面积/mm²	1~3kV						6kV		
		2芯			3芯或4芯			3芯		
		20℃	25℃	30℃	20℃	25℃	30℃	20℃	25℃	30℃
铝芯 4	2.5	37	35	33	30	29	27			
6	4	45	43	40	39	37	35			
10	6	62	59	55	53	50	47	50	48	45
16	10	83	79	74	68	65	61	68	65	61
25	10	105	100	94	87	83	78	87	83	78
35	16	131	125	118	116	110	103	105	100	94
50	25	158	150	141	131	125	118	131	125	118
70	35	189	180	169	152	145	136	158	150	141
95	50	231	220	207	184	175	165	189	180	169
120	70	257	245	230	210	200	188	210	200	188
150	70	294	280	263	242	230	216	242	230	216
185	95				273	360	244	273	260	244
240	120				320	305	287	320	305	287
300	150				357	340	320	340	330	310

主线芯截面积 /mm²		中性线芯截面积 /mm²	1~3kV							6kV		
			2芯				3芯或4芯			3芯		
			25℃	30℃	35℃		25℃	30℃	35℃	25℃	30℃	35℃
铜芯	4	2.5	46	44	41		39	37	35			
	6	4	58	55	52		49	47	44			
	10	6	79	75	66		68	65	61	67	64	60
	16	10	105	100	94		89	85	80	88	84	79
	25	10	137	130	122		116	110	103	110	105	99
	35	16	168	160	150		142	135	127	137	130	122
	50	25	205	195	183		173	165	155	168	160	150
	70	35	247	235	221		205	193	200	200	190	179
	95	50	294	280	263		247	235	221	242	230	216
	120	70	336	320	301		278	365	249	273	260	244
	150	70	378	360	338		320	305	287	310	295	277
	185	95					357	340	320	352	335	315
	240	120					420	400	374	404	385	362
	300	150					462	440	414	446	425	400

附表 D.14　空气中敷设不同环境温度时的载流量的修正系数 K_t 值

线芯最高工作温度 /℃	空气温度/℃							
	10	15	20	25	30	35	40	45
90	1.15	1.12	1.08	1.04	1.00	0.96	0.91	0.87
80	1.18	1.14	1.10	1.05	1.00	0.95	0.89	0.84
70	1.22	1.17	1.12	1.06	1.00	0.94	0.87	0.79
65	1.25	1.20	1.13	1.07	1.00	0.93	0.85	0.76
60	1.29	1.22	1.15	1.08	1.00	0.91	0.82	0.71
50	1.41	1.32	1.22	1.12	1.00	0.87	0.71	0.50

注：空气中敷设是指室内外明敷，桥架内、地沟或隧道中敷设。

附表 D.15　直埋地敷设不同环境温度时的载流量的修正系数 K_1 值

线芯最高工作温度 /℃	土壤温度/℃					
	5	10	15	20	25	30
90	1.14	1.11	1.07	1.04	1.00	0.96
80	1.17	1.13	1.09	1.04	1.00	0.95
70	1.20	1.15	1.10	1.05	1.00	0.94
65	1.22	1.17	1.12	1.06	1.00	0.93
60	1.25	1.20	1.13	1.07	1.00	0.92
50	1.34	1.26	1.18	1.09	1.00	0.89

表 D.16　电线穿钢管或塑料管在空气中多根并列敷设时的载流量修正系数 K_1 值

钢管（黑铁管）或塑料管根数	K_1	钢管（黑铁管）或塑料管根数	K_1
2~4	0.95	4 以上	0.90

附表 D.17　电缆埋地多根并列时的载流量修正系数 K_b 值

电缆外皮间距 /mm	电缆根数							
	1	2	3	4	5	6	7	8
100	1	0.90	0.85	0.80	0.78	0.75	0.73	0.72
200	1	0.92	0.87	0.84	0.82	0.81	0.80	0.79
300	1	0.93	0.90	0.87	0.86	0.85	0.85	0.84

附录 E　路面亮度系数和简化亮度系数

亮度系数（q）为路面上某点的亮度和该点的水平照度之比（即 $q = L/E$）。它除了与路面材料有关外，还取决于观察者和光源相对于路面所考查的那一点的位置，即 $q = q(\beta, \gamma)$。其中 β 为光的入射平面和观察平面之间的角度，γ 为入射光线的垂直角（见附图 E.1）。

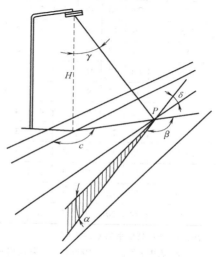

根据亮度系数的定义，可按下式进行亮度计算：

$$L = qE = q(\beta, \gamma)E(c, \gamma)$$
$$= \frac{q(\beta, \gamma)I(c, \gamma)}{H^2} \cdot \cos^3\gamma$$
$$= \gamma(\beta, \gamma) = \frac{I(c, \gamma)}{H^2} \qquad (E\text{-}1)$$
$$r(\beta, \gamma) = q(\beta, \gamma)\cos^3\gamma$$

式中　$r(\beta, \gamma)$——简化亮度系数；

$I(c, \gamma)$——灯具指向（c, γ）所确定的方向上的光强。

简化亮度系数按附表 E.1 和附表 E.2 取值。附表 E.1 适用于沥青路面，附表 E.2 适用于水泥混凝土路面。

附图 E.1　确定路面亮度系数的角度

附表 E.1　沥青路面的简化亮度系数（r）

$\tan\gamma$ ＼ $\beta/(°)$	0	2	5	10	15	20	25	30	35	40	45	60	75	90	105	120	135	150	165	180
0	329	329	329	329	329	329	329	329	329	329	329	329	329	329	329	329	329	329	329	329
0.25	362	358	371	364	371	369	362	357	351	349	348	340	328	312	299	294	298	288	292	281
0.5	379	368	375	373	367	359	350	340	328	317	306	280	266	249	237	237	231	231	227	235
0.75	380	375	378	365	351	334	315	295	275	256	239	218	198	178	175	176	176	169	175	176
1	372	375	372	354	315	277	243	221	205	192	181	152	134	130	125	124	125	129	128	128
1.25	375	373	352	318	265	221	189	166	150	136	125	107	91	93	91	91	88	94	97	97
1.5	354	352	336	271	213	170	140	121	109	97	87	76	67	65	66	66	67	68	71	71
1.75	333	327	302	222	166	129	104	90	75	68	63	53	51	49	49	47	52	51	53	54
2	318	310	266	180	121	90	75	62	54	50	48	40	40	38	38	38	41	41	43	45

tanγ＼β/(°)	0	2	5	10	15	20	25	30	35	40	45	60	75	90	105	120	135	150	165	180
2.5	268	262	205	119	72	50	41	36	33	29	26	25	23	24	25	24	26	27	29	28
3	227	217	147	74	42	29	25	23	21	19	18	16	16	17	18	17	19	21	21	23
3.5	194	168	106	47	30	22	17	14	13	12	12	11	10	11	12	13	15	14	15	14
4	168	136	76	34	19	14	13	11	10	10	10	8	8	9	10	9	11	12	11	13
4.5	141	111	54	21	14	11	9	8	8	8	8	7	7	8	8	8	8	10	10	11
5	126	90	43	17	10	8	6	7	6		7	6	7	6	6	7	8	8	8	9
5.5	107	79	32	12	8	7	7	7	6	5										
6	94	65	26	10	7	6	6	6	5											
6.5	86	56	21	8	7	6	5	5												
7	78	50	17	7	5	5	5													
7.5	70	41	14	7	4	3	4													
8	63	37	11	5	4	4	4													
8.5	60	37	10	5	4	4	4													
9	56	32	9	5	4	3														
9.5	53	28	9	4	4	4														
10	52	27	7	5	4	3														
10.5	45	23	7	4	3															
11	43	22	7	3	3	3														
11.5	44	22	7	3	3															
12	42	20	7	4	3															

注：1. 平均亮度系数 $Q_0 = 0.07$。

2. 表中 r 值已扩大 1000 倍，实际使用时应乘以 10^{-3}。

附表 E.2　水泥混凝土路面的简化亮度系数（r）

tanγ＼β/(°)	0	2	5	10	15	20	25	30	35	40	45	60	75	90	105	120	135	150	165	180
0	770	770	770	770	770	770	770	770	770	770	770	770	770	770	770	770	770	770	770	770
0.25	710	708	703	710	712	710	708	708	707	704	702	708	698	702	704	714	708	724	719	723
0.5	586	582	587	581	581	576	570	567	564	556	548	541	531	544	546	562	566	587	581	589
0.75	468	467	465	455	457	445	430	420	410	399	390	383	373	384	391	412	419	437	438	445
1	378	372	373	363	347	331	314	299	285	273	263	260	250	265	278	295	305	318	323	329
1.25	308	304	305	285	270	244	218	203	193	185	179	173	173	183	194	207	224	237	238	245
1.5	258	254	251	229	203	178	157	143	134	128	124	120	120	132	140	155	163	177	179	184
1.75	217	214	205	182	153	129	110	100	95	90	87	84	88	98	103	116	123	134	137	138
2	188	183	174	142	116	95	80	73	69	64	62	64	64	72	78	88	95	105	108	109
2.5	145	136	121	90	66	53	46	41	39	37	36	36	39	44	50	55	60	66	69	71
3	118	108	87	57	41	32	28	26	25	23	22	23	25	28	31	37	41	45	47	51

$\tan\gamma$ \ $\beta/(°)$	0	2	5	10	15	20	25	30	35	40	45	60	75	90	105	120	135	150	165	180
3.5	97	87	64	39	26	20	18	17	16	15	15	16	17	19	23	27	30	33	35	37
4	80	69	50	29	17	14	13	12	11	11	11	11	13	15	17	19	22	26	27	29
4.5	70	58	37	21	13	10	9	8	8	8	8	9	10	12	14	16	17	20	21	22
5	60	51	29	15	9	7	7	6	5	6	6	7	7	9	10	12	14	17	17	18
5.5	52	41	23	12	7	6	6	6	5	4										
6	48	36	19	8	6	5	5	5	5											
6.5	44	32	17	7	6	5	5	5												
7	41	26	14	6	5	4	4	4												
7.5	37	26	12	6	4	3	3													
8	34	23	11	5	4	3	3													
8.5	32	21	9	5	4	3	3													
9	29	19	8	4	3	3														
9.5	27	17	7	4	3	3														
10	26	16	6	3	3	3														
10.5	25	16	6	3	2	1														
11	23	15	6	3	2	1														
11.5	22	14	6	3	2															
12	21	14	5	3	2															

注：1. 平均亮度系数 $Q_0 = 0.10$。

2. 表中 r 值已扩大 1000 倍，实际使用时应乘以 10^{-3}。

参考文献

[1] 李宗纲. 现代企业供用电设计 [M]. 沈阳：辽宁科学技术出版社，1993.

[2] 朱庆元、商文怡. 建筑电气设计基础知识 [M]. 北京：中国建筑工业出版社，1990.

[3] 陈一才. 装饰与艺术照明设计安装手册 [M]. 北京：中国建筑工业出版社，1991.

[4] 段建元. 工厂配电线路及变电所设计计算 [M]. 北京：机械工业出版社，1982.

[5] 工厂常用电气设备手册编写组. 工厂常用电气设备手册：上册 [M]. 北京：中国水利水电出版社，1984.

[6] 北京照明学会照明设计专业委员会. 照明设计手册 [M]. 北京：中国电力出版社，1998.

[7] 俞丽华. 电气照明 [M]. 2版. 上海：同济大学出版社，2001.

[8] 赵振民. 照明工程设计手册 [M]. 天津：天津科技出版社，2003.

[9] 杨先臣. 建筑工程图识读与绘制 [M]. 2版. 北京：中国建筑工业出版社，1995.

[10] 韦课常. 电气照明技术基础与设计 [M]. 北京：中国水利水电出版社，1983.

[11] 王晓东. 电气照明技术 [M]. 北京：机械工业出版社，2004.

[12] 周太明. 光学原理与设计 [M]. 上海：复旦大学出版社，1993.

[13] 戴瑜兴. 现代建筑照明设计手册 [M]. 长沙：湖南科学技术出版社，1994.

[14] 詹庆旋. 建筑光环境 [M]. 北京：清华大学出版社，1988.

[15] 刘振，佘伯山. 室内配线与照明 [M]. 北京：中国电力出版社，2004.

[16] 建筑电气设计手册编写组. 建筑电气设计手册 [M]. 北京：中国电力出版社，1998.

[17] 刘介才. 电气照明设计指导 [M]. 北京：机械工业出版社，1999.

[18] 刘学军. 工厂供电 [M]. 2版. 北京：中国电力出版社，2015.

[19] 陈镐. 工业与民用照明系统 [M]. 西安：西安交通大学出版社，1998.

[20] 华东建筑设计研究院. 智能建筑设计技术 [M]. 上海：同济大学出版社，1996.

[21] 中国航空工业规划设计研究院. 工业与民用配电设计手册 [M]. 3版. 北京：中国计划出版社，2005.

[22] 李炳华，董青. 体育照明设计手册 [M]. 北京：中国电力出版社，2009.

[23] 肖辉. 电气照明技术 [M]. 3版. 北京：机械工业出版社，2015.

[24] 谢秀颖，郭宏祥. 电气照明技术 [M]. 2版. 北京：中国电力出版社，2004.

[25] 夏国明. 电气照明技术 [M]. 2版. 北京：中国电力出版社，2015.

[26] 郭福雁，黄民德. 电气照明 [M]. 天津：天津大学出版社，2003.

[27] 李文华. 室内照明设计 [M]. 北京：中国水利水电出版社，2007.

[28] 国家经贸委/UNDP/GEF 中国绿色照明工程办公室，中国建筑科学研究院. 绿色照明工程实施手册 [M]. 北京：中国建筑工业出版社，2003.

[29] 徐云，刘付平，张凯洪，等. 节能照明系统工程设计 [M]. 北京：中国电力出版社，2009.